ウォーターデザイン

水に秘められた「和」の叡智

著者　久保田昌治
七沢研究所

監修　七沢賢治

〈水の存在〉曼荼羅

神話に流れる水	白川伯王家宮中祭祀	天皇の治水祭祀	別天津神	天之御中主神	天宇受売命	ビックバン宇宙の誕生	素粒子の誕生	宇宙の晴れ上がり
天津水	水の祭祀	大嘗祭	祓戸四柱神	水霊神	弥都波能売神	太陽系の誕生	水の起源	水素の誕生
宇都志國の水	御膳都水	中臣寿詞	天水分神 国水分神	須佐之男命	国之常立神 豊雲野神	水の誕生	超新星爆発	酸素の誕生
飲用水確保	水質浄化	エネルギー	水の祭祀	水霊神	水の起源	海洋の生成	生物進化	生体内の水
農林水産業	ウォーターデザイン	常温核融合元素転換	ウォーターデザイン	水の存在	生体と水	生命エネルギーと水	生体と水	結合水
水 4.0	新文明創造	工業技術	活性水	新しい水の科学	水の科学	錐体外路系	生体マトリックス	アクアポリン
電解水	マイクロバブル水	天然石処理水	水の情報記憶	高度希釈実験	転写実験	共有結合	水素結合	クラスター
別天水	活性水	セラミック処理水	コヒーレントドメイン	新しい水の科学	デジタル生物学	水の測定	水の科学	クラスレートハイドレート
情報水	情報水	ミネラル添加水	情報薬学	第4の水の相	DNA テレポーテーション	特殊な性質	水の三態	水溶液

ウォーターデザイン

水に秘められた「和」の叡智

和器出版

はじめに

大野靖志

この度は本書をお手に取っていただき、誠にありがとうございます。

私ども七沢研究所はかねてより、古神道、言霊学といった日本古来の叡智を実践すると同時に、現代における最先端の科学を網羅的に研究してまいりました。

それにより、両者を融合し、現文明のテクノロジーや科学の限界を超え、人類に新たな知の体系を提供しようというものです。

現在、私たちの水の研究は、「水3.0」から「水4.0」へと移行しつつありますが、こちらにつきましては後述したいと思います。

さて、これまでの文明が私たちにもたらした恩恵は計り知れません。しかし一方で、科学というものの限界を思い知らされるような事態も起きています。

果たして人類はこれからも進化していくのか、あるいは、すでに頭打ちとなっていて、これから退化するだけなのか、その方向性が問われているといえるでしょう。

これからの進化が約束されていれば、たとえ途中に困難なことがあっても、人類の未来は明るいものになるでしょうし、そうでなければ、誰かが何らかの手を打たなくてはなりません。

この情報化社会は、私たちに様々な情報をもたらしてくれます。けれども、そうした情報の分析から、極めて多くの日本人が、自分たちの将来に希望を持てなくなっていることがわかります。

その理由はともすれば、私たち人類が、今のままではこれ以上超えられない、ある種の臨界点に来たことを意味するものかもしれません。つまり、知性の限界に達してしまったのではないかということです。

とすれば、その限界を見極め、それを超える手段を開発することで、逆に輝ける人類の未来が保証されるのではないでしょうか。

そこで、水の登場です。宇宙の始めからあり、今も私たちになくてはならないもの。とりわけ水は、この地球上では三態を取る極めて稀な物質といわれます。

にもかかわらず、私たちは一体どこまでその水のことがわかっているのでしょうか。

先ほど知性の限界と申し上げましたが、それは水に対する私たちの態度にあるといってもいいでしょう。なぜなら、現代の科学が掴んでいるすべてが、私たちの理解のすべてだからです。

けれども、私どものこれまでの研究成果から、水には現在判明していること以上の、あらゆる可能性があることがわかっています。

また、当初は水に変化を起こすために開発した装置が、微生物から地球環境まで幅広い階層に影響を与えることも実証されています。

このことは、私たち人類にとっての福音ではないでしょうか。つまり、水の可能性を開くことで、あらゆる方面にその恩恵を与えることができるということです。

———

本書には、古神道における水の祭祀の話から、水の起源、水の科学、そしてその応用法まで、幅広い角度から捉えた水の姿が収録されています。

たとえば、水は人間の栄養になり、燃料や電源にもなること。また、脳や物質を純化し、悪しき憑き物を取ること。あるいは、あらゆる情報を吸収し、あらゆるものを溶かすこと、など。

そこから浮かび上がってくるのは、いわゆる物質としての水の姿だけでなく、神としての水、霊としての水、魂としての水というように、あらゆる次元にまたがる水の可能性です。

本書『ウォーターデザイン』の名前の由来については、私ども研究所の代表七沢賢治からも後ほど説明があるかと思いますが、その深遠なる意味に読者の皆様も驚かれることでしょう。

水の祭祀に参加していますと、実際に目の前の水が動くということがあります。また、祓いにより水の味が以前よりまろやかに変わります。といって別段驚くことではなく、私どもの世界ではごく自然な現象として受け止められています。

大事なことは、こうしたことが神秘ではなく、実は科学で説明できるというところにあるでしょう。

私どもは、神秘が神秘で終わる限り、そこに人類の発展はないと見ています。なぜなら、科学で証明され、誰もがそれを再現できるレベルになって初めて、人間の役に立つ実用的な価値が生まれるからです。

本書には聞き慣れない表現や専門用語が多々出てくるため、最初は戸惑う読者もおられるかもしれません。けれども、読み進めていくうちに、何やら懐かしさを感じられるところもあるでしょう。なぜなら、日本は豊かな水の国であり、古来先祖たちが水を神として崇めてきたことは、すべて私たちのＤＮＡに刻まれているからです。

水がなければ、人類はこの地球上に存在することができません。平均すれば人体の約七割は水、地球の地表の約七割が水であることからも、それは明らかではないでしょうか。

そのような観点から水は、まさに命そのものといえます。水を知らないということは、命を知らないということであり、命の源がわからなければ、人類に内在する本来の力を引き出すことはできません。

古の人々はそうした水の力を神と呼び、水に生かされていることをとても感謝しながら生きてきました。翻って現代の私たちはどうかという問題があります。

本書を読み進められる際は、水が神話でどう語られ、古神道にどう受け継がれ、それが現代の科学でどう分析されているか。難しいところは、雰囲気だけ感じていただき、部分ではなく全体の流れを〝水のように〝吸収していただきたいと思います。

ひょっとすると、読後の体内に水の変化が起きているかもしれません。なぜなら、水は情報そのものでもあるからです。

ここで冒頭のお話に戻しますと、現在私どもが開発中の「水4.0」は、まさに人類の未来を変える水になりそうです。

これまでの潮流は、「水1.0」というナチュラルウォーター、ミネラルウォーターから始まっていますが、そこでのポイントは、原水に含まれる自然成分を生かすというところにありました。

そこに、ファインセラミック処理を行ったり、磁気処理や電気分解処理、あるいはイオン交換処理といった人工的処置を加えたものが、「水2.0」の世界です。アルカリイオン水やバナジウム水、酸素水、水素水といったラインナップがそれに当たります。

そこから更に進化した姿が「水3.0」にはありました。これは私どもが「別天水3.0」と呼ぶもので、量子場脳理論や量子テレポーテーションといった概念を取り入れ、更にシューマン共振波や言語エネルギー周波数を加波したものです。

ところが、「水4.0」では「水3.0」を超える新たな技術が採用されることになります。未だ科学的証明法が確立されていない世界でのお話になりますが、光の速度を超える概念としてのタキオンがその主役となります。

これは現在開発中のテーマであるため、現段階で全容を明かすことはできませんが、あえて作用機序の一部を申し上げれば、そこに第14族元素を利用することにより、古代に行われた奇跡の世界を再現するものです。

いずれも、水の可能性を広げる試みであり、私どもは「水4.0」を「別天水4.0」と呼んでいますが、まさに別天津神の世界が水を通じて顕現される時代になったといえるでしょう。

これから「和学」という学びの場を舞台に、水の祭祀と科学の統合された教えが世に広まっていくことと思います。本書により読者の皆様の水に対する認識が変わり、その無限の可能性に目を向けていただけるとすれば、水の研究開発に携わる身として、これに勝る喜びはありません。

大野靖志（おおの やすし）
宮城県生まれ。早稲田大学商学部卒。七沢研究所統括役員。一般社団法人白川学館理事。ユダヤ教をはじめ世界各国の宗教と民間伝承を研究後、白川神道、言霊布斗麻邇の行を通じ、新たな世界観に目覚める。現在は「和学」を世に広めるための様々な活動に力を入れている。著書に『言霊はこうして実現する！』（文芸社）『あなたの人生に奇跡をもたらす 和の成功法則』（サンマーク出版）『願いをかなえるお清めCDブック』（サンマーク出版）がある。

ウォーターデザイン　目次

第一章
水の祭祀

世界の神話に流れる水

始まりは水から〜海から生まれた神々

すべての生命に関わる水。その重要性は、改めていうまでもないことでしょう。それだけではなく、水は、古代から特別な存在として考えられてきました。私たちは、世界中で語り継がれてきた神話によって、古代の人々の考えを知ることができます。そこには、水を聖なるものとし、万物の誕生の源だとする、古代の人々の考えが表されています。興味深いのは、「太古には、世界が一面の海原だった」という見方が、各地の神話に共通していることです。

古代エジプトの神話では、原初は暗闇の中に、大海だけがあったとされています。大海の中から、ピラミッドの原型ともいわれる小山が生まれ、この小山が、アトゥム神（ラー神と同一視される）。アトゥム神は、大気の神と湿気の女神を生み、この二人から、大地の神と天の女神が生まれ、ここに、大地と天空が誕生したとしています。

奈良県明日香村の丘陵地帯で発掘された酒船石遺跡の中に、1999 年に発見された亀形石造物。長さ 2.3 メートル、幅約 2 メートルの亀の姿が特徴で、同遺跡の研究者の間では、『日本書紀』の斉明天皇 2 年 (656 年) の条に記された祭祀 (斉明天皇が「狂心の渠」と謗られた水路を作らせて、石上山（天理）の石を載みて、宮の東の山に石を累ねて垣とし、石の山丘を作ったとする) に使われた場所ではないかと推定されている。(写真／明日香村役場　参考文献／両槻会事務局、一般財団法人明日香村地域振興公社)

キリスト教の『旧約聖書』の冒頭には、「地は形なく、むなしく、闇が淵の面にあり、神の霊が水の面を覆っていた」とあります。天地創造の前は、闇の中に、水だけが存在していた。そこに、「光あれ」という神の言葉で光が差し、光は昼、闇は夜の世界を受け持つことになります。また、神は大空をつくり、水を大空の上と下とに分け、下の水を一箇所にまとめて海にします。次に、乾いた地を出現させて陸とし、植物を生えさせ、人間や動物をつくり、こうして七日間の天地創造を終えます。始まりのときに、すでにあった水が、天地創造の大きな役割を果たしたことがわかります。

メソポタミアの神話でも、塩水のティアマトと淡水のアプスーが、泥の堆積物である子どもを生み、それが地となり、その子らがさらに子どもを生んでいくというように、水から始まる国づくりが伝えられています。

水の知恵と記憶の力

ギリシャ神話では、水には知恵の力があると考えられていたようです。原初の神々の王、天空神のウーラノスと、地母神、ガイアとの間に生まれたオーケアノスは、水の男神で、英語のオーシャンの語源にもなっています。古代ギリシャでは、始まりの時点で世界は円盤状と考えられており、周りをオーケアノスの水が取り囲み、オーケアノスは川や泉の源でもあるとされていました。

オーケアノスは、妹の水の神テテュスと結婚し、三〇〇〇の川の男神と、三〇〇〇の水の女神、オケアニデスを誕生させます。ゼウスの最初の妻、女神メティスは、オケアニデスの一人です。メティスはゼウスに飲み込まれ、お腹の中から、ゼウスに助言を与え続けます。全知全能で、宇宙を支配するというゼウスのはたらきは、水の女神のもつ知恵の力に支えられていたというわけです。

アオテアロア（ニュージーランド）の先住民、マオリ族の間でも、水にまつわる神話が伝えられています。考古学者のバリー・ブレイルズフォードによると、マオリでは、水は「星」であり、「源」であると考えられていたといいます。ここでも始まりは、水です。

さらに、マオリ族は水に対して、ほかの神話には出てこない、特別なはたらきを見ていたようです。マオリの言葉で水は「ワイ」と呼ばれ、「記憶する」「思い出す」という意味があるといいます。つまり、マオリ族は、水に「記憶する力」があると考えていたのではないかということです。

本書の五章では、「水の記憶」についての実験を紹介していますが、神話の世界で信じられている水の力が、現代科学によって解明される日がやってくるのも、そう遠くないのかもしれません。

日本の神話に流れる水

『古事記』の中の水～最初の神は〝ミ《水》ナカ《中》ヌシ《主》〟

では、日本の神話においては、「水」はどのように語られてきたのでしょうか。

和銅五年（七一二年）に完成したと伝えられる書物、『古事記』。日本書紀と並んで、文字として記された日本で最も古い歴史書の一つといわれるこの書は、神々による天地の創造から日本の国の成り立ちが紐解かれていく物語としての側面も併せ持つ、日本の古代の人々が語り継いできた、神話の集成とも考えられています。

アジア・アフリカ地域の言語と文化に精通し、生前は国際的にも高い評価を得ていた言語学者の奈良毅氏[註1]は、自身が監修した『絵でよむ古事記』（冨山房インターナショナル）の解説の中で、古代の日本において神話の口承に才を発揮した語り部たちの姿を描きながら、『古事記』が成立する過程を平易にこう語っています。

「……こうした才能を発揮した人々は、やがて地方の豪族や貴族の初代先祖をはじめ、代々の先祖たちの業績を伝える氏族特有の家系伝説を作り上げ、それを一族内だけではなく、公の場でも語るようになっていったと思われます。

したがって、大部分の物語は、大筋では似ているものの細部では異なっていて、その差が時代を経るとともに次第に大きくなる傾向にあったことが想像されます。

そこで大和民族全体の本当の歴史はどうであったかを知るため、氏族ごとに異なる物語や伝説を比較検証し、その中の正しいと思うことを選び、一つの筋の通った歴史物語を書き表そうとした人が現れました。それが天武天皇(生年不詳～朱鳥元年九月九日＝西暦六八六年十月一日没)という方だったのです」

「ふる」「こと」の「き」である『古事記』はこのように、天武天皇の命によって、稗田阿礼（生没不詳）が口述し、太安万侶（生年不詳～七二三年）が文字に認《したた》めるという形で編纂が進められ、天武天皇亡き後、皇女、元明天皇（六六一～七二一年）の代になって完成を見ることになります。

この『古事記』の輪郭を奈良毅氏の読み下しに沿って描いてみると、まず天上界の高天原に最初の神である天之御中主神《アメノミナカヌシカミ》が現れます。ミナカヌシを水中主と表現すれば、意味するところは水の神。実際、刀剣づくりに端を発し、九十代続くといわれる旧家に残る古文書にもミナカヌシは「水中主」として現れているといいます（監修者あとがきを参照）。古代日本の人々にとって、天地の創造を拓いた神は「水の神」であった可能性を示唆する事実の一つといえるかもしれません。

この天地のはじまりに現れたのは最高神、天之御中主神。変幻自在の天之御中主神は陽と陰とに姿を変え、陽のはたらきをする高御産巣日神《タカミムスヒノカミ》と、陰のはたらきをする神産巣日神《カミムスヒノカミ》に成りました。この三柱の神を「造化三神」と呼びます。このとき天と地はまだ分かれておらず、のちに国土となるものもまだ形はなく、水に浮かぶ脂のようでありましたが、そこから宇摩志阿斯訶備比古遅神《ウマシアシカビヒコヂノカミ》が現れ、次には天之常《アメノトコ》立神《タチノカミ》が現れ出ました。ここまでの五柱の神を特別の天津神《アマツカミ》、また別名を別天津神《コトアマツカミ》といいます。

ここから地においての神々が現れ、国之常立神《クニノトコタチノカミ》が、そして豊雲野神《トヨクモノカミ》がお成りになり、続いて男神と女神の五組の神々が現れます。この国之常立神から最後の男女神、伊邪那岐神《イザナキノカミ》、伊邪那美神《イザナミノカミ》までの神々を、神代七代といいます。

伊邪那岐神、伊邪那美神は、神々から国づくりを命ぜられ、授けられた聖なる「天沼矛《あめのぬぼこ》」で、下界の海をかき回します。矛を引き上げると、その先から塩水が滴り、それが積み重なってできたのが、淤能《おの》碁呂《ごろ》島と呼ばれる島です。

二人は島に降り、大きな柱を立て、御殿を建てます。互いの体の違いを認め合い、柱の周りを、伊邪那岐神は左から、伊邪那美神は右から回って、出会ったところで結婚する約束をします。出会ったときに伊邪那美神から「すてきな男」と声をかけました。そうして生まれた子どもは最初は蛭子、次の子も願うような子どもではありませんでした。困った二人は天津神たちに教えを仰ぎ、「誘う順序を改めてやりなおす」よういわれます。その通りに、今度は柱を回った後に伊邪那岐神から声をかけると、淡路島をはじめ、十四の島々が生まれます。これが日本列島であることはよく知られている通りです。

禊ぎの水と天照大御神〜清らかな水が命をむすぶ

国づくりの仕事を終えた伊邪那岐神と伊邪那美神は、次は、さまざまな役割をする神々を生みます。ところが、火を司る火之夜藝速男神《ヒノヤギハヤヲノカミ》を生んだとき、伊邪那美神は、その火で陰部を焼かれて床に伏し、嘔吐や尿から、鉱山、肥料、水、穀物、食物を司る神々を生んで、ついに黄泉国（死者の国）へと旅立ってしまいます。

伊邪那岐神はあとを追い、禁を犯して黄泉国の御殿に入りますが、伊邪那美神の腐乱した姿を見て驚き、逃げ帰ります。そして、筑紫の国の河口に近い阿波岐原で、黄泉国での汚れを清める「禊ぎ」を行います。

『古事記』の中でも、このくだりは、水には不浄を取り除き、清らかにする力があることを伝える、重要な部分だといえるでしょう。伊邪那岐神の禊ぎは、現在にも伝わる「禊ぎ」や「祓い」の神事の起源とも考えられています。

伊邪那岐神は、身につけていたものを次々に投げ捨てると、そのたびに新しい神が生まれます。川に入り身体に水をそそぎかけて洗い清め、最後に左の目を洗ったときに天照大御神《アマテラスオホミカミ》、右の目を洗ったときに月読命《ツクヨミノミコト》、鼻を洗ったときに須佐之男命《スサノヲノミコト》が誕生します。

伊邪那岐神は非常に喜び、天照大御神には昼の世界を託して、高天原を治めるように、月読命には夜の世界を、須佐之男命には海原を治めるように命令します。

水で禊ぎをするたびに新しい神々が現れる。「いのちを結ぶ」水の力が、物語そのものとして表現されている一節です。

太陽を司る天照大御神は、皇室の祖神、伊勢神宮の祭神として、現代人にも馴染み深い神様です。その天照大御神も、大事なことを行うときは、水辺を選びます。子生みに際しては、天の安の河を挟んで須佐之男命と誓約をし、二人は、三人の水の女神と五人の男神を生みます。

須佐之男命の乱暴に怒った天照大御神が、天の岩屋に閉じこもったときは、八百万の神たちが、天の安の河に集まって相談しています。天照大御神も、天神たちを集めて協議するときは、天の安の河で行っています。

清らかな水辺は、神々が集まる場として大事にされてきたことが示唆されています。このことは後でも触れるように、水辺で行われる祭祀がなぜ今日まで伝えられてきたのか、その意味を伝える神話ともいえます。

水神と海幸彦・山幸彦〜天皇の御代に継がれる水の力

『古事記』の神々の話の最後には、海幸彦と呼ばれる火照命《ホデリノミコト》、山幸彦と呼ばれる火遠理命《ホオリノミコト》が登場します。二人の父親は、天照大御神から、天降って（「天孫降臨」）豊葦原瑞穂國《とよあしはらみずほのくに》を治めるように命令された、邇邇藝命《ニニギノミコト》です。邇邇藝命は天照大御神の孫にあたり、火照命と火遠理命は、天照大御神のひ孫ということになります。

兄の火照命は、海で漁を、弟の火遠理命は、山で猟をしていましたが、ある日、二人は互いの道具を交換し、火遠理命は漁に出ます。ところが、兄の釣り針を海になくしてしまい、許してもらえずに、釣り針を探しに海神、綿津見神《ワタツミノカミ》の宮へ。そこで、海神の娘、豊玉姫《トヨタマヒメ》と結婚。綿津見神の助けで、釣り針も見つかります。

水を支配する綿津見神の力によって、兄の火照命は、弟の火遠理命に屈服し、それ以来、火照命の子孫は代々、火遠理命の子孫とされる、天皇に仕えることになったとされます。

火遠理命と豊玉姫の間に子どもが生まれますが、火遠理命が「見ないように」といわれていた出産の様子（豊玉姫は元の八尋鰐の姿になっていた）を覗き見したために、豊玉姫は海神の国に帰ってしまいます。その代わりに、豊玉姫の妹の玉依姫《タマヨリヒメ》が遣わされ、姉の子、鵜葺草葺不合命《ウガヤフキアエズノミコト》を育て、のちに玉依姫と鵜葺草葺不合命は結婚して、四人の息子をもうけます。その末弟の若御毛沼命《ワカミケヌノミコト》（豊御毛沼命《トヨミケヌノミコト》、神倭伊《カムヤマトイ》波礼毘古命《ワレビコノミコト》）が、初代の、神武天皇です。

水神と姻戚関係を結ぶことで、その栄位をさらに高め、天皇の時代にもそれが引き継がれていったと考えられたようです。

神武天皇と水神の縁

のちの神武天皇、神倭伊波礼毘古命は、山幸彦、火遠理命の孫にあたります。

国を治めるのに最適な地を求め、神倭伊波礼毘古命は兄の五瀬命《イツセノミコト》とともに、日向国の高千穂宮から東の大和に向かいます。途中、五瀬命が戦いで命を落とすなど多くの困難に遭いながらも、先祖の天照大御神から授けられた、「霊剣」と「八咫烏」の導きによって大和を平定することができ、宮殿を建てて、天下を治めることになります。

神倭伊波礼毘古命は神武天皇として、阿比良比賣《アヒラヒメ》と結婚し、二人の息子が生まれますが、さらに大物主神《オオモノヌシカミ》の娘、伊須氣余理比賣《イスケヨリヒメ》を娶って、三人の息子をもうけます。大物主神といえば、大国主命の国づくりを助けた水神です。神武天皇も、祖父らと同じように、水の神との縁を結んだことにより、子孫繁栄が約束されたとも解釈できる逸話です。

仁徳天皇と治水

神武天皇の時代から下った、十六代の大雀命《オホサザキノミコト》、仁徳天皇は、難波の高津宮から天下を治め、その治世は広く知られています。

仁徳天皇は小高い丘から国土を見渡し、人々や国土の状態を常に観察していたとされています。家々から炊煙が上がっていないことで、民の貧しさに気づき、三年間、貢と役を免除します。また、蛇行した川に堤防を築き、堀江を掘って、川の水を海まで送る水路をつくり、洪水から人々や田畑を守ります。池や湊もつくり、水を治めることで、豊かで平和な国にしていったといってもいいでしょう。水の脅威を知りながら、水の恩恵に預かる法も研究していた、優れた為政者の姿が見えてきます。

水にちなんだ神々

ところで、このように、『古事記』の数多くの場面に登場する「水」にちなんだ神々。『古事記』に登場する神々の中では、どのような位置を占める存在なのでしょうか。

『言霊百神』――言霊（ゲンレイと読みます）と百の神々という、意味深長な書名に彩られたこの書は、世界の哲学宗教に通暁した碩学、小笠原孝次氏の代表作といわれるものですが、ここには『古事記』における神々の中から百の神に光をあて、その存在の意味を読み解いた論考が収められています。日本語の根本にある五十音の中に「神も魔も、資本主義も共産主義も、キリスト教も仏教も斎しく人類精神の完成された原理である百神の法」が宿るとして、言霊学の継承と発展を志した小笠原孝次氏の心眼が射た百の神々を仔細に見ていくとき、水の神々の存在の意味もおのずと浮かび上がってくるようです。

小笠原氏は、「無名は天地の始め、有名は万物の母なり」という、よく知られた老子の言葉を引きながら、

『古事記』における神々の名の意味について、このように語っています。

森羅万象が生まれると云うことはその名が出来ると云うことである。森羅万象が有ると云うことは一つ一つその名が有ると云うことである。事物の実体はその名すなわち言葉に存する。名がなければ物事はない、名状し得ず、認識し得ず、把捉し得ない。すなわちそれは未剖の渾沌である。

森羅万象が生まれるということは名ができるということ――このことを逆にたどるなら、名ができるということが、その名付けの対象である森羅万象が存在することの証し、とも解釈できるでしょう。実際、世界各国に存在するさまざまな神話が、それぞれの国や土地に合った神々に名をつけ、物語の中で躍動させています。

世界最大のサハラ砂漠のあるエジプトの神話には、セトという「砂漠の神」、ヒンドゥー教においては、ヒマヴァットがヒマラヤ（山）の神であり「雪の神」……名がその土地の土地たる所以を語る、という意味において、日本の神話における「水」の神々は、はたしてどのような地位にあったのか――『言霊百神』に登場する神々の数からもそれは瞭然ともいえます。

小笠原氏の掌中において記された神々は、すべて自然の〝はたらき〟を司る神々。自然の〝はたらき〟そのものが神であるという、古代の日本人の心身と不可分なその信仰を超えた〝思想〟は、さまざまな神々を暇なく見出し、そこに「名付けという結びの力」を発揮させていきます。風の神、火の神、土の神、木の神……しかし、その自然の根源に位置すると思しき神々の中において、「水」にちなむ神々を一望したとき、その特異な地位に、現代に生きる私たちも気がつかないわけにはいかないでしょう。

わずか百の神々の中に、海の神、川の神などの「水」にちなんだ神々は、二十神を超えて語られています。

「有名は万物の母なり」の老子の言葉をその字義通りに頂くなら、日本の神話においてはまさに、「水の神々こそ万物の母なり」であったのかもしれません。

註1　奈良毅。ならつよし。1932年秋田県秋田市生まれ。秋田大学学芸部国語国文学科（学芸学士）、東京大学大学院人文学科研究科言語学科（文学修士）、インド共和国カルカッタ大学院人文学研究科比較言語学科（哲学博士）卒業。1964年より30年間、東京外国語大学アジア・アフリカ言語文化研究所に勤務、同大学名誉教授。その間、国内外7つの大学の客員教授や非常勤講師を努める。95年より8年間、清泉女子大学勤務（同大学言語文化専攻主任教授、人文科学研究所所長、地球市民学科主任教授）。社会的には、㈶日印協会顧問、㈶オイスカ顧問団長、日本・バングラデシュ協会顧問、国際ベンガル学会会長、バングラアカデミー終身会員、日本言語学会維持会員、日本南アジア学会会員、祈りによる広島平和市民運動代表など。長年の研究活動から歴史書に記された先人の教えや少数民族の生き方の中に、平和、環境、教育など現代人が抱える問題を解くカギがあることに着目。それを多くの人に伝えることをライフワークとして世界平和や地球環境保全のための運動を精力的に推進。2012年にバングラディシュ人民共和国大統領より国民友好栄誉賞、同年秋に日本国天皇より瑞宝中綬章を授与。2014年逝去。（『全解　絵でよむ古事記』監修者奈良毅　㈱冨山房インターナショナルより）本書の監修を務めた七沢賢治の大学時代の師でもある。

祭祀に流れる水

水を司る天皇〜宮中祭祀「大嘗祭」

器が人を選ぶの喩えがあるように、さまざまな名で尊ばれた水の神々は、その必然として、水を司る者を選ぶことにもなり、古代の日本において「治水」「降雨」などの任を果たしたのは天皇でした。天皇には雨を降らす力があるとされ、雨乞いは国家の儀礼として行われていたことが、平安時代に編纂された『日本書紀』からも垣間見ることができます。

それは皇極元年の六四二年のこと、と『日本書紀』は語ります。

日照りが続く異変に、当時宮中において権勢を振るっていた豪族、蘇我入鹿がまず動きます。雨乞いのために、寺に大乗教を転読させる——。しかし、叶ったのは慈雨からはるかに遠い微雨のみ。ところが、代わって任を引き受けた皇極天皇（斉明天皇）が雨乞いの祭祀を天に捧げたところ、大雨が五日間降り続いた——背景にあったと思われる天皇と豪族の有力者との確執をも窺わせるこの逸話は、雨乞いの成否が為政者の権勢を左右するほどの重要事であったこと、水と天皇は不可分の関係にあったことを、現代にまで伝えています。

「マツリゴト」――今の言葉でいう「政治」を、古代の人々はこう呼んでいたといわれます。もちろん、現代においても「マツリゴト」は生きた言葉として使われていますが、その意味は狭く政治のみのことと解釈されてしまうことが多いようです。しかし、「マツリゴト」の元々の意は「神をまつる」「神をたてまつる」ということでした。この当時、世の中は多くの深刻な課題をかかえていました。自然の脅威とどのように折り合っていくか、異族間の緊張関係をどのように和らげ生き抜いていくか。対自然においても対人間においても、脅威に屈せず和を求めていく手法が求められた時代、ともいえます。つまり古代における「祭祀」「祭政」、それらを総称する「マツリゴト」とは、そうした難題や脅威を和らげるために〝開発〟された「神を迎える」儀式であるということ、まさにその意味において、現代でいう政治と同義の公の大事でした。

祭祀が実際どのような大事として当時の社会に位置づけられていたのか。その証しは今に伝わる当時の社会制度からもうかがえます。

七世紀後期から十世紀頃にかけての日本の政治体制は「律令制」が施行されており、現在でいう省庁が「二官八省」と定められていました。中でも「二官」は中央の最高機関とされていました。

そのうちの一つが行政を司る「太政官」、その太政官と同列の位に設けられていたのが、朝廷の祭祀を司る「神祇官」です。

このことは、当時すでに、祭祀を行う機関が省庁の一つとして存在していたことを意味します。祭祀と為政は不可分の物事であったことが、こうした史実からも読み取ることができます。

実は、その神祇官の長である「神祇伯」を、長年司ってきたのが、後述する「白川伯王家」という公家でした。「白川伯王家」は、さまざまある「宮中祭祀」を執り行う神祇官を務め、明治政府によってその家職が解かれるまで、祭祀を司る任にあったとされています。未だ閲覧のみの文献とはされていますが、宮内庁には近世の江戸期に残された白川家日記が保管されています。霊元天皇から光格天皇までの間、将軍でいうなら徳川綱吉から徳川家斉まで、元号なら貞享から文化までの約120年間、たゆまず記された貴重な記録といわれています。

さて、天皇が宮中で行うとされる宮中祭祀。現在も年間、二十ほどの祭祀が執り行われているといわれます。中でも、特別な祭祀として位置づけられている「大嘗祭」は、天皇が一生に一度しか執り行うことのない、宮中祭祀の中の祭祀として知られています。大嘗祭は新嘗祭とも呼ばれ、新しい天皇が即位の礼のあとに、初めて行う祭祀でもあります。

この大嘗祭、古くは中臣氏が寿ぎとして「天神之寿詞《あまつかみのよごと》」を奏上するという決まりごとがありました。

「天神之寿詞」は口伝であって、内容は一部の者しか知ることのできない〝秘伝〟でした。そのため、「延喜式」[註1]の「祝詞」にも記載されていません。

しかし、平安末期の左大臣、藤原頼長の書いていた日記『台記』の別記に、近衛天皇の大嘗祭のときのことが筆録されており、そこに記されていた祝詞がありました。中臣寿詞《なかとみのよごと》です。

「中臣寿詞」には、「皇御孫尊《すめみまのみこと》の御膳都水《みけつみず》は、宇都志國《うつしくに》の水に天都水を加えて奉らむと申せ」というくだりがあります。邇邇藝命へ献上する水については、「宇津志國の水」に「天都水」とを合わせてつくりお出しする、ということです。

大嘗祭において天皇は、天孫降臨した天照大御神の孫、邇邇藝命として再生するともいわれています。再生という結びの役目に水が重要な役割を果たすということになります。

天皇祭祀を司る白川伯王家と「水」の関係

「白川伯王家」は、平安時代中期より幕末までの約８００年神祇伯を世襲し続け、宮中祭祀における中心的存在として伯家神道の流儀に則り祭儀を執り行ってきました。白川家が「伯王家」という皇族的な爵名を称したことは、公家の中でも異例の特遇でした。

「大嘗祭」は「新嘗祭」であることは述べましたが、その「新嘗祭」前夜に、現在も掌典や内掌典によって行われている「鎮魂祭」は、翌日の神人共食の儀式に備え、天皇の魂の安定化、強化を図り心身を賦活させて、神人合一の儀が滞りなく行われるようにとの、「新嘗祭」に臨むための祭祀です。この鎮魂祭にも、白川伯王家は関わっていたとされています。

そのような特異な立場にいた白川伯王家は、祭祀のほかにも従来は天皇の役目であった「降雨」や「止雨」を担っていたこと、また、天皇だけのために日々の水を献上する役目を引き継いだということがいわれています。

白川伯王家は、幕末、明治維新の動乱により宮中から外に出ることになります。その時の学頭[註2]であった高濱清七郎氏は、口伝で白川伯王家が守り伝えてきた白川伯家神道を後継につなぎ、現在は七沢賢治氏が事実上、学頭の任を引き受ける形でその継承を行っています。本書の編纂を企画した七沢研究所の代表も務める氏は、一般社団法人「白川学館」を立ち上げ、白川伯王家だけに受け継がれてきた祭祀、様式、作法などを、多くの人が学ぶことができるようシステムとして学びの体系化を図り、今もなお研究、研鑽を重ねながら、広く一般に公開しています。

祝詞にみる水―〜身禊祓の水の神

祝詞は、神事の行事で神職など斎主が神前で唱える言葉のことですが、天皇が行う宮中祭祀をはじめとした祭祀においても、極めて重要な位置づけにあります。

祝詞の内容にも水に関連するものは多くあります。白川学館では宮中祭祀において奏上される祝詞を用いていますが、その中でも「大祓（中臣祓）」「身禊祓」では、水に関係する内容が非常に多く語られます。

「身禊祓」は、先の「禊ぎの水と天照大御神（P23）」でも述べたように、伊邪那岐神が禊のために入った川で、次々に新しい神が生まれ、そして最後に三貴子とよばれる天照大御神、月読命、須佐之男命が誕生する場面にまつわる祝詞です。

祓詞は、伊邪那岐神が阿波岐原で黄泉国での汚れを清める「禊ぎ」を行い、身につけていたものを次々に投げ捨ててから川に入る、その後の場面から始まり、三貴子の誕生前までのことが語られています。

川の水に入ると、黄泉国に出かけたときに身体についてきた穢れが、神となって生まれ出てきます。すると、その穢れを直す神が生まれ、その次に穢れをそそいで清らかなって、本来の威力を取り戻したことを示す神が生まれます。

勢いが増したところで、伊邪那岐神は川の水の底深くにまで沈み、身体をそそぎます。その次には、水の底と表面の中ほどで、最後に水の表面に出て身体をそそぎます。

この時、水にまつわる神々が生まれます。

水の底では、底津綿津見神《ソコツワタツミノカミ》、底筒之男命《ソコツツノヲノミコト》が、中ほどでは、中津綿津見神《ナカツワタツミノカミ》、中筒之男命《ナカツツノヲノミコト》が、表面では上《ウワ》津綿津見神《ツワタツミノカミ》、上筒之男命《ウワツツノヲノミコト》が生まれます。

このうち、「底津綿津見神」「中津綿津見神」「上津綿津見神」の三柱の神は海を司る神で、海人《あま》（漁師）の部族を統べたといわれる阿曇の連（村主）などが祖先の神として仕えている神です。

そして、「底筒之男命」「中筒之男命」「上筒之男命」は航海安全の神ともいわれ、現在は住吉大社の祭神として祀られています。

祝詞にみる水二～大祓（中臣祓）の水の神

さまざまな祝詞の中でも、最も効力の大きいとされるのが、「大祓（中臣祓）」（以下「大祓」）の祝詞です。大祓は、文字通り規模の大きな祓いという意味にも受け取ることができますが、同時に「公」という意味も込められているといわれます。個人の祓いではなく、世の中全体、社会全体の罪や穢れを祓うことを目的に、この世のありとあらゆる罪や穢れを細部にわたり網羅して、出し尽くす。その上でそれらを祓い清めてもらう方法が記されているのが、大祓の祝詞とされています。

この大祓の祝詞によって表出された罪、穢れをリレーのごとく、次々とつないで、祓い清めていくのが「祓戸四柱《ハライドヨハシラ》」の役目です。

罪や穢れは、まず川の瀬から海に流していきます。それを司るのが、「瀬織津比咩《セオリツヒメ》」です。

海に流れていった罪穢れは、行きわたる潮流の幾重にも渦巻く中にいる「速開都比咩《ハヤアキツヒメ》」が噛み砕き飲み込んで、海底深く沈めます。

噛み砕かれ飲み込まれた罪穢れを息にして、根の国底の国に息吹を放つのが「気吹戸主《イブキドメシ》」です。

根の国底の国にいった罪穢れのすべてを引き受け、はるかかなたに持ち運び、跡かたなく消し去る神は「速佐須良比咩《ハヤサスラヒメ》」――。


このようにして、祝詞によってあぶり出された罪や穢れは、祓戸四柱のはたらきによって「祓われる」とされます。ここに見られるような、罪や穢れを「水に流す」という神々のはたらきは、その点だけに注目するなら現代の日本人の感性とも共振するものですが、しかし、祓いを行う神々のはたらきは決してそこだけにとどまることはなく、「罪や穢れを噛み砕き飲み込み息にして根の国底の国に吹き送り」、さらには「罪や穢れのすべてを引き受ける」ことによって、はじめて大祓が成就されるとされています。

そのような形で、祓いという祭祀が、「罪や穢れを神々がいったんその身に引き受ける」という複層的な構造を成しながら今に伝えられているということ、そこには多くの示唆が含まれているように思われます。


先述した『言霊百神』の中で小笠原氏は、「身禊祓」の持つ意味について、このように語っています。

禊祓[註3]には二段階の操作がある。前段は身削ぎ払霊であり、後段は霊注ぎ張霊である……罪穢れを嫌わしきもの、有るべからざるものとして放棄してしまっては摂取不捨の阿弥陀如来の行願にはならない。それを整理するために言霊麻邇の原理をその外国思想の中に投入することである。(禊祓二〈身削ぎ払霊〉より)

不浄なものは、それを無きものとして取り除いたから清らかになるということではなく、すべてを知り、すべてを包括して整理することが肝要である――小笠原氏の指摘はそのまま、祓戸四柱のはたらきと重なるように思われます。

そのようにして、まず罪穢れのような余分なもの、あるいは足りないものを削ぐ払霊をし、身を清らかにした後に始まるという霊注ぎ張霊。小笠原氏はこの二段階目の禊祓を、文明の有り様を考えるという俯瞰した立ち位置から、「宇宙法身の内容の確立」であり、同時に「人類独特の文明を建設経営する上の原理原則の確定である」(ともに『言霊百神』より)と意義づけているのですが、その真意に触れる機会は改めるとして。身削ぎ払霊と霊注ぎ張霊、いずれの禊祓においても、「流し」あるいは「充たす」という、水ならではのはたらきが透かし絵のように置かれていること――その意味することを遠望しながら、本章を締めくくりたいと思います。

―註1　延喜式。法令集。平安時代中期に編纂され、律令の施行細則などが書かれている。

―註2　学頭（がくとう）。白川伯家神道を伝承する白川家の長のこと。江戸時代中期、第23代白川家当主である雅光王の代に白川家内の役職として設けられた。今でいう学校長にあたる。

―註3　禊祓。『言霊百神』における表記をそのまま引用のため、「身禊祓」と異なる。

第二章

水の起源

水の起源はどこにあるのか？

この問いは、そのまま、「水とは何か」という問いともつながります。

雲、海、川、湖、雨、雪、氷……多彩な名前を持ち、地球環境の影響を受けて様々に姿形を変える（科学の言葉では相転移）水の、その根本の姿、アイデンティティとは、何なのか？

その問いに科学の言葉が追いついたのは、18世紀を迎えてからのことです。

現代では常識の範疇に入る「水は、H_2Oという分子からできている」という科学的事実も、この時代の発見です。フランスの化学者アントワーヌ・ラヴォアジエは、水分子を構成する原子、「水素」と「酸素」の命名者（発見者はP99をご参照ください）といわれていますが、『水の惑星』を著したライアル・ワトソンによれば、後に、フランス革命の擾乱の中で処刑されるという悲劇に見舞われたラヴォアジエの墓碑銘には、水素の頭文字であるHと、酸素の頭文字であるOが刻まれているといいます。

「H_2Oは、いわば天の啓示だった。水の分子をふたつに分裂させたこの出来事によって、科学思想に突破口が開かれ、新しい考え方が生まれたのである」（同書より）。

変幻する水の様相を根底でつなぐ、HとOという2つの原子。

それはいつ、どこで、どのようにして誕生したのか？

このHとOはどこで出会い、どのようにして水の分子となったのか？

水の起源を探す旅は、地球の大気圏を突き抜け、宇宙そのものの起源へとつながります。

宇宙の夜明け前
～科学と神話が出会う場所～

宇宙の始まりを示す科学の理論はどれも、仮説としてまず提出され、その後、宇宙から地球へ届く様々な電磁波の観測と分析を経て、その確からしさが証明されるという経過をたどってきました。こうした仮説の意味を、広義にとるなら、前章で触れた古代の神話もその範疇に含めることができるかもしれない――といえば、やや飛躍に過ぎると受け取られる向きもあるかと思いますが、実際のところ、その物語の骨格を素直に抜き出してみるなら、科学的な仮説としての最新の宇宙創世物語と古代の神話には、偶然という表現が不似合いなほど、相似を感じさせることがあることもまた確かです。

たとえば、前出の『古事記』が示す創世神話「天地のはじまり」。

ここでは、この世界に最初に現れた神アメノミナカヌシノカミが、陽の神であるタカミムスヒノカミと、陰の神であるカムムスヒノカミに姿を変えながら、相互にはたらき合うことで、命を司る神ウマシアシカビヒコヂノカミを始めとする様々な神々を生み出していった……という流れで天地開闢物語が語られていくのですが、「陽と陰の2つの神のはたらきによって天地のはじまりが創造された」というこの考え方は、ビッグバン直前のエネルギーに充ちた真空の中には、互いに打ち消しあう等価の力を持った2種類の素粒子が存在し、その2つの素粒子が生成と消滅を繰り返すゆらぎ（科学の言葉では量子ゆらぎ、真空のゆらぎとも表現されます）の中から宇宙の種となる巨大なエネルギーの塊が生まれたのだろう――そのように宇宙創生の瞬間を仮説したインフレーション理論（宇宙論）を彷彿とさせます。

1981年に日本の宇宙物理学者佐藤勝彦氏が他に先駆けて発表したこのインフレーション理論は、後でも触れるように、宇宙を誕生させたビッグバンという大爆発がなぜ起きたのか、そのプロセスはどのようなものだったのかを説明する「ビッグバン直前の〝宇宙のはじまりの瞬間〟をとらえた」（佐藤勝彦氏が名誉教授を務める東京大学ＨＰより）理論といわれてきました。２０００年代に入ってからはすでに衛星による観測をもとに実証もなされ、現在はビッグバン宇宙論をもっとも精緻に説明する宇宙論の定説となっているものです。

まだ空間も時間も存在していない宇宙の夜明け前。そこに、一見、何もないように見えながら、実は巨大なエネルギーを秘めた真空という状態が生まれ、そこでは、まるで『古事記』が物語る陰陽の神のように、対照的な性質を持つ2つの素粒子が瞬時に生まれてはぶつかり合い消えるという、真空のゆらぎが絶え間なく起きていた。その生成と消滅の均衡が、ある瞬間、奇跡的な確率で崩れることにより（ノーベル賞を受賞した南部陽一郎博士が提唱した「自発的対称性の破れ」理論）、ビッグバンを引き起こすことになるエネルギーの塊（小さな原始宇宙）が生まれた……科学の言葉である数字や数式をあえて用いずに、インフレーション宇宙論を、その仮説の骨格だけを抜き取ってこのように綴ってみたとき、現代科学の最先端に位置するこの仮説は――神話と科学の枠を超えた飛躍であることは承知の上でその印象を冒頭に示したように――まるで古代から語り継がれてきた「一つの神話」であるかのようです。

無のように見えながら潜在的なエネルギーに充ちた真空、それを天地のはじまりを開くエネルギーを持って現れた、最初の神アメノミナカヌシノカミと、措定してみることができるのではないか。そのアメノミナカヌシノカミの変幻である陽の神タカミムスヒノカミと、陰の神カムムスヒノカミのはたらきは、互いに打ち消しあう力を持った2つの素粒子の相互作用になぞらえることができるのではないか――現代の最新の宇宙論は不思議なことに、今から約1300年前に書かれた『古事記』に収められた神話への誘いをも含むようにも感じられますが、当時の神話の語り手たちははたしてどのように宇宙のはじまりを理解し、神話という物語へ結実させていったのでしょうか。

今となっては、想像することしかできないことですが、この広大な宇宙のはじまりはたった1つの、極小のエネルギー点にあったと仮定されるように、宇宙の本質を見通そうとする人間の願望は、突き詰めればよく似た1つの物語に収斂されていくものなのかもしれません。

さて。譬えていうなら、均等なエネルギーを持つ水と火が同時に生まれ同時に結合するために、一見「何事も起きていない」かのようだった夜明け前の原始宇宙に「対称性の破れ」が発生することよって、宇宙は一瞬の大爆発——ビッグバンとともに夜明けを迎えます。水分子を構成する2つの原子のうちの1つであるH＝水素を生み出し、やがてはこの地球にもやってくる水を生み出す宇宙の夜明けです。

〝火の玉〟からビッグバンへ
〜物質宇宙の誕生へ〜

ビッグバン理論のはじまりは膨張する宇宙という着想

約138億年前、超高温、超高密度の〝火の玉〟が急激に膨張することによって私たちが認識する宇宙が生まれた——このように今につながる宇宙の生成を語っていくビッグバン理論は、現代の宇宙物理学によって発見された〝宇宙創世理論〟ともいえるものですが、宇宙マイクロ波背景放射（宇宙空間から地球に届く電磁波の一種）の観測によって科学的に裏づけられ、現在の標準理論となったことはよく知られています。

さかのぼれば、このビッグバン宇宙論は1940年代にアメリカの理論物理学者ジョージ・ガモフ（1904〜1968年）らが提唱したものですが、「宇宙がビッグバンによって膨張し続けているのではないか」という説そのものは、ガモフよりも20年ほど前の時代、1920年代から30年代にかけて先駆的な業績を残したベルギーの宇宙物理学者ジョルジュ・ルメートル（1894〜1966年）によって構想されたといわれます。その構想は、エドウィン・ハッブル（1889〜1953年）が行った、フッカー望遠鏡による観測（地球から遠い銀河ほど、速く遠ざかっているという観測結果）と分析によって、蓋然性が裏づけられることになりました。

ルメートルのこの構想に着想を得たガモフは、ルメートルの膨張宇宙論＝ビッグバン説を支持、さらにビッグバンにより燃えた火（残光）がいずれ観測されるだろうと予測して、ビッグバンの状態を〝火の玉〟に例える「〝火の玉〟宇宙論」を発表します。その後、アーノ・ペンジアス（１９３３年〜）とロバート・ウィルソン（１９３６年〜）によって、宇宙マイクロ波背景放射が観測され、ビッグバン宇宙論は実証も得て、理論のみの仮説の域を超えることになったのです。

泡１粒が超光速で太陽系以上の大きさに〜インフレーション理論が示す急膨張

ところで、前節でも触れたインフレーション理論は、このビッグバン宇宙論が当初説明しきれなかった事象を理論的に補完し、さらにはビッグバン前後の宇宙の有り様——ビッグバン以前の真空状態からビッグバンにいたるプロセスをより精緻に説明する宇宙論として登場し、いま世界中の研究者から提出されている多様な宇宙モデルの根幹にはこの理論があるといわれています。日本の宇宙物理学者の佐藤勝彦氏の論文によって初めて提唱されたことは先にも触れた通りですが、ほぼ同時期に米国の宇宙物理学者アラン・グース（１９４７年〜）も素粒子論の立場から同様の説を提出したこともよく知られた事実です。

インフレーション理論の大まかな筋書きは、前節でも触れたように、ビッグバンの直前に生じた真空状態から極小の〝火の玉〟（素粒子よりもはるかに小さかったはずと佐藤勝彦氏は語っています）が生まれ、それが急激に膨張してビッグバンという大爆発に至ったというものですが、〝火の玉〟を生み出す力は、真空の相転移と呼ばれる次のようなプロセス（ここでは数式や数値という科学の言葉を借りずに筋書きだけ追ってみることにします）によって生じたと説明されています。

――生まれたばかりの真空、それは高いエネルギー密度を持った真空です。この誕生したばかりの真空は、高いエネルギー密度を有するがゆえに、その本来的な指向性によって急膨張していくのですが、急膨張は必然的にエネルギー密度の低下を招きます。このようなエネルギー密度の低下が必然的に招くこと、それは高温状態から低温状態への変化であり、そのプロセスにおいては通常、余剰の熱が生まれ、自然に放出されることになるのですが、宇宙の夜明けをもたらすことになったこのプロセスにおいては、余剰のエネルギーが放出されず一時的に蓄えられてしまう現象（これを潜熱といいます）が起こります。その蓄えられた熱が――ちょうど過冷却状態にある水が氷へと相を変えるときに熱を発するのと同じように――出どころを求めて、一気に放出へと動きだす。それは一瞬にして超高温高エネルギーを持つ〝火の玉〟となった……

こうして説明される〝火の玉〟の生成から急膨張へ至るプロセス。そこに要した時間はどのぐらいだっ

図1　宇宙膨張の概念図

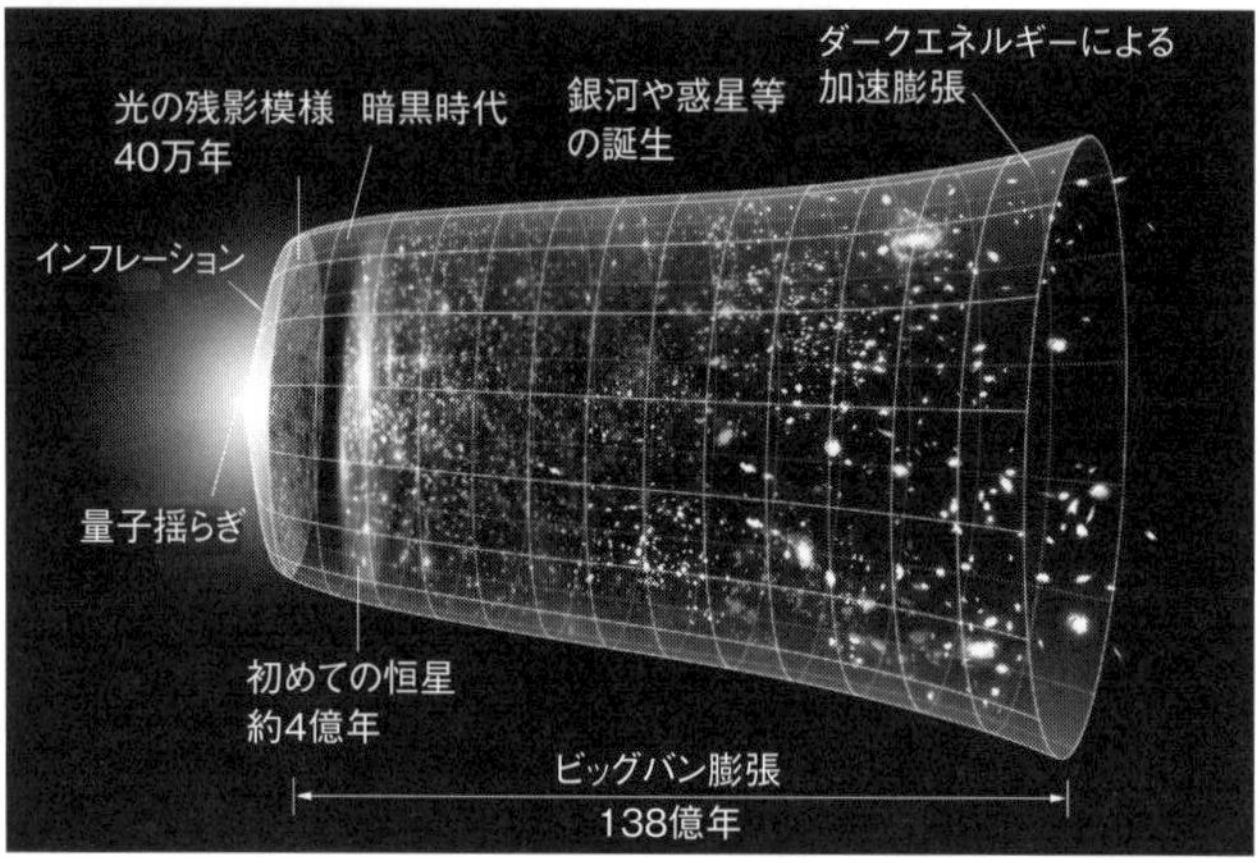

たのか？

この素朴な問いに、インフレーション理論はこのように答えます。

10のマイナス36乗秒後から10のマイナス34乗秒後までの間。

１秒をものさしにすれば、その１０００兆分の１の１０００兆分の1の10億分の1という、私たちの日常感覚からすれば、時間があるとはとても呼べないような極小のタイムスケールです。この間に〝火の玉〟は10の43乗倍程度の大きさに広がったと考えられています。

この桁外れの急膨張のすさまじい速度は研究者によって様々に形容されていますが、「シャンパンの泡1粒が、光速より速く、一瞬のうちに太陽系以上の大きさになるほど」（前出・東京大学ＨＰ）ともいわれますから、〝火の玉〟の急膨張を経済のインフレーションになぞらえたそのネーミングの軽やかさに比して、いかに〝想像を超える〟事態の連続だったのか、ということがわかります。

物質宇宙の誕生
〜はじめに水素ありき〜

巨大なエネルギーを潜在的に持っていたと仮定される真空という状態、そこから超高速の膨張スピードに乗ってスピンアウトするように始まったビッグバン、そして、その後の宇宙空間に生成された物質……という138億年以上前に起きた宇宙生成の物語を流れを追って理解していくとき、私たちは物質そのものにエネルギーが宿っている理由を、ごく自然な出来事の連鎖として納得することができるようになります。

このエネルギーに充ちた宇宙のはじまりに、最初に生まれた物質、それが水分子を構成するHの原子、水素です。

後にも触れるように、水素は原子の中でももっとも軽く単純な構造を持つことで知られますが、それは、単純な構造の原子から複雑な構造の原子へと展開していく、原子生成の物語の最初に水素があったということ——旧約聖書の創世記風に語るなら「世界のはじまりに水素があった」ことを端的に語る事実ともいえます。

次は、宇宙誕生の巨視的な物語から一転して、この宇宙における水素を始めとする物質の誕生に焦点をあててみたいと思います。

ビッグバン直後に生まれた素粒子

ビッグバン直後の、約100万分の1秒後は、前節で触れたように、真空の相転移によって生まれたエネルギーを引き継いだ原始宇宙の温度は5兆度K（Kは絶対温度）という、超高温・超高エネルギー密度の状態でした。そこではじめて宇宙に物質が生まれます。「これ以上は分割できない」という意味を持つ素粒子群です。

物理の言葉で定義される素粒子群は、原子核よりも小さい物質（中性子、陽子、電子、ニュートリノ、光子など）を指しますが、のちに宇宙の温度が下がった段階では、集まって結びつき私たちが目にすることができる物質の元になっていく、いわば〝物質の種〟であるこれら素粒子群も、高温高密度な状態が続いたと思われるこの段階での宇宙では、安定した結びつきの関係をつくることなく、個々の素粒子がそれぞれ自由に飛び回っていたと考えられています。いわゆるプラズマ状態（原子から電離した電子と電子を失った原子が飛び回っている状態）です。

通常私たちが物質と呼んでいるものは、素粒子が結びついて原子を形作り、その原子が他の原子と結びついて分子を形成したときにできるものですから、ビッグバン直後の宇宙は、まだ地球でいま見られるような物質を生み出す条件は整ってはいなかったといえます。

最初の原子、水素の誕生

水を構成する水素Hは、宇宙で最初に生まれた、宇宙の中で最も多く存在する原子といわれているのですが、この水素はいつどのようにして宇宙に生まれてきたのでしょうか?――その経過を簡明に解説してくれる文章がありますので紹介しましょう。

アメリカの素粒子物理学者スティーブン・ワインバーグは、誕生の1/100秒後からの宇宙のようすを理論的に組み立て、研究者以外の人のために『宇宙創成はじめの3分間』という著書をあらわしました。それによれば、誕生の1/100秒後の宇宙は、超高温（絶対温度で1000億℃）・超高密度で、大量の光子（フォトン）、ニュートリノ、電子の中に、少数の陽子や中性子が混沌《こんとん》としている状態でした。3分46秒たつと温度が9億℃まで下がり、ヘリウムや水素の原子核の結合が安定してきます。このあと、長い時間をかけて宇宙が冷えていき、銀河のもとになるガスができてくるのです。

――JAXA（宇宙情報センター）HPより

現在の宇宙に存在する水素原子とヘリウムは7：3という説もあります。観測の仕方によって比率に変動はあるかもしれませんが、他の原子は水素とヘリウムには比べようもないぐらい少ないということは確かなようです。

「銀河のもとになるガスができてくる」と引用の最後にある意味は、原子の中でもっとも宇宙に数多く存在する水素の軽さを示したものともいえます。宇宙の中でもっとも多く存在し、同時にもっとも軽い原子、それが水素だというわけです。

宇宙が「晴れ上がる」

水素やヘリウムなどの原子が生まれ、ビッグバンから約37万年（2018年現在、観測結果）経った頃、宇宙は、それまでのプラズマ状態から脱し、飛び交う電子とぶつかって散乱していた光が、直進できるようになります。温度が下がったことで、動きが遅くなった電子が原子核に引き寄せられ、光の進行を妨げなくなったからです。

超過密な素粒子と光が靄のようにたちこめ見通しがきかなかったといわれる誕生直後の宇宙に最初の、そして大きな転機がやってきたのはこのときだったのかもしれません。自由に飛び回っていた素粒子が集まって原子を構成するようになると、光がまっすぐに進むことができるようになります。このような状態を、雲が消えて青空が広がる様にたとえて、「宇宙の晴れ上がり」と呼んでいます（図2）。

図２　宇宙の晴れ上がり

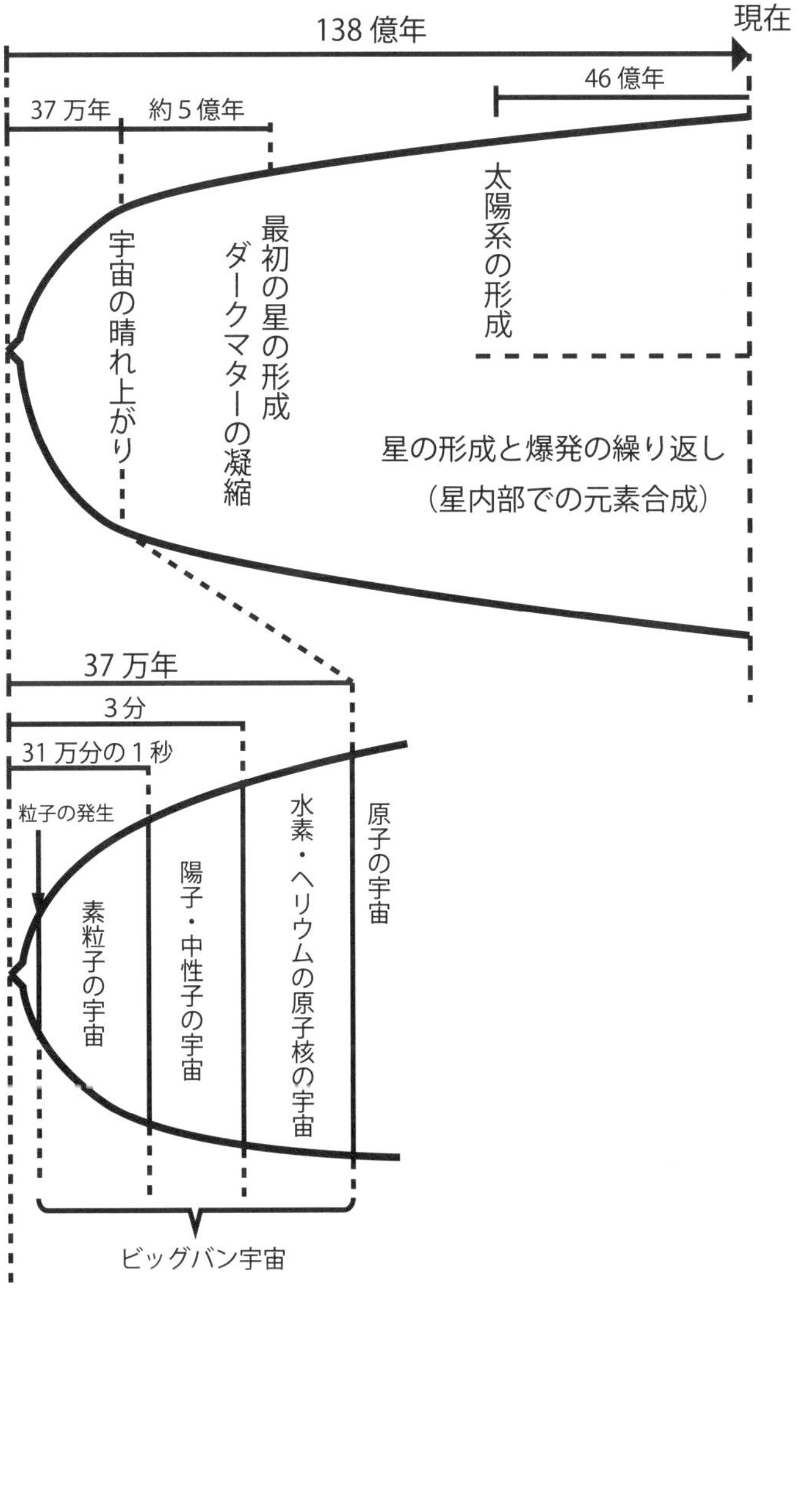
138億年
現在
46億年
37万年
約5億年
宇宙の晴れ上がり
最初の星の形成
ダークマターの凝縮
太陽系の形成
星の形成と爆発の繰り返し
（星内部での元素合成）
37万年
3分
31万分の1秒
粒子の発生
素粒子の宇宙
陽子・中性子の宇宙
水素・ヘリウムの原子核の宇宙
原子の宇宙
ビッグバン宇宙

私たちが現在、ビッグバン直後の残光を観測できるのも、晴れ上がって見通しがよくなった宇宙のおかげなのです。

ところで、宇宙は晴れ上がったものの、この時点ではまだ、星や銀河など、光を放つ天体はまだ存在しません。最初の天体が誕生するのは、さらに5億年後のことです（この天体の誕生が酸素誕生へつながる鍵になるのです）。

天体が放つ光のない時代、この時代は「宇宙の暗黒時代」と呼ばれています。もっとも、完全に真っ暗闇だったのではなく、この時代のものと思われる、水素ガスによる微弱な電波が観測されていますから、暗黒時代は「最初の星が瞬くまでの、その準備をしていた時代」とも考えられています。

原子生成の仕組み

ここで、はじめて宇宙に誕生した原子に注目して、原子生成の基になる原子核の構成を見てみることにします。

原子は、現時点で118種類あまり発見されており、それらの原子は、原子核と電子で構成され、原子核はすべて、陽子と中性子で構成されています。

原子核の合成の仕組みを見ると、水素は、原子の中で第1番目に誕生したので、原子番号は（1）。原子核は陽子1個だけで合成され、質量数は1。ただし、水素の原子核には、質量数1の原子核以外に、質量数2、質量数3の原子核が存在します。

質量数1は、陽子1個だけで構成されている軽水素の原子核。質量数2は、陽子1個と中性子1個で構成されている、重水素の原子核。そして質量数3は、陽子1個に中性子2個で構成されている、三重水素の原子核です。どの水素も原子番号は（1）ですが、中性子の数が異なるために、質量数が異なり、水素同位体といわれます（図3参照）。水素の原子核の合成が終わると、次は、原子番号（2）のヘリウムの原子核が合成されます。

図３　水素の原子核

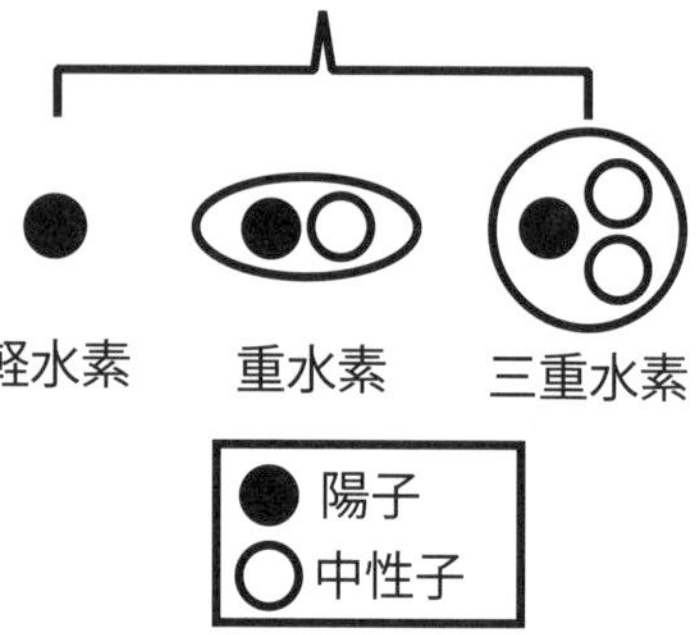

図４　ヘリウムの原子核

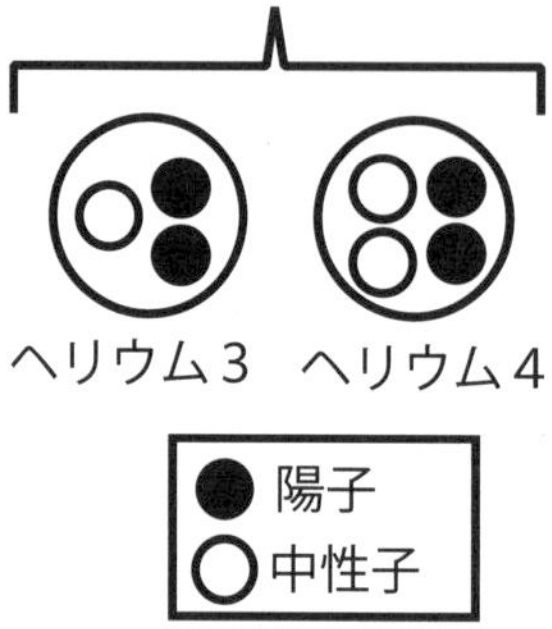

ヘリウムの原子核は、水素同位体の重水素と三重水素が関係し、「重水素＋重水素→ヘリウム３＋中性子」という反応で、ヘリウム３が合成されます。さらに、「三重水素＋重水素→ヘリウム４＋中性子」、あるいは、「ヘリウム３＋重水素→ヘリウム４＋中性子」という反応で、ヘリウム４が合成されます（図４参照）。

軽い原子核から順に重い原子核へ

このようにして、水素の原子核、ヘリウムの原子核というように、次々に原子核が合成されていきます。しかし、このあと、原子番号（３）のリチウム、原子番号（４）のベリリウム、原子番号（５）のホウ素、原子番号（６）の炭素、原子番号(７)の窒素、そして、水の誕生に不可欠な原子番号(８)の酸素というように、原子核ができていくかというと、そうではありません。

水分子をＨとともに構成する重要な原子、酸素は宇宙の中で、水素とヘリウムに次いで三番目に多い原子といわれていますが、実は生成されるまでに相当な時間がかかった、原子核に陽子8個、中性子8個、電子8個を持つ重い原子です。酸素が生成されるためにはある条件が必要でした。

その条件とは、先にも触れたように、星という天体の誕生です。

酸素原子を誕生させた力
～星の生成が意味するもの～

水素とヘリウムから生まれた星～第一世代星

さて。酸素の誕生と密接な関係にある星。その最初の星は、どのようにして誕生したのでしょうか。光が直進できるようになった宇宙は、すでに、軽い原子の水素やヘリウムがたくさん漂っている状態です。それらの原子は、重力の作用によって互いに引かれ合い、集まってガスの塊のようになります。この塊が少しずつ大きくなって中心でガスを燃やすようになり、星に成長していったと考えられています（図5参照）。これが、自ら輝くことのできる、恒星です。地球から眺める星の光は、じつは燃えているガスの光なのです。

こうして水素とヘリウムによってつくられた恒星は、「第一世代星」と呼ばれます。恒星は、次々に誕生して数を増やしていき、また、互いの重力によって引き寄せられ、群れをつくり、やがて星雲と呼ばれる大きな群れに発展していきます。

地球が属する太陽系、この太陽系もまたある星雲の中に位置しています。星雲の名はもちろんだれも

図5　星の誕生

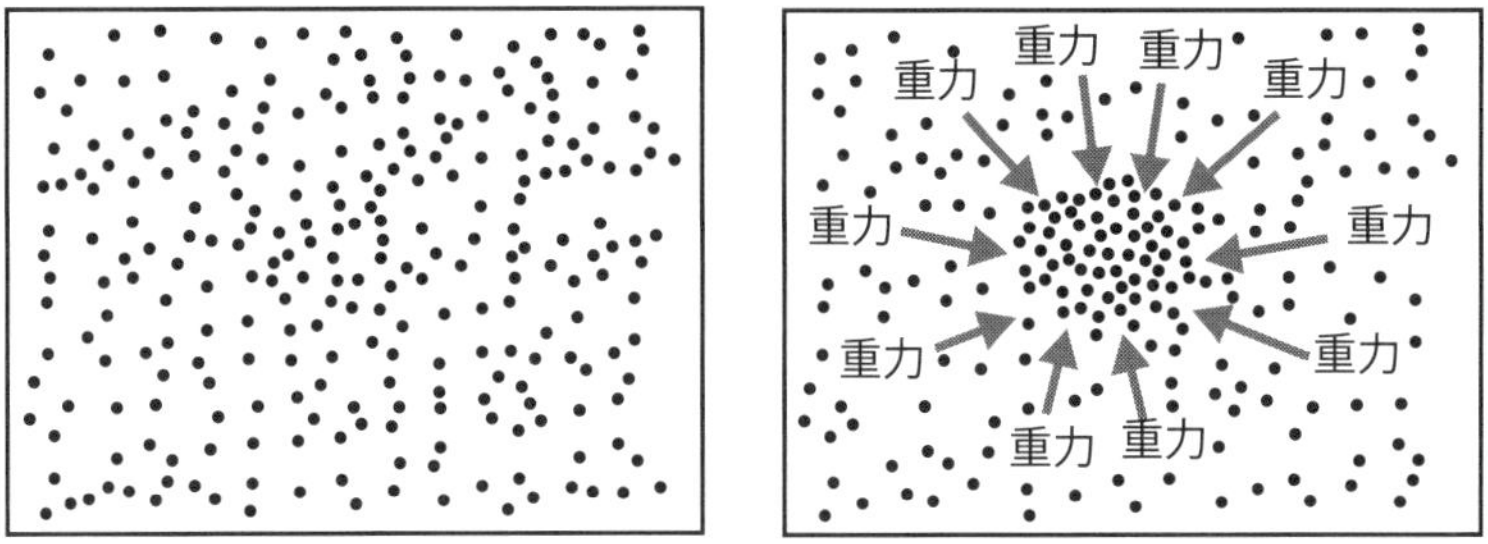

宇宙空間に環状に点在する水素やヘリウムなどの原子ガス。

点在する原子ガスが重力によって引きつけられ、星になる。

がよく知っています。「銀河」と呼ばれる星雲です。

酸素原子は星の中心部で生まれた

第一世代星の誕生によって、酸素原子が生まれるために必要な二つの条件のうちの一つは整ったといえます。もう一つの必要条件は、星の内部で起こるある現象にありました。

重い原子ができる原理は比較的単純なものです。水素のような軽い原子の原子核同士が結合することによって重い原子が生まれるのです。軽い原子核同士が結合するときには、何らかの力によって、陽子、電子、プラズマなどの素粒子にいったん分裂しなくてはならないのですが、この過程で必要とされる「何らかの力」は非常に大きな力であるために、ある特殊な条件のもとでなければ、軽い原子核同士の結合が起こらないのです。その「特殊な条件」が、酸素を生むための、もう一つの必要条件でもありました。

第一世代星の中心部の〝環境〟――高温・高圧でエネルギー

の非常に強い状態にあった第一世代星の中心部は、軽い原子核同士の結合を引き起こすための「特殊な条件」に適した環境であったといわれます。第一世代星は水素とヘリウムという軽い原子によって生まれた星でした。高温高圧の星の中心部で、水素は、陽子、電子、プラズマなどの素粒子に分裂し、再結合する過程でヘリウムに変換され、さらに膨大なエネルギーを生み出していきます。いわゆる核融合反応です。

このようにして、陽子と中性子の数が増えることによって、新たに、重く複雑な原子が構成されていくことになったのです。

5億年のときを経てようやく、陽子3個のリチウム・原子番号（3）、4個のベリリウム・原子番号（4）、5個のホウ素・原子番号（5）、6個の炭素・原子番号（6）、7個の窒素・原子番号（7）が、順番に生まれ、8番目に、8個の電子を持つ酸素が誕生します。

第一世代星はその後も活動を続け、さらに重い原子の、陽子26個の鉄までをつくり続けます。

酸素と水素が出会う～きっかけは超新星爆発

さかんに活動を続ける恒星も、やがては寿命を迎えます。水素からヘリウムへ、ヘリウムから炭素、酸素、鉄への核融合を経ると、第一世代星は燃え尽きます。このときに、太陽の8倍以上の質量を持つ巨大な星は、激しい核分裂や核融合によって大規模な爆発を起こします。これが、「超新星爆発」と呼ばれる現象で、突然、新星が出現したように見え、しかも、ほかの新星よりもはるかに明るく輝くことから、こう呼ばれています。

この大爆発によって、宇宙空間には、様々な原子がばらまかれます。星の核融合で内部にできた酸素や窒素などの、水素より重い原子も、超新星爆発によって吹き飛ばされ、宇宙空間に放出されます。そして、ばらまかれた原子同士は、引き寄せ合って、また星が誕生し、さらに長い年月を経て、また爆発し、というように繰り返されていきます。

そして、この繰り返しのたびに、重い原子が生まれ続けることになるのですが、この過程で、生じた衝撃波が水素と酸素の出会いに必要な舞台を整えたと考えられます。すでに超新星の爆発によって宇宙空間には大量に放出された水素やヘリウムが存在していました。その軽い原子によって形成されたガスやダスト（星間雲）が衝撃波の作用によって圧縮され、さらに密度の高い星間雲が形成されていったと考えられるのです。

水素原子と酸素原子が結びつきはじめて水の分子となったのは、このようにして生まれた密度の高い星雲の中だったのではないか——これが現在、もっとも有力とされている水素と酸素の出会いのストーリーといえるものです。

つまり、水分子の誕生物語は、ここから始まったのです。

第三章

生命と水

生物の進化と水

微惑星・隕石がもたらした水

「水の惑星」ともいわれるほど水に恵まれた星、地球。

その「水」は、一体どこからやってきたのでしょうか？

実は太陽系の惑星が形成されていく初期の段階では、原始の地球に私たちがよく知る「液体の水」は存在していなかったと考えられています。変化が起こったのは、赤道の全長は地球の10倍以上、太陽系最大の惑星である木星が形成されてからのこと。木星の強い重力の影響を受け、その周囲にあった氷に覆われた微惑星が隕石となって地球に降り注ぐようになったといいます。

原始の地球への、隕石や微惑星の衝突は続きます。その衝突は熱というエネルギーを生み、地球を温め始めます。その熱エネルギーの多くは宇宙空間に放出される一方、一部は地球の表面近くに留まり続けます。微惑星が含んでいた揮発成分（主にH_2O）が放散され、水蒸気となって原始の地球表面を覆い始めたことで、熱を地球の表面近くにためこむ温室効果が生じたためです。このようにして原始地球の表面の温度が上がり続け、表面全体がマグマになっていきます。

激しい微惑星の衝突の時代が終わると、地球はだんだんと冷え始めます。液状のマグマは固体へと変化を始め、大気の主成分であった水蒸気も冷やされ、液体の水、つまり雨となって地球に降り注ぐようになります。

このように、間断なく空から降ってくる水によってできた広大な水の広がり――それが原始の海の誕生へとつながっていったと考えられています。

「原始の海」で誕生した生命

微惑星や隕石が宇宙空間から運んできた多量の水。その水が創り出した原始の海で何が起きたのか？その検証を実験室で試みた学者がいます。

アメリカの科学者スタンリー・ミラー博士と彼の師ハロルド・ユーリー博士。この2人の科学者は、1953年、ある実験（図1）に取り組みました。後に生命の起源につながる実験として有名になった「アミノ酸」の生成実験です。アミノ酸はよく知られているように、生物には必須の栄養素の一つです。2人は、完全な機密状態が保たれた実験室の中で、「原始の海」を再現し、次のような実験を繰り返しました。

図1 ユーリー・ミラーの実験

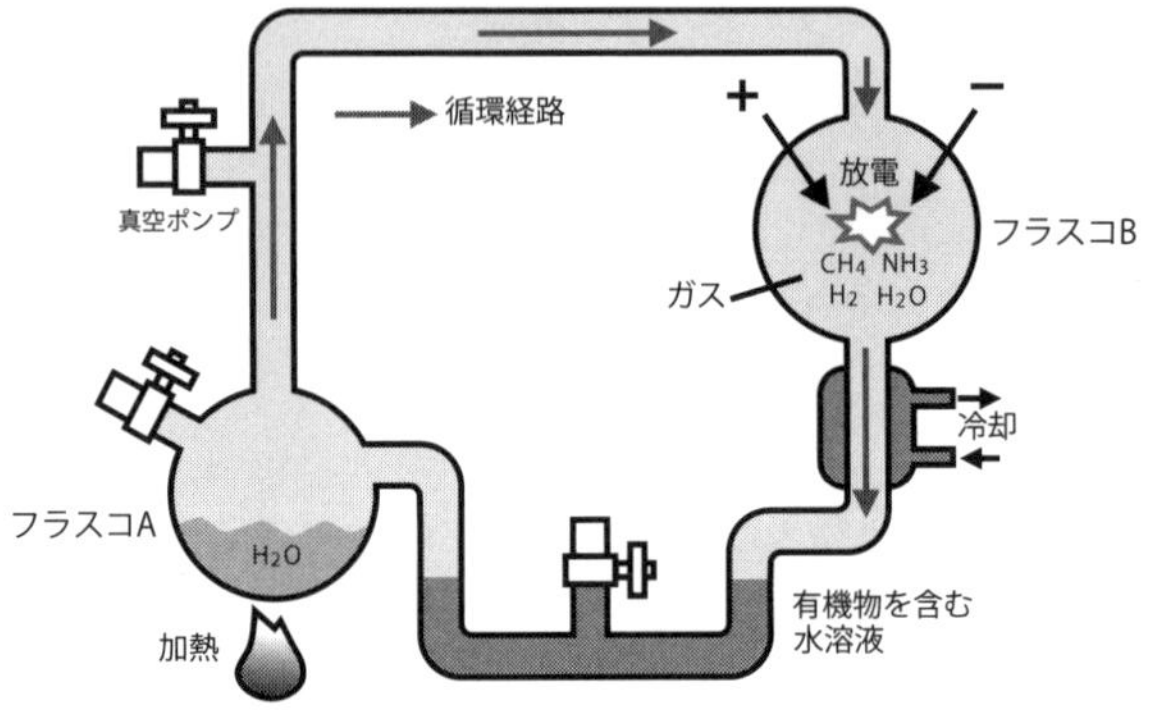

①フラスコAに水を入れて加熱沸騰させる〈高熱の海を再現〉
②フラスコBで高圧電気を放電させる〈雷を再現〉
③そこから導かれた蒸気を冷却する
④再び加熱中のフラスコに戻す

これは、原始の海ができた頃の地球で起きていたと考えられる現象の再現です。この実験室の中で生まれた原始の海で何が起きるのか？　もし、この実験の過程でアミノ酸の生成が確認できるなら、原始の海において最初の生命が生まれたことが証明されることになる、と2人は考えたのです。

実験開始から1週間後。実験室で再現された原始の海から、グリシンやアラニンなど7種類のアミノ酸が検出されたことが確認されました。この実験結果は、次のような科学的推論に十分な根拠があることを示したものといえます。

原始の海に豊富に存在していた有機分子が、その頃、大気中から陸地、海中に至るまで地球のあらゆる場所で無数に起きていた加熱、放電、撹拌、酸化、還元などの反応によって化学変化を起こし、生命の誕生につながる有機物の生成が起きたのではないか――。

この実験結果は、旧ソ連の科学者アレクサンドル・オパーリン博士が唱えた仮説、「無機物から有機物が蓄積され、有機物の反応によって生命が誕生した」という化学進化説を裏づけるものでもありました。オパーリン博士は、すでに１９３２年に、生命の起源についての予見的な論考『生命の起源』を著した、先駆的な生化学者でした。

水をもつつむ膜の誕生

では、原始の海で生まれた有機物が実際に生物へと飛躍するためには、何が必要だったのか。実際にどのような進化が、生物誕生のきっかけになったのでしょうか。

オパーリン博士はこう語ります。

「自然に無機物からできた有機物が、原始の海で濃厚な「有機物のスープ」をつくり、その中でアミノ酸、核酸、さらにはたんぱく質ができてくる。そのたんぱく質は膜を持った粒状の組織となり、そのうちに自己増殖の能力を持つようになった」

生物の元ができるには、アミノ酸、それが高分子化してできるたんぱく質、脂質、糖などの物質が必要である。そうした物質を生成する条件に合致したさまざまな分子が、海の中には存在している。そこで生成されるアミノ酸は、水分子を手離して他の分子と縮合重合[註1]して、たんぱく質になり、そのたんぱく質同士が集まって固まり、濃度の高いジェル状へ、そして海水から分離したコアセルベート（液滴）という形を持つようになる。コアセルベートという膜状のもので包まれたたんぱく質の集まりは、こうして周囲の環境と区別される――つまり、コアセルベートが細胞の起源になる、とオパーリン博士は考えたわけです。

しかし、博士の説には弱点がありました。「膜状」が「膜」へ進化する道筋を明瞭に示すことができなかったのです。「膜なくして生物への進化はできないのではないか」と異論を唱える科学者からも有効な仮説が提出されないまま膠着した議論に光明が差し込んだのは、オパーリン博士の説から半世紀を経た2016年のこと。

物理学の国際学術誌『ネイチャー・フィジクス』に、一本の論文が掲載されました。ドイツのデヴィッド・ツヴィカー博士と共同研究者によるその論文には、「液滴」が細胞の大きさまで成長したあとには、まるで細胞のように分裂する傾向があったことが報告されていました。「膜状」が「膜」へと進化する事実が初めて確認されたのです。

論文の共著者で生物物理学者のフランク・ユーリヒャー博士は、膜のない液滴が自発的に分裂するのならば、「非生物的な有機物の濃縮されたスープから、生命が自然に発生した可能性は高まります」と、オパーリン博士の説に対して肯定的な意見を述べています。

膜の誕生。それにより生物はこの先、飛躍的な進化を遂げていくこととなります。それは同時に、「水」との関係性にも大きな変化が生まれてくることにもなりました。

水を離れた生物の進化

膜を獲得した有機物から生命が生まれ、それがやがて個というゆるやかな閉鎖系を持つ生物となり、進化していく――。その過程は、さまざまな観点から考察することができますが、その生物の進化史の中で、もっとも劇的で過酷な変化といえば、「水から陸へ」という環境の変化に対応したことかもしれません。

水の中での生活から一変、水がない生活をすることになったということは、その生物の持つ機能のドラスティックでダイナミックな変化を強いられたことは容易に想像できます。それまでの「エラ呼吸」から「肺呼吸」になったことをはじめ、骨格や感覚器などさまざまな生体における変化が生じました。

最初に海の水から離れて上陸したのは、およそ5億年前、藻類を起源とする植物、次いで上陸に成功したのは昆虫です。

そして脊椎動物の中でも爬虫類が最初に、海の水から離れます。

脊椎動物が海の水から離れて生活するという環境の変化に適応するには、多くの困難が待ち受けていました。いくつもの新たな能力を獲得する必要に迫られたのです。ここではその詳細は省きますが、中でも水と関連のある条件として、「腎臓」の機能が挙げられるのではないかと考えられます。


腎臓は、排泄機能を持つ器官として知られていますが、恒常性に関する機能を有した器官でもあることが明らかになっています。体液量、浸透圧、イオン組成、体内pHなどの生態内部環境の維持では中心的に機能しているのです。腎臓は単に老廃物を排泄するだけではなく、排泄する水や電解質の量を調節することによって、内部環境の恒常性を保つために重要な働きをしています。


進化の状態を、少し前に戻しましょう。海の水での生活からの卒業のためには、水の中での練習が必要だったこと示す変遷があります。

それは、魚類の時代です。

脊椎動物は、海水から淡水を経て上陸するに至るのですが、その海水と淡水、水の中での生活には変わりありませんが、それだけで済むほど事は単純ではありませんでした。

海水と淡水の一番の違い、それは、塩分濃度です。塩分濃度の違いを克服するために、大きな浸透圧の違いに適応する必要にせまられたわけです。

従来の住処である海水では濃い塩分濃度です。体内にナトリウムが流入し、浸透圧によって水が奪われていきます。塩分を摂りすぎるとのどが渇く、ナメクジに塩をかけると体の水分が塩に吸い取られ、体が小さくなるというのと同じ原理です。

それとは反対に淡水では塩分はありませんから、ナトリウムが体外に流出し、浸透圧によって水が体内に蓄積する危険性にさらされます。水があるのになぜ危険性に？　と思われた方もいるかもしれません。夏の時期に起こりやすい脱水症。その原因の一つは、ナトリウム不足によるものなのです。体内に水分があるから安心なのではなく、水分があったとしてもナトリウムが体外に出て行ってしまえば、脱水症状を引き起こす可能性が起こるのです。

このような変化に適応するために、淡水では、腎臓で希釈尿を排泄することによって、体内に貯まる水を体外に排泄するというしくみが発達していきました。

このようにみていくと、当初水によって命を与えられた生物たちが、その進化とともに、自らが水をコントロールしていかなければ生き残っていけない、という環境へと変化していることに気付かされます。

生物の進化に伴って、「水」との関係性も、変わっていく運命にあるという示唆であるようにも受け取れます。

次の項では、命の誕生から出産までの間だけで、これら生物の進化の経過を遂げるという人間、その人間における進化と水の関係についてみていきます。

註1 複数の有機化合物が、互いの分子から水（H_2O）などの小分子を引き出して結合（縮合）し、それらが連鎖的につながって高分子がつくられる（重合）こと。

生体の中の水

図２　体内に海をもつ人間

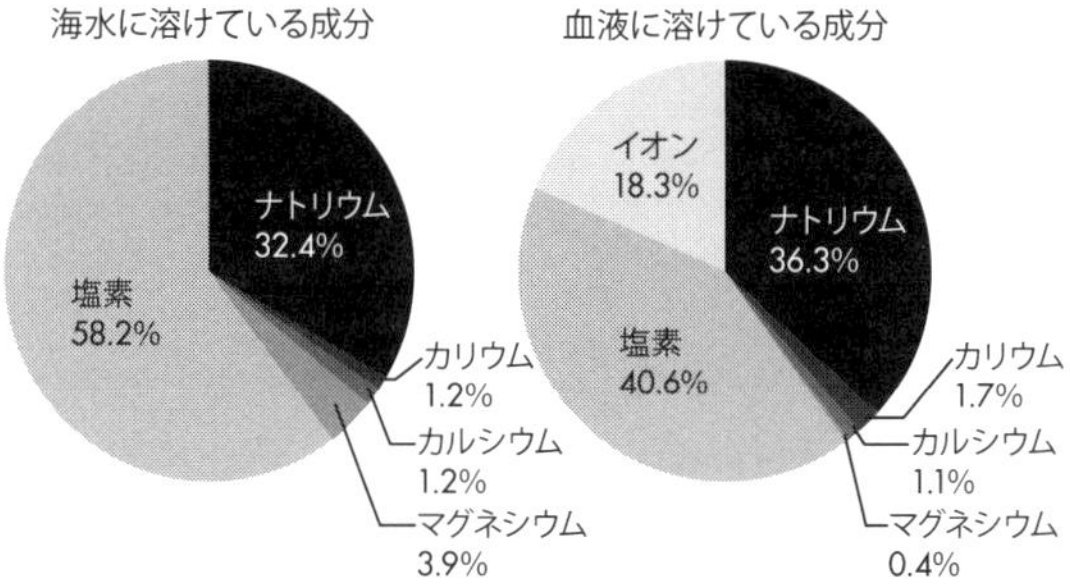

私たち人間の「羊水」や「血液」は、海の組成とよく似ています（図２）。妊娠中のお母さんは、おなかの中に、そのまま海を持っているといってもよさそうです。赤ちゃんは、お母さんの「海」に育まれ、産声をあげた最初の一息で、初めて肺呼吸をします。そして、胎児はお母さんの「海」の中で、約36億年の進化の過程を、10カ月という驚異的な速さで体験して生まれてきます。

母胎となる海の中で無機物が化学進化を遂げ、生命の元が生まれたのは約36億年前。その後の生物進化を経て、肺呼吸ができるようになった両生類が海から陸へ上がるようになったのは、約3億8000年前です。その間約32億年、生物はかなり長い間、海の中で過ごしてきたことになります。その生物が海を離れてから、「まわりにあった水がない」「どうしたら水を確保できるか」といったストレスを進化に変え、水を常に自分の内側に蓄える人間の生体をつくっていきます。

ここからは、私たちの内なる海、「生体の中の水」に焦点をあてていきます。

生体は水から成る

体内の水分量は個人差がありますが、成人男性で体重の約60％、女性では約55％を占めます。受精卵のときはほとんどが水で99％、胎児では体重の約90％、新生児では75％、子どもで70％、成人においては60～65％、高齢者では50～55％と、一生の間で変化していきます（図3）。

体内の水分は、2～4％失われるだけで、意識の混濁や吐き気、めまい、全身脱力感、情緒不安定などの脱水症状が現れ、さらに10％以上を失ってしまうと、失神や呼吸困難、血

図3　身体の中の水分比率

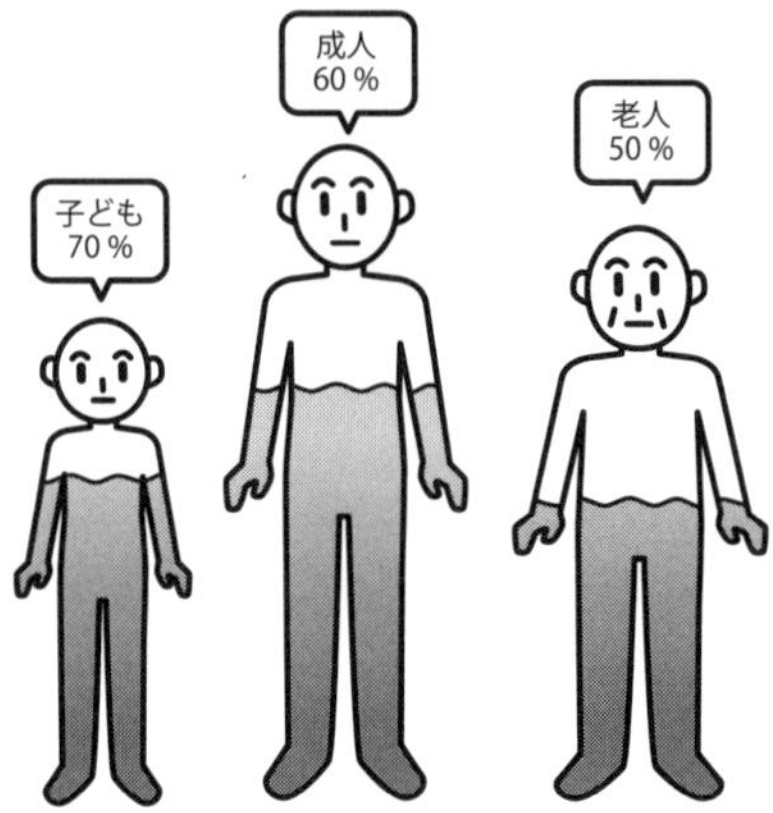

液減少などが起こり、生死に関わるとさえ報告されています。

出る水、入る水

体内の水は、1日の間でも、呼吸で約500㎖、発汗で約500㎖、尿や便の排出で約1500㎖と、約2500㎖が生命を維持するために、生体から外へ出ていきます。

外に出ていった分の水は、新たに食事や直接水を飲むなどして補う必要があります。その必要が、喉の乾きとなって水分摂取を促したり、腎臓が働いて尿の量を調節したり、常に体内の水分量は一定に保たれるように調節して、生命を維持します。

ちなみに、私たちは通常、飲料や食物によって約2200㎖の水を摂取し、呼吸と食物の燃焼によって約300㎖の代謝水を、体内で生成しているとされています。

体内の水の主な働きには、「運搬」「溶媒」「体温調整」などがあり、そこには水の性質が有効に活かされています。血液内の水は、栄養物、ホルモン、老廃物などを溶かし、各臓器の間を「運搬」します。生体の中でエネルギー生産などが行えるのも、水に「溶媒」の機能があるからです。化学反応は水に溶けた状態で起こり、水はその反応を行う場を提供します。また「体温調整」は、水の温まりにくく冷めにくい性質があるからこそ可能です。暑い日は皮膚から汗を出し、水が蒸発するときの気化熱で、体温調節が効率よく行われます。

体内の水分布

　では、体重の約60％を占める水が、体内にどのように存在するか、その分布をみていきましょう。

　生理学的に分類すると、生体内の水は、細胞内にある水「細胞内液」と、細胞外にある水「細胞外液」に分けられます（図4）。「細胞内液」は文字どおり細胞の内側にある水で、「細胞外液」は、それ以外の体液とされています。「細胞外液」には、細胞と細胞の間の体液「間質液」と、「血液・リンパ液」などがあります。

　体重50kgの人の例でいうと、50kgの60％、つまり、約30ℓの体内の水分のうち、細胞の中の水は16・5ℓで、血液、間質液とリンパ液などは約13・5ℓとなります。体内の水分というと血液を想像しがちですが、体内の水分を最も多く含んでいるのは細胞の中です。体内の細胞は約37兆個もあります。

図4　身体内の水分布

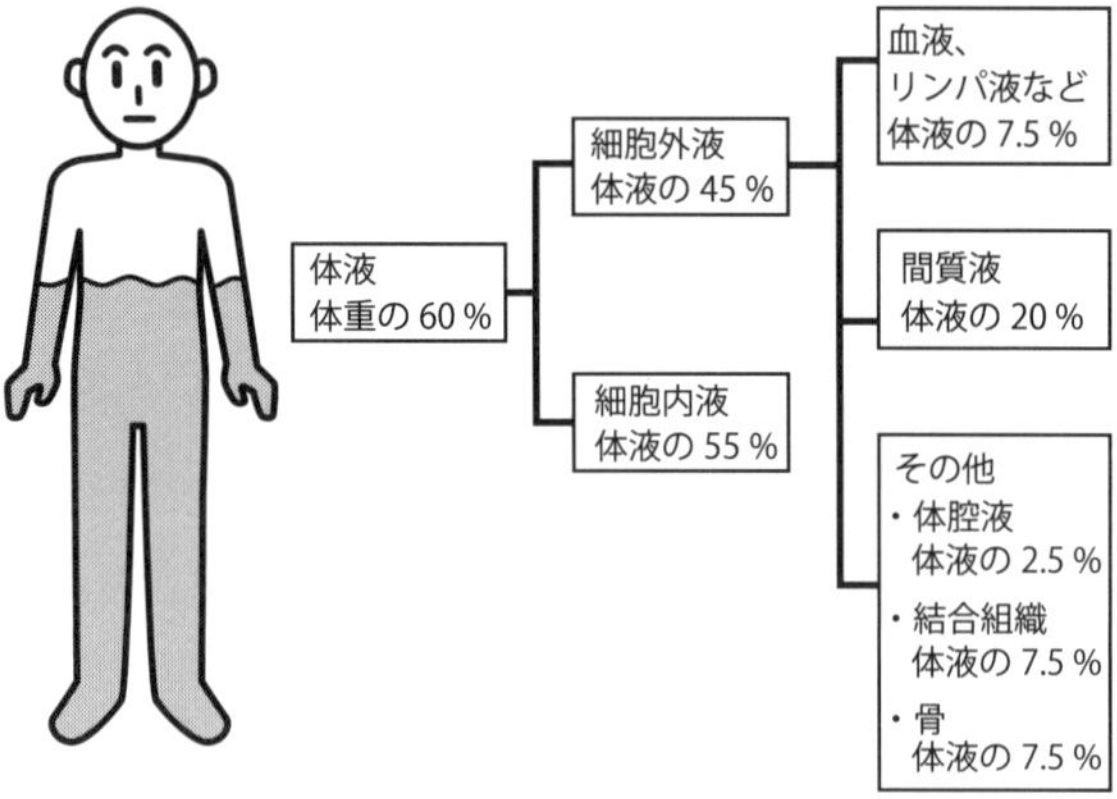

その一個一個が水を含んで、からだのすみずみまで順番に並んでいる様子をイメージすれば、体内での水分布の状態がわかりやすくなるでしょう。

細胞内外の水の調整機能

人間の体液は、「海水」に近い成分だといいます。体液は細胞が活動しやすいように、ナトリウム（Na）、カリウム（K）、マグネシウム（Mg）、カルシウム（Ca）、塩素（Cl）などの成分を、常に一定のバランスに保つように調整を行っています。これらの元素は、水に溶けたときにプラスかマイナスの電荷を持つイオンに分かれるので、電解質と呼ばれており、私たちの健康は、体液のイオン濃度のバランスの微妙な調整が行われることで維持されているわけです。

細胞間にある間質液の電解質組成は、ナトリウムイオン（Na^{+}）、カリウムイオン（K^{+}）、マグネシウムイオン（Mg^{2+}）、最も多いのは、塩素イオン（Cl^{-}）です。これらは血液と細胞の間に介在し、あらゆる組織細胞に栄養や酸素を供給するとともに、細胞から排出される老廃物を除去し、血液へ送るのに役立っています。このような無機質の組成は海水とよく似ており、生物は、かつていた海を体液の成分として今でも持ち続けているようにも考えられます。

一方で、細胞内液の電解質の組成をみると、カリウムイオン（K^{+}）やリン酸（PO_4^{3-}）イオンが多く含まれています。細胞外液ではナトリウムイオン（Na^{+}）や塩素イオン（Cl^{-}）が主な電解質なので、細胞

図5　細胞内外の移送システム

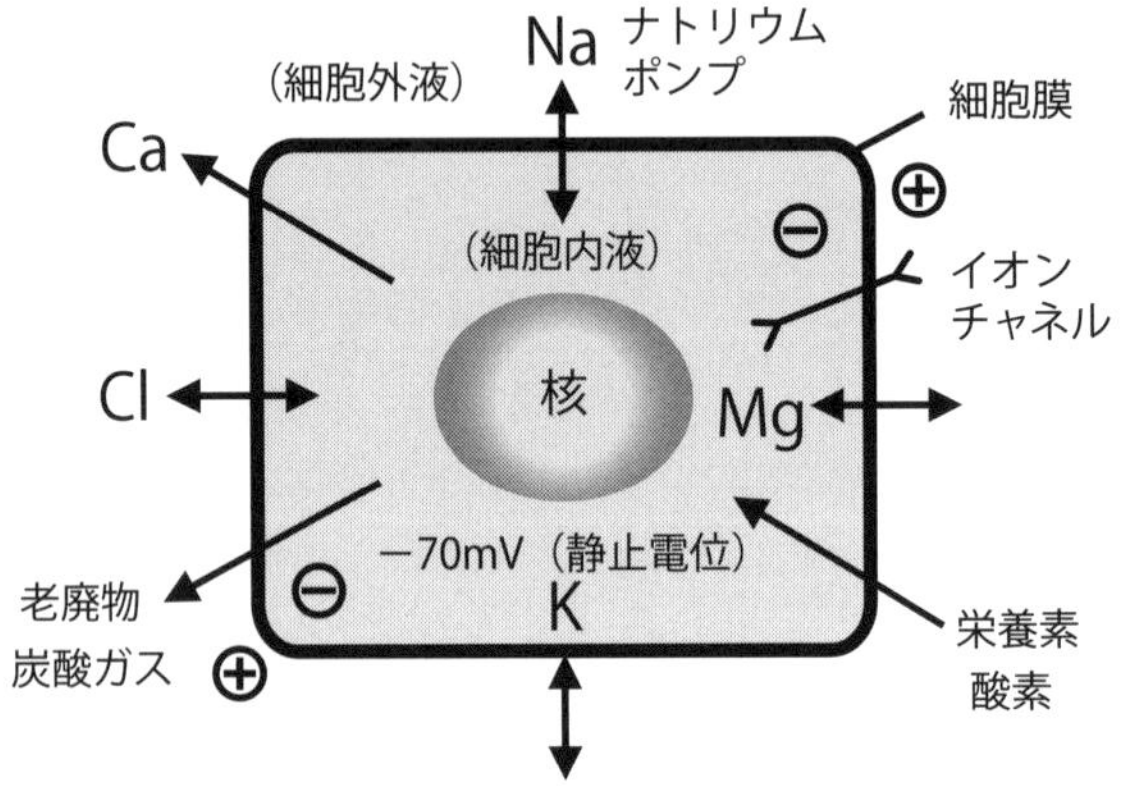

の内外では、まったく異なった組成をしていることになります。これは、細胞内のナトリウムを排出し、代わってカリウムを能動的に輸送しているからです。

その役割を担っているのは、「ナトリウム・カリウムポンプ」と呼ばれるたんぱく質のトンネルで、電解質の移動を制御し、決まった物質を選択的に通すことをしています。このしくみは細胞内外の濃度勾配に逆らって、低い方から高い方へ移動させる輸送システムで、「能動輸送」と呼ばれています（図5）。

約3億6000万年前の海水のナトリウム濃度は1％弱で、現在の人間の血液の塩分濃度、約0・9％とほぼ同じ値です。しかしその後、長い年月の間に海水はだんだんと濃くなり、現在の濃度は、約3.5％（場所によって多少異なる）と、3倍の濃さになっています。そのような状況下で、海にいた生物には、自らの細胞内のナトリウム濃度を下げる工夫が必要になりました。ナトリウムイオンは細胞にとって有害なので、地球の海水のナトリウム濃度がだんだんと濃くなるにつれ、それを無毒化するために、生物の体内の、ナトリウム・カリウムポンプのしくみが進化したのではないかと考えられます。

こうした、ナトリウムとカリウムの濃度の差は、細胞膜での水や物質の輸送、刺激の伝導などに、大いに役立っていきます。

水を通すアクアポリン

細胞内外の物質の輸送は、カリウム、ナトリウム同様、物質専用のイオンポンプやイオンチャネル[註1]などで行われています。これらは細胞膜にあり、決まった物質を通すたんぱく質です。ポンプが「能動輸送」であるのに対して、チャネルでは、濃度の高い方から低い方へ物質が移動する、「受動輸送」が行われます。

「水」を選択的に通すたんぱく質には、水チャネルと呼ばれる「アクアポリン」があります。「アクアポリン」とは、水の穴という意味です。

アクアポリンを最初に見つけたのは、米国のピーター・アグレ博士（2003年ノーベル化学賞受賞）の研究チームで、1992年、水が通るたんぱく質の穴があることを解明しました。

その後、選択する水分子の種類や、アクアポリンが存在する組織の機能の違いなどによって、それぞれに対応する複数のアクアポリンが発見され、現在13種類がわかっています。さらに、水の異常な滞留が原因でおこる病態に、アクアポリンの欠損が影響を及ぼしていることも報告されています。アクアポリンは、発見されてからまだ26年。生体内のメカニズムを探るこの分野には、未知のことが多くありそうです。

水は、同じところにとどまらず、たえず細胞の内や外を行き来し、巡回する必要があります。アクアポリンは、その循環の担い手として、重要な役割を持っているといえるでしょう。

エネルギーを生む水

最初の生命が生まれる以前の、原始地球で起きた化学進化と同様のことが、現在も生体内で活発に起きているといわれています。ここでは、生命活動に必要なエネルギー生産、すなわち「代謝」に、水が密接に関わっていることをみていきます。

普段、私たちが行っている呼吸も、複雑な物質を分化してエネルギーを取り出す、「異化」と呼ばれる「代謝」です。左の化学式は、呼吸によって生体内に起こる化学反応を示したものです。

ブドウ糖 ＋ O_2 → H_2O ＋ CO_2 ＋ エネルギー （→ATPの生成）

ブドウ糖は、生体の細胞が利用できるように、食べたものを分解してつくられます。O_2は、呼吸によって取り込まれた酸素で、これらの化学反応によって、CO_2（二酸化炭素）とH_2O（水）がつくられますが、その過程でエネルギーを取り出すことができます。

取り出されたエネルギーは、最終的にＡＴＰ（アデノシン三リン酸）の生産に使われます。ＡＴＰは、生体内でつくられるアデノシンに３つのリン酸が結合してできるもので、リン酸同士の結合が切れるときにエネルギーを放出します。生体内でエネルギーが必要なときに仲立ちをする物質で、呼吸などの異化の代謝によって、必要なときにいつでも使えるように生成されています。生体の生命活動にはエネルギーが必要なので、生体内では常に、エネルギー消費、ＡＴＰの合成、分解が繰り返し行われ、ＡＴＰがアデノシンとリン酸に分解・消費されると、すぐに異化の代謝によってエネルギー供給を受け、また生成されます。この様子が「エネルギーの通貨」にたとえられています。

そして、前述の化学式が示すとおり、この過程で同時に水が生成されます。この水は、「代謝水」と呼ばれています。

代謝水は成人で1日に約２００～５００㎖生成され、生体の水分保持において、重要な役割を果たしています。基礎代謝とは、この代謝水をつくりだす能力のことともいえ、代謝が向上することにより、代謝水も多くつくり出されると考えられています。たとえば、渡り鳥は代謝水を効率的に使い、渡りの間に必要な水分を、生体内でつくられる代謝水によって賄っていると考えられています。

なお、植物が行っている「光合成」は、「同化」と呼ばれ、前述の呼吸による代謝は、酸素を用いた「異

図6　エネルギー生産のしくみ

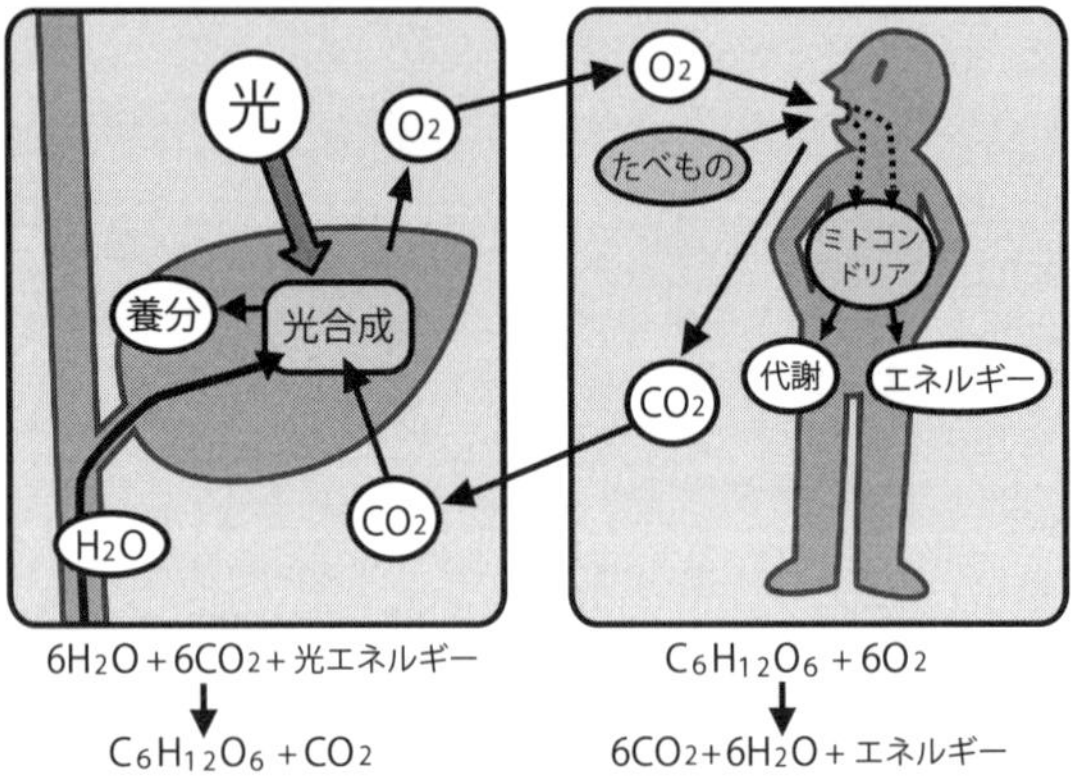

化」といい、真逆の反応式で表されます。

H_2O ＋ CO_2 ＋ 光エネルギー→ブドウ糖 ＋ O_2

太陽の光エネルギーを用いて、水と二酸化炭素からブドウ糖ができ、酸素が放たれます。酸素呼吸をする生物にとっては、酸素を供給してくれる大切な合成といえます。光合成は、長い生物進化の歴史の中でも、最も効率のよい代謝といえるでしょう。つくられたブドウ糖は、デンプンなどの多糖類以外にも、たんぱく質、ＤＮＡ、ＲＮＡ、脂質などの、さまざまな生命物質を生成するときの素材になります。このように、生命活動の源となるエネルギー生産にも、水は大切な役割を担っています（図６）。

結合水と自由水

水分子（H_2O）は、水素結合により、他の物質と結びつくことができます。

生体組織に含まれる水の一部は、たんぱく質分子と強く結合し、秩序立った方向性を持たせ、これらの分子の状態を安定させています。これらの水分子は「結合水」と呼ばれ、乾燥しにくく、氷点で凍結しません。また、溶媒としての作用もありません。

ＤＮＡが、遺伝情報を伝える二重螺旋の形を維持できるのは、結合水によるものだと考えられています。結合水に取り囲まれることによって、ＤＮＡは、本来の働きを発揮することができるわけです。

結合水は食品の中にも含まれており、とくに乾燥食品では、結合水レベルの水分が残るようにするのがよいとされています。結合水が残っていても微生物はこれを利用できないので、微生物による腐敗を防ぐことができるためです。

生体内には、結合水のほかに、「自由水」が含まれており、自由水は、生体内の無機塩類や糖質などを溶解する溶媒として作用します。熱などで、比較的簡単に蒸散する性質を持っています。生体内の水は、このたんぱく質や炭水化物と結びついている「結合水」の状態と、ある分子は離れ、ある分子は結合しているという中間の性質の水と、「自由水」に近い部分が多いものと、三層からなっています。

註1 生体膜にあり、イオンを透過させるたんぱく質の総称。

水の存在と超高速の情報伝達システム

生体内における水の多彩な役割。前項でも述べたように、体温を一定に保つ、発汗による体温調節、あるいは栄養物や老廃物を運搬する媒質として、水が介在する生体内の多岐にわたる現象はさまざま報告されていますが、その知られざる一面を、「生体マトリックス」という奇妙にも聞こえる表現で提唱した学者がいます。

ジェームズ・L・オシュマン博士です。彼の著書『エネルギー療法と潜在能力』において示される「生体マトリックス」という生体の新しい〝設計図〟は、これまで個人的体験の中に封印されてきたかのように思われるさまざまな事象についても、科学的アプローチの可能性を開く、非常に興味深い多くの示唆を含んだ論考といえると私たちは考えます。

そこで、ここからは、同書が仮説的に提示する新しい生体のしくみ、「生体マトリックス」への理解をベースに、この新しい生体の〝設計図〟が指し示す、いまだ明瞭には語られていない「水」の性質と可能性についての考察を試みたいと思います。

生体マトリックスと水の関係1～「ゾーン」の研究結果

オシュマン博士が師と仰ぐ著名な学者がいます。

アルバート・セント・ジョージ博士。ノーベル生理学医学賞を受賞した、生理学者であり、教育者としても知られています。生体マトリックスという生体システムを構想したのはこのアルバート・セント・ジョージ博士。彼は二つの方面の研究、一つは、生体のたんぱく質組織の電子的特性を探る研究、もう一つは、目の前の自然の観察をすること、ここから新しい情報伝達のしくみを考え始め、生体マトリックスというシステムに到達したといわれます。

「生体マトリックス」とは、いったいどういうものなのか？

この問いに答えるには、具体的な現象を挙げたほうが理解の助けになるかもしれません。

たとえば、「ゾーン」と呼ばれる特殊な意識状態。そういう意識状態に実際にあった、という体験談が、さまざまなスポーツ選手やアーティストなどから語られることがあります。

身体によるパフォーマンスが最高潮に達した時、あるいは武術・瞑想などの精神修行中、あるいは生命に危険が迫る緊急時などにおいて、人間の驚異的な能力が発揮される意識状態を指すときに使われる、この「ゾーン」が、「生体マトリックス」という、生体システムの証左ではないかと考えられます。

オシュマン博士の著書『エネルギー療法と潜在能力』には、ダンサーを対象にした興味深い実験が紹介されており、この実験は、「ゾーン状態」を数値で示すことに成功した実験結果ではないかと推察されます。

その事例は、『エネルギー療法と潜在能力』の中に、『Infinite Mind The Science of Human Vibrations』（ヴァレリー・ハント著）からの引用として示されています。引用部分を要約します。

ダンサーたちを観察していたハントは、あることに気付きました。それは、

「激しく体を動かす彼らがまったく苦しい表情を表さない」

ということです。

そこで筋電計[註1]という計測器を使ってダンサーたちを研究しました。

変化が起き始めたのは、実験開始から5分後。下腕の筋肉からのシグナルが消えました。シグナルが消えるということは、エネルギーが検出されないということです。

同じことは、上腕でも起きました。ここでもシグナルが消えたのです。

機械の故障でないことを確認し計測を続けると、他の部位でもシグナルを発しないことがわかりました。これはダンサーが「エネルギーを全く発していない」ということです。

生きている限り骨格筋はシグナルを発するはずではないか。ハントがそう思った次の瞬間、ダ

ンサーの頭頂から、検出装置の針が振り切れるほど強力な電磁エネルギーがあふれ出しました。この状態が7分間続いた後、さっきまでエネルギーを全く発していなかった各部位が再び活動を始め、シグナルが戻ってきたのです。

これらのことからオシュマン博士は、

「人間には一定の条件下で作動する何らかの〝知覚運動系〟が存在する」と推測し、この知覚運動系を「連続体系」と名付けました。

オシュマン博士のいう〝知覚運動系〟である「連続体系」は、従来からある神経伝達の流れ〝神経筋経路〟に対して、明らかに違う経路をたどるものだと考えられます。

生体マトリックスと水の関係2〜最短距離での「反応」のしくみ

図7は、外界からの刺激が、反応として動作に至るまでの流れを示しています。

①の、中央に横断している「刺激」から始まる右方向の矢印は、「知覚」から「反応」への神経路を表しています。生理学的研究で確認されている、従来の神経筋経路がここに当たります。

神経系において、外部からの「刺激」は、体内の各「(感覚)受容器」によって感知されたあと、「知覚神経」を興奮させ、「脳」へと伝えられます。その際に「反応」(運動)が必要な場合は、脳から「運

図7　刺激から動作までの伝達

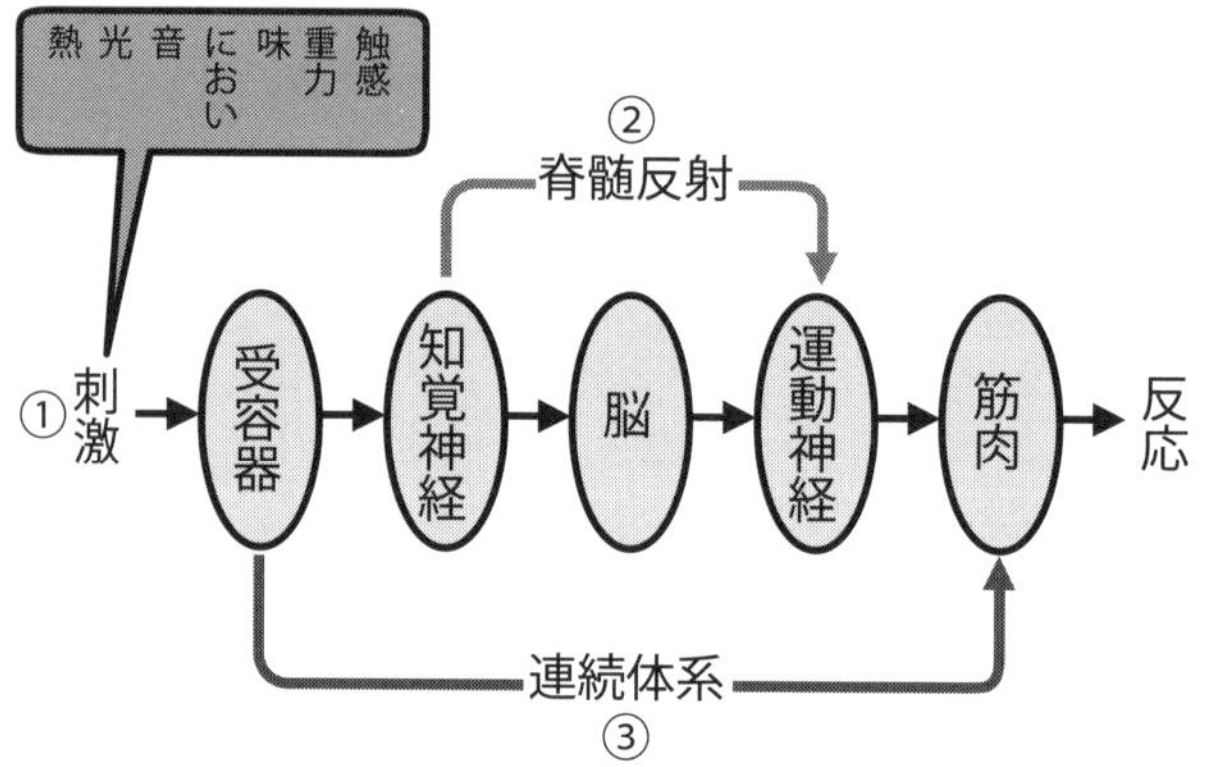

動神経」「筋肉」へシグナルが送られます。このシグナルに応じて筋肉が収縮し、適切な「反応」が起きます。

脳は、このようにして随意筋の活動を、制御・調節しています。

ところが実は、脳を経由しなくても反応することはできます。それが②の「脊髄反射」です。

お湯を火にかけ、沸騰したやかんを想像してください。あやまって触れてしまったその瞬間、痛みを感じるか否かの一瞬の間にサッと手を引っこめる反応が起こります。この反応は、「脳」を経由せずに「知覚神経」から「運動神経」へと伝わったものです。「脳」を介さないため、痛みを感じる前に無意識に手を引っこめることができる、これが脊髄反射です。

そして、その脊髄反射を上回る高速反応、それが、③の「連続体系」で、これが、「ゾーン状態」にある時の反応です。図にあるように「連続体系」の反応では、「受容器」を経た刺激はすぐに「筋肉」へと飛び、知覚と反応を直接つなぐ最短経路をとります。

連続体系は「感覚の情報を伝える経路」であると同時に、「筋肉を動かすためのエネルギーを伝える経路」でもあるため、知覚からの情報とエネルギーの両方を伝える、連続した経路であるといえます。ここには①の神経系も含まれています。

この「連続体系」はどこに存在し、どのように機能するのでしょうか？

生体マトリックスと水の関係3～生体マトリックスとは？

超高速の情報伝達システム、「連続体系」。

連続体系には、神経系だけでなく循環系、免疫系などあらゆる情報伝達システムが含まれており、全身にくまなくエネルギーと情報を伝えることができます。

このことが、「生体マトリックス」なのです。

「生体マトリックス」とは具体的にはなにか？

まずは、「結合組織」についてお話しなければなりません。

あまり聞きなれない言葉ですが、「結合組織」というのは、動物の生体内でもっとも多くを占める要

図８　神経系と生体マトリックスの比較

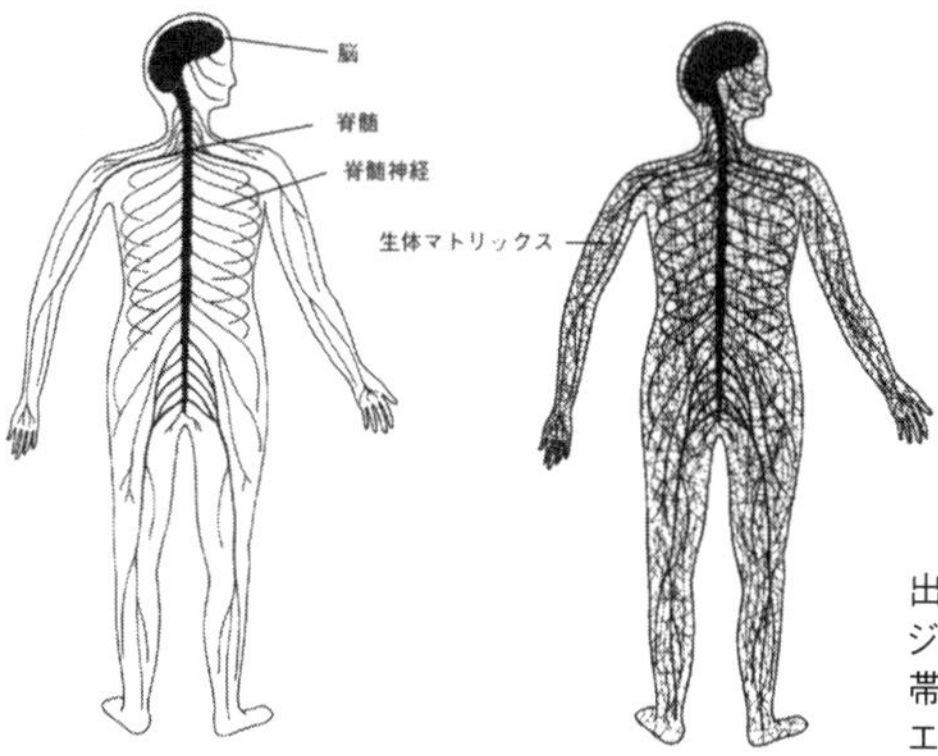

出典：『エネルギー療法と潜在能力』
ジェームズ L・オシュマン著
帯津良一監修
エンタプライズ株式会社

素であり、生体内の大部分の組織は結合組織でできている、と言っても過言ではありません。

主成分はコラーゲン。動物の生体内の組織間を満たし、それらを結合し支える組織です。靭帯、軟骨・骨・筋膜・血液・リンパなども結合組織に含まれます。

生体内の臓器や器官は、すべて結合組織によってつなぎ合わされ、構造的・機能的・エネルギー的につながった連続体を形成し細胞の核や遺伝子ともつながっています。結合組織は半導体（電気を通す導体と電気を通さない絶縁体の中間に位置する）の性質も持ち合わせており、生体内で発生したシグナルは組織全体のみならず、細胞の中にまでも伝わっていきます。

この伝達システムこそが、「生体マトリックス」であり、そのしくみです（図８）。

生体マトリックスには高度な情報伝達処理機能が備わって

おり、組織や細胞の動き、変化などによって即座に各種のエネルギーが発生すると同時に、そのエネルギーが別の形態のエネルギーへと変換されながらマトリックス中を伝わっていきます。

「ゾーン」状態に入った時に、「全身すべての部位の動きが調和し、驚異的な速さとバランスで反応」するのは、このように全身から細胞内部にまでつながる結合組織を介して、シグナルが伝わっているからではないだろうか、と「結合組織」の重要性をオシュマン博士は語っています。

生体マトリックスと水の関係4～水が生体マトリックスたらしめる

結合組織の主成分であるコラーゲンは、たんぱく質の一つです。実はここで問題が生じます。それは、「たんぱく質の電子には、半導体となるエネルギー構造がない」ということです。

前出のセント・ジョージ博士が1941年に、「体内のたんぱく質は半導体である」という仮説を発表したときに、他の科学者からの批判を受けました。科学者らは、ジョージ博士の仮説はまったくの誤りであることを、ここぞとばかりに数々の実験によって証明していきました。彼らの実験結果では、確かにたんぱく質は電気を通さない「絶縁体」であることが証明されたのです。

しかしその実験自体には、重大な誤りがありました。彼らは実験において、たんぱく質を「乾燥」させたものを検体としていたのです。どういうことでしょうか？

ジョージ博士は、「体内のたんぱく質は半導体である」と言っています。乾燥させたたんぱく質は、その状態では体内には存在しません。なぜなら生物の維持にとって、「水」は必要不可欠なため、生物の体内のたんぱく質には水が含まれているからです。実験の誤りはそこにあります。水分を除去した時点で〝非生命体〟となってしまいます。

逆に「水」を含むことで、たんぱく質は半導体になります。言い換えると、「水」によってたんぱく質は電気情報を伝えることができる状態になる、ということです。

このことによって、生体のほとんどすべての物質は半導体的性質を持つことが証明された、それと同時に、水が生体内に存在することによって、結合組織が作用する、つまり「生体マトリックス」のシステムが稼働するということが示されました。

ジョージ博士とオシュマン博士が提唱した〝生体内の見えない設計図〟ともいえる「生体マトリックス」。これはいまだ広く認知された仮説とはいえませんが、いまはまだ科学が及ばないとされるさまざまな〝神秘的な現象〟にも、いずれ科学的観点からの解明がなされ、科学の言葉による物語が来るであろうということを予感させる、興味深い研究の一つであると私たちは考えます。

註1　筋電計　運動神経が筋肉につながる神経筋接合部の電気的活動を記録する装置である。

第四章

水の科学

本書は、さまざまな視点から「水」を解き明かしていきますが、水の科学的知識を得ることで、特に、第3章「生命と水」、第5章「新しい水の科学」、第6章「機能水・活性水」などを、深く理解することができます。

本章では科学の視点において、「水」とはどのような存在なのか?を見ていくことにしましょう。

2000年の時を経て。水を科学する時代へ

この世界を構成しているもっとも基本的な要素はどのようなものか?

人類が神話を通じて民族の歴史を記すようになった頃から、今につながる科学的思考の萌芽ともいえるこのような問いについて、さまざまな思索をめぐらせる人々が現れます。その思索の記録を私たちは、東洋なら、たとえば日本の古代思想にも影響をもたらしたといわれる古代中国の五行思想や多様に展開された古代のインド哲学の中に、西洋なら、主に古代ギリシャの哲学の中に見ることができます。

木・火・土・金（鉱物）・水という5つの自然物に万物の源を求めた古代中国の五行思想に対して、

古代ギリシャの哲学者の一人であるタレス（前624年～前546年頃）は水にアルケー（万物の根源）を集約させ、エンペドクレス（前490年頃～前430年頃）やアリストテレス（前384年～前322年）は水・空気・土・火の4つの自然物を万物の根幹と考えたといわれます。対比すれば、東洋の〝5元素観〟に対して西洋の〝4元素観〟という世界観の違いが浮き彫りされることも確かですが、洋の東西の相違から一転して共通性に視線を投じてみたとき、さらに興味深い事実として浮上してくること—それは、古代の思想や哲学の多くが「水」を万物の源の一つとしてとらえようとしていた、ということではないでしょうか。

「それ以上は分割することができない究極の原子（アトム）」に万物の根源を観ようとした古代ギリシャの哲学者のひとり、デモクリトス（前460年～前370年）は、こうした古代の優れた思索者の中でも異彩を放つ存在といえますが、彼の〝直観〟が科学の手法によって実証されるのは、没後2000年以上も経た18世紀後半のことです。

水に関する科学的研究の歴史を簡単に振り返ってみます。

・水から土への変換が不可能であることを実験によって証明（1769年 ラヴォアジエ ＊当時主流の考え方であった古代思想の4元素説が否定される）
・水素の発見（1766年 キャベンディッシュ）
・酸素の発見（1773年 シェーレ、1774年 プリーストリー）

・水素の燃焼によって水が生じることの発見（1781年 プリーストリー）
・水素が燃焼時に化合（2つ以上の物質が化学反応によって結合すること）する相手が、空気中の酸素であることの発見（1783年 キャベンディッシュ）
・水素と酸素が燃焼するときの重量比・体積比の特定（1785年 ラヴォアジエ、重量比／1802年 ドルトン、体積比／1805年 ゲイ・リュサック、フンボルト）
・原子モデル、分子（原子同士が結合したもの）説という考え方の登場（原子説／1808年 ドルトン、分子説／1811年 アボガドロ）

このような変遷を経て、「水とは、水素原子Hが2個と酸素原子Oが1個結合した H_2O のことである」ということが常識となり、現在に至ります。

「水の性質」は語る
〜分子構造から比熱・表面張力まで〜

図1　原子モデル

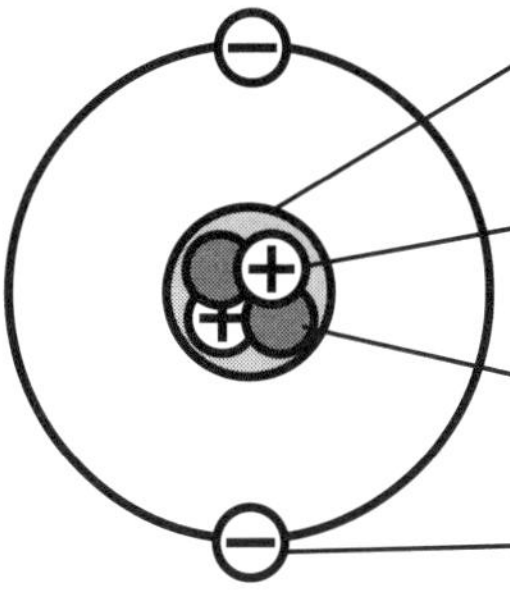

水分子の大きさと数
〜半分の半分の半分……82回で水の最小単位

まずは、大きさや数といった素朴な性質から見ていきましょう。

水分子1個分の大きさは、0.3〜0.4nm（ナノメートル。1nmは10億分の1m）といわれています。この小さな分子が集まって身の回りに存在しているわけですが、その分子の小ささと集まっている数の実感が湧きやすいよう、例を挙げましょう。

コップ1杯（180g）の水を、半分に分けていきます（コップ1杯の中には6.022×10^{24}個――これを〝10mol（モル）〟とも言います――の水分子「H_2O」が入っています）。それを半分に分けると、90g。そのまた半分は、45g……。この操作を、合計

図2　水素と酸素

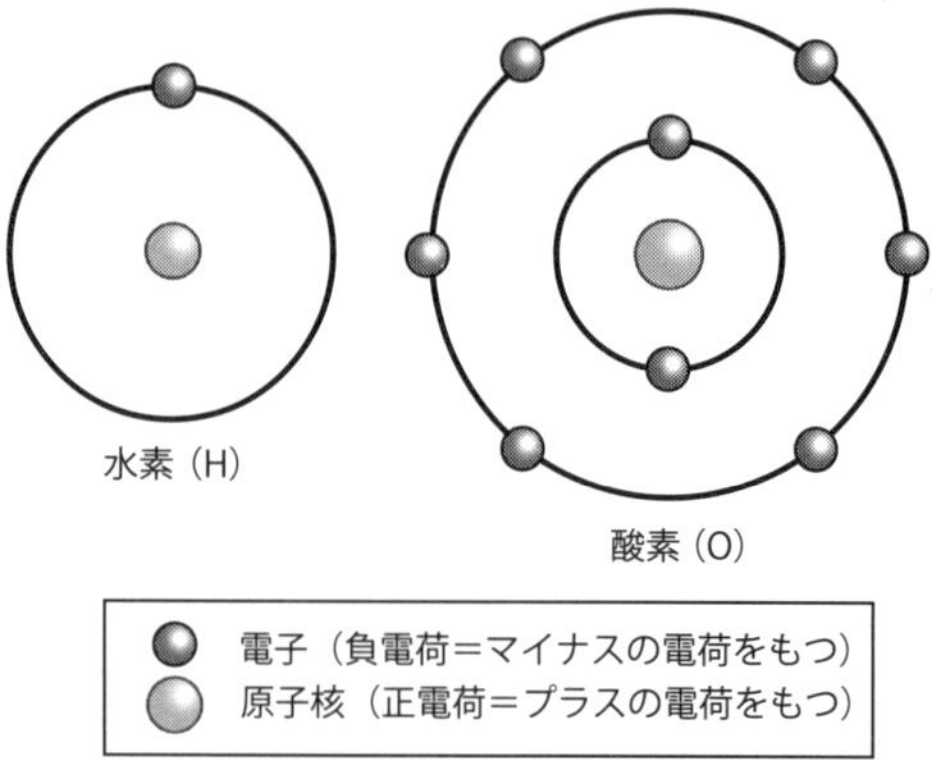

82回続けたとすると、約4.836×10^{24}分の1になり、もうこれ以上は分けられない最小単位になります。これが水分子です。

今度は、コップ1杯（180g）の水に入っている全ての水分子に目印をつけ、その水を海に流したとします。世界中の海に均一に希釈されたとして、再び海の水をコップにすくうと、目印をつけた元の水分子は、何個くらい入っているでしょうか?海洋の体積を1.35×10^9km^3、コップ1杯180gの水の中には、6.022×10^{24}個の水分子（H_2O）が入っているとして計算します。

計算の結果より、約800個の目印をつけた元の水分子が、コップに戻ってくるはずです。コップ1杯の中にも、小さな水分子が非常に多く入っていることがわかります。

水分子の構造 ～〝空席〟を埋めあい電子を共有

一般的に物質は、いくつかの原子と原子が結びついた分子として地球上に存在しています。水の場合も同じです。水は、

図3　水分子の共有結合

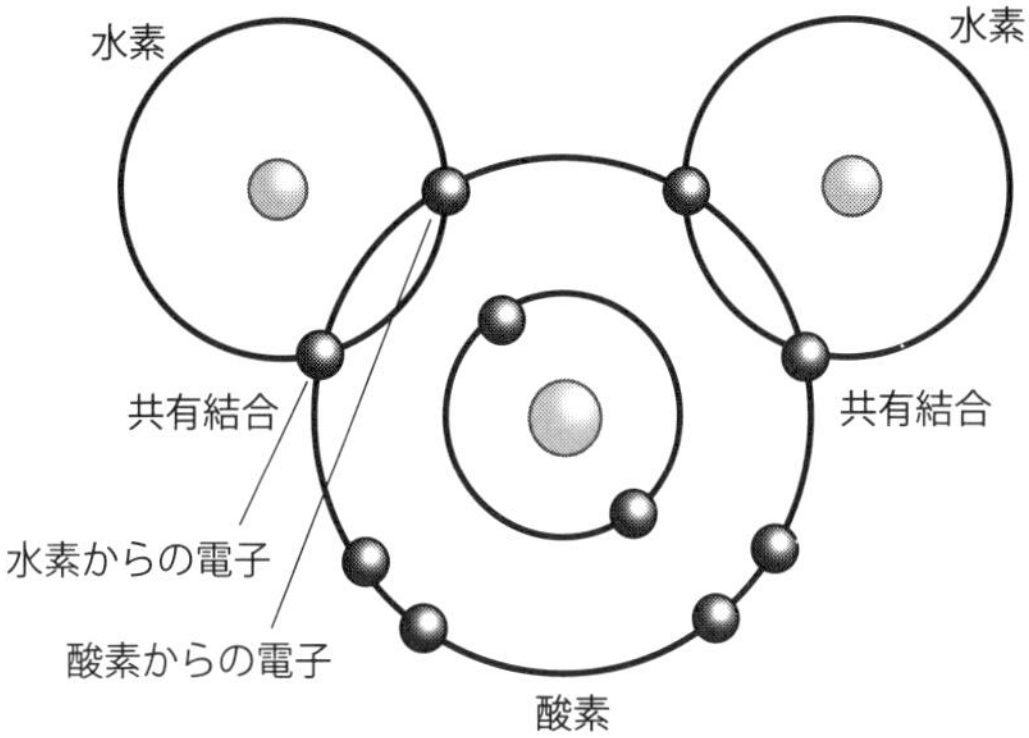

水素Hと酸素Oの結びついた分子が集まってできるのですが、その特徴の一つは、共有結合です。

原子同士が結びつくことを一般に化学結合といい、共有結合、イオン結合、金属結合などがありますが、共有結合の特徴はその電子の配置のされ方にあります。

図3をご覧ください。水分子はこのように水素と酸素が結合してできています。円の軌道が重なる部分にある電子が共有されるため、強い結合力が生まれます。

この結合にいたるまでの過程を詳しく見てみましょう。

図2のように、水素原子と酸素原子が1個で存在した場合、中心にあるのが、陽子と中性子からなる原子核で、その周りを回っているのが電子です。この軌道(電子殻と言います)は、層になっていくつも存在しているのですが、それぞれの軌道を周回できる電子の数の上限は決まっており、上限いっぱいの電子が原子核を周回しているとき、その分子はもっとも安定した状態にあるとされます。

酸素の場合、原子核にもっとも近い電子殻（K殻と言います）は2個まで、その次に近い電子殻（L殻と言います）は8個まで電子を受け入れることが可能なのですが、酸素原子単体で存在しているときは、L殻に2つの空席が、水素の場合はK殻に1つの空席があるということになります。このそれぞれの空席に酸素は水素の電子を、水素は酸素の電子を招き入れることで空席を埋め、電子を共有して強く結びつきます。

このように、結びつく原子同士がそれぞれ電子を出し合い共有する結合の仕方を共有結合と呼びます。あらためて図3を見ると、水素2個と酸素1個がお互いに電子を共有し、空席を埋めあっていることがわかります。仮に酸素に水素を3個結びつけようとしても、酸素のL殻にはもう3つ目の水素の電子を入れる空席がなく、結合できないということになるのです。

以上のように、水分子は、水素と酸素各々の原子において上限いっぱいの電子が原子核を周回していることになるので、安定した状態で存在しているのです。

水は極性分子〜プラスとマイナスをあわせもつ水

水の単一分子の構造は、H-O-Hが、図4のように二等辺三角形（頂角が104.5°）の形をしています。

水分子は電気的に中性ですが、酸素原子は水素原子に比べ、電気陰性度（電子を引きつける力）が大きく、電子を引き寄せているため、わずかにマイナスに帯電し、その分、水素原子はわずかにプラスに

図4　水分子は電気双極子

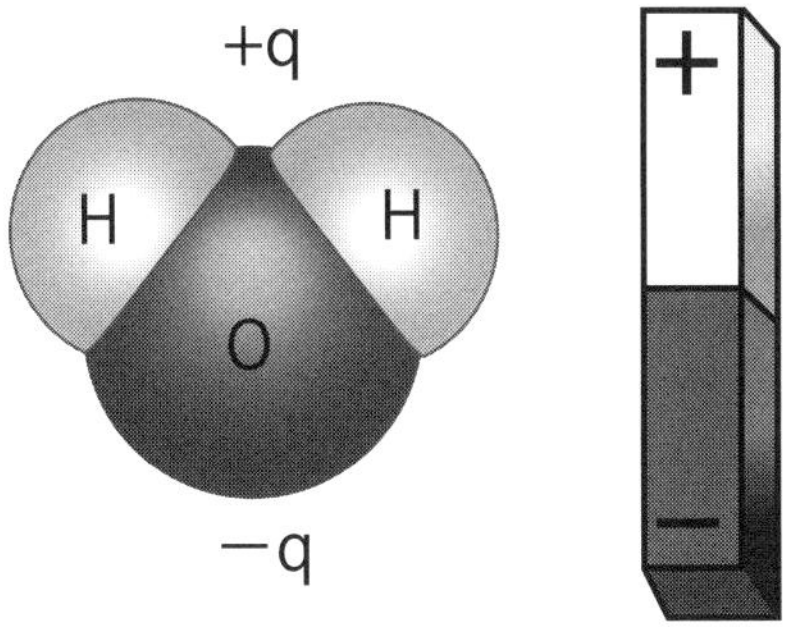

帯電します。つまり、水分子は電気的に分極しており、電気双極子としてふるまいます。電気双極子とは、短い距離を隔てて相対して存在する、＋と－の電荷の一対のことをいいます。

このような電気双極子をもつ分子を、極性分子といいます。この電荷のかたよりのために、水の分子間では酸素のもつ負電荷と、隣の水分子の水素がもつ正電荷とが引き合うことによって、水素結合という結合が分子間に形成されます。

水素結合で連なる分子
～特殊な水素結合「クラスレートハイドレート」

水素結合とは、水やたんぱく質などの水素を有する化合物の分子間で、水素を媒体として、静電引力によって引き合う結合です。前述のように、水分子は極性分子のため、水素原子の側はプラスに、酸素原子の側はマイナスに帯電し、隣の水分子と引きつけ合って、水素結合しています。

図5　水分同士の水素結合

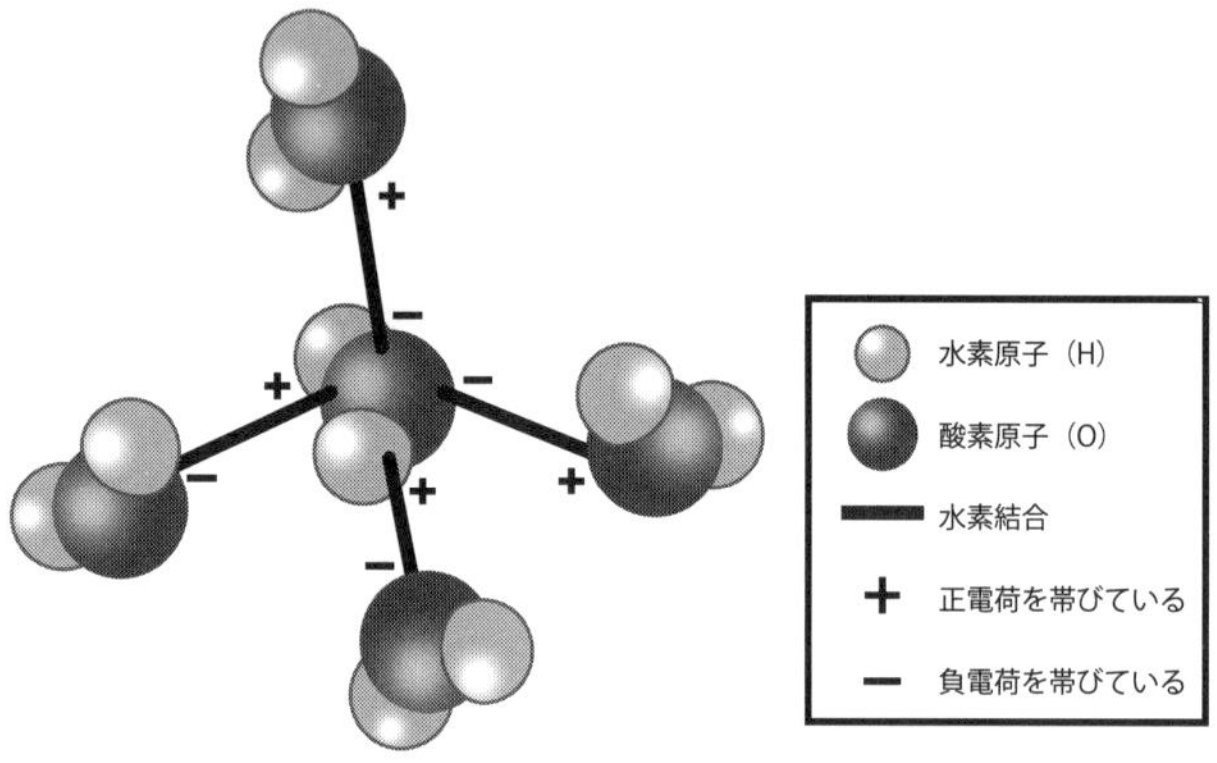

1個の水分子は、最大4個の水分子と結びつくことができ、正四面体の形で、5個の分子が水素結合した状態になります(図5)。

一般に、共有結合、イオン結合、金属結合などの化学結合に比べ、水素結合は比較的弱い力で結合しています。水のもつ特有の媒体特性や生命体を組織化させている基本的機能の多くは、この水素結合に依存していて、自然界の構成にはきわめて重要な役割を果たしています。

このような水素結合は、水分子間を次々とつなげて、水分子の集団（水クラスター）をつくります。常温の水では、5～6個から10数個の分子が、クラスターを形成していると考えられています。

水素結合による水クラスターの大きさについては、いろいろな観測が試みられています。たとえば、赤外線吸収スペクトル法、X線回折法、誘電緩和法などと、コンピュータシミュレーションなどの併用で解析されます。

図６　水素結合によるクラスター

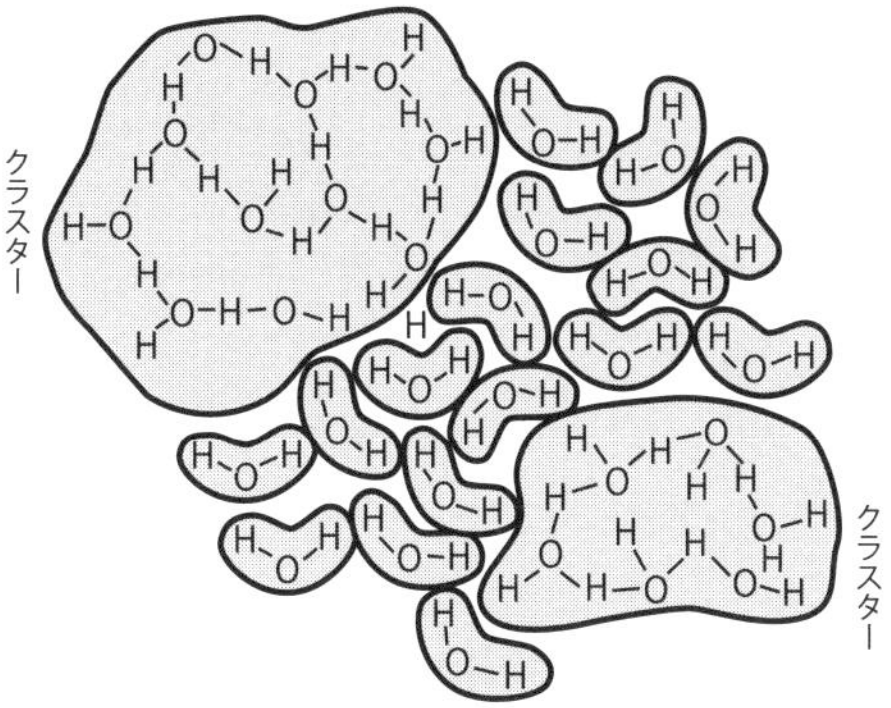

しかし、分析方法が異なると、水分子のつながりの個数を示す（H_2O）ｎのｎの値は違ってくることもあり、定説はないのが現状です。

特殊な水素結合の例として、「クラスレートハイドレート」と呼ばれる、カゴ状の水素結合を紹介しましょう。

クラスレートハイドレートは、日本語では「包接水和物」といいます。水分子同士が、五角形を基本とした正十二面体など、カゴ状の構造を形成し、内部にガス分子などを包蔵する性質をもちます。一般的には、海底など、低温および高圧の環境が、クラスレートハイドレートが生成する条件になります。

メタンガスなど内部に物質を取り込める構造をもつことから、深海や永久凍土などに大量に存在するメタンハイドレートは、「燃える氷」などといわれ、エネルギー資源として注目されています。

図7　クラスレートハイドレート

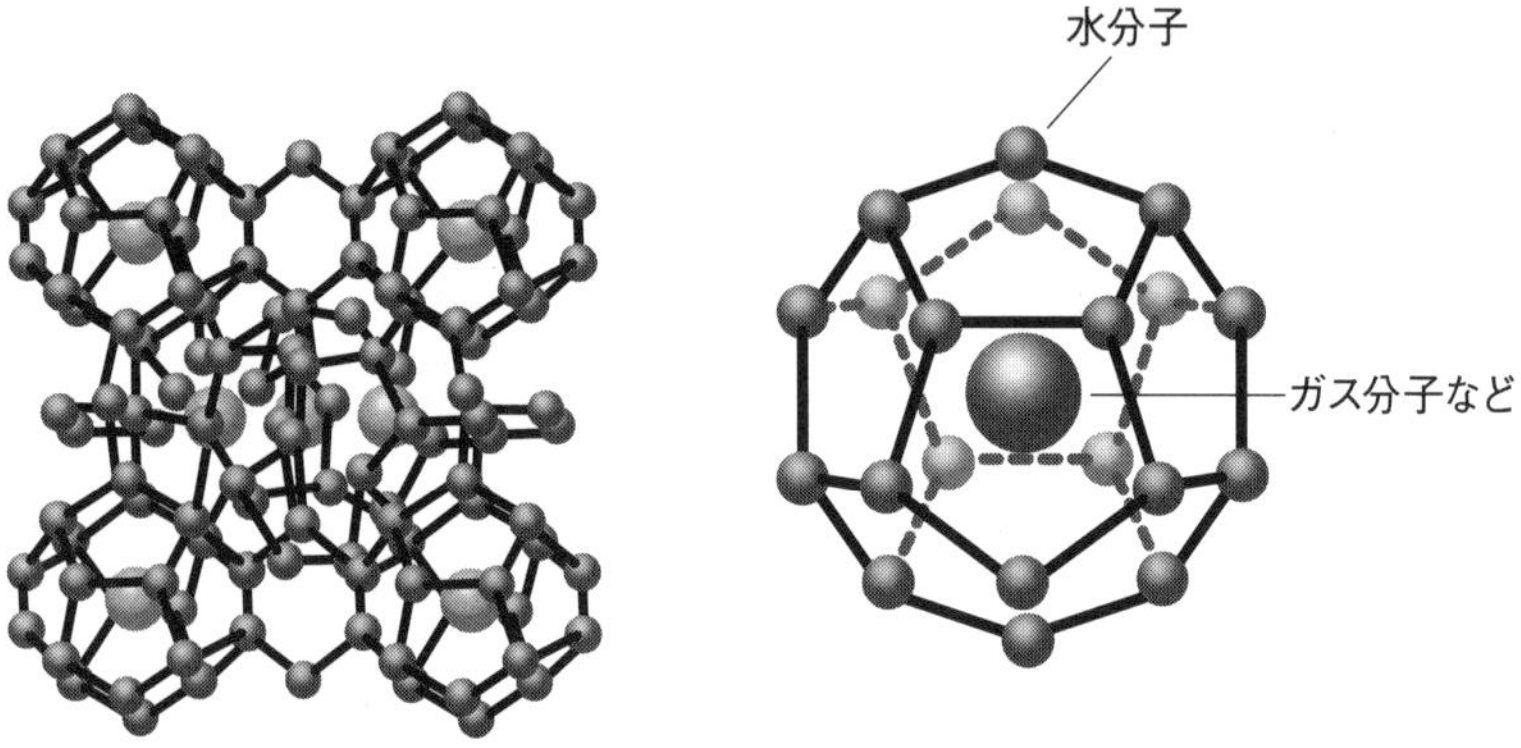

水・氷・水蒸気〜変幻自在な水のすがた

水は通常の温度と圧力で、液体・固体・気体の、3つの状態になる珍しい物質です。1気圧下の条件で、0〜100℃（厳密には99.974℃）では液体として存在し、0℃以下に冷やされると固体（氷）になり、逆に、熱を加えて100℃（厳密には99.974℃）以上に沸騰させると、速やかに気体（水蒸気）になります。

氷の状態では、規則的な水素結合をつくり、立体的な結晶格子（氷晶）となって安定化します。逆に、温度が上昇すると、熱運動が活発になって水素結合は崩れ、クラスターは解体していきます。蒸発の段階になると、大部分の水素結合は切断され、水分子は、ばらばらに分散された状態になります（図8）。

水の沸点や融点は、分子量から予測される値よりかなり大きな値をとるなど、水は他の液体と比べて特殊な性質をもちますが、その原因は、水素結合の力によるところが大きいといえます（図9）。

水の特殊な性質～密度・熱・表面張力

図８　水の三態

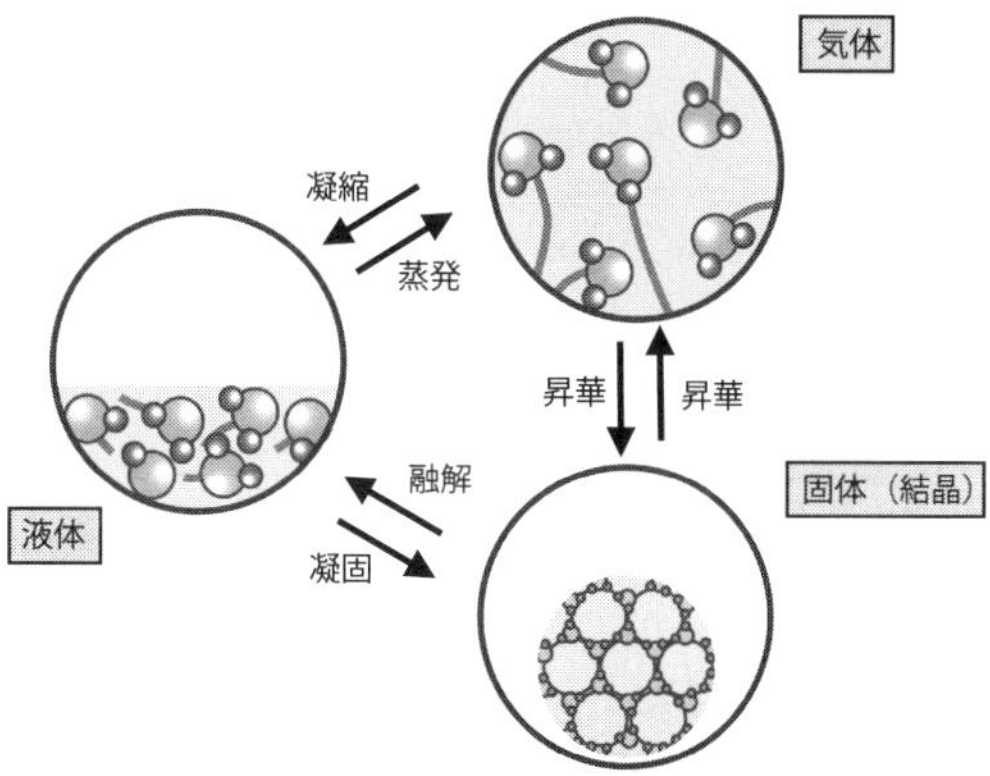

図９　水の状態

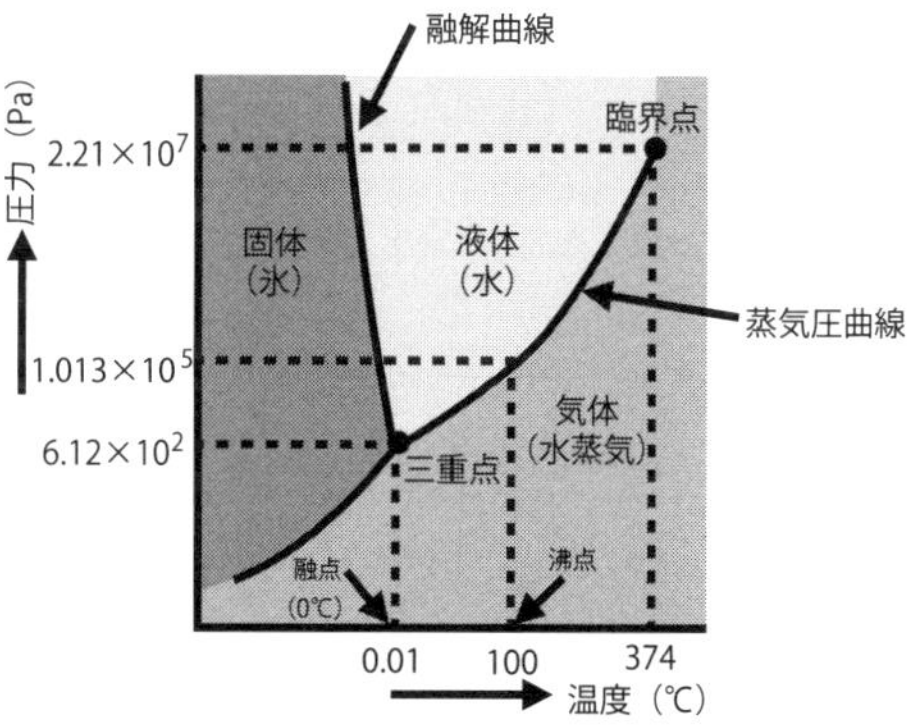

昇華の温度は圧力の増加により上昇する
融解の温度は圧力の増加により低下する
気化の温度は圧力の増加により上昇する

三重点：固体・液体・気体が平衡状態で共存する点
臨界点：臨界点を超えると、物質は超臨界状態になり、液体であり気体でもある状態となる

○固体より液体が重い

多くの物質の場合、気体・液体・固体の順に密度が大きくなっていきます。しかし、水の場合は、氷（固体）が水（液体）に浮くということからもわかるように、水の密度がもっとも高くなるのは、液体のと

きになります。これは、水分子が最大４つの水分子としか水素結合できないため、水分子同士のすき間が大きく開き、その分、体積が増えるためです。

水の密度は、４℃のときに最大で 1g/cm^3、氷の密度は、0.9g/cm^3 です。氷が水より軽いことは、地球上に生命が誕生したことや、生物の進化などに重要なかかわりがあります。もし、氷が水より重ければ、海底や湖底に氷が蓄積してしまい、生物が生息できなかったはずです。氷の下に凍らない水が存在し、常温域で緩やかな水素結合が保持されてきたことが、海洋で最初の生命を生み、そののちのすべての生物を育てたといえます。

○比熱容量が大きい

比熱容量とは、物質1gの温度を1℃上げるのに必要な、熱の量のことです。図10を参照すれば、その大きさがわかるでしょう。

ほとんどの液体は 0.5cal/K・g、金属は 0.1cal/K・g 以下なのに対して、水は 1cal/K・g です。比熱容量が大きい水の性質によって、体内に水をたくさん含んだ生物の体温は、激しく変化せずに保たれています。

○融解熱、蒸発熱が大きい

「融解熱」とは、固体から液体に変化させるために必要な熱量であり、「蒸発熱」は気化熱とも呼ばれ、

図10　比熱容量の大きさ

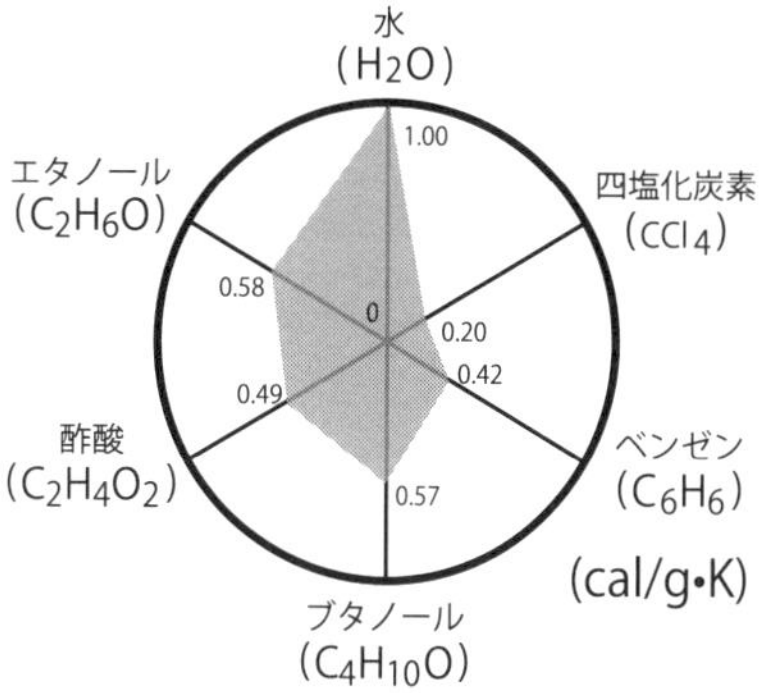

液体を気体に変化させるために必要な熱量です。

汗が蒸発するときは、蒸発熱として体温が奪われるなど、体温の調整にも役立っています。分子量が18の水が蒸発するときに必要な蒸発熱は、1mol あたり9.7kcal（100℃）で、分子量が水に近い16のメタンの2.0kcalに比べても、4倍以上と、大きな値を示します。

○融点、沸点が高い

融点とは、固体が液体になり始める温度のことで、沸点とは、液体が沸騰する際の温度のことです。

一般に、液体の融点や沸点は、分子量が小さいほど低い温度を示します。水の分子も、かりに一つ一つが単独で存在していれば、推定される融点は、マイナス100℃、沸点はマイナス80℃前後になります。ところが実際はそれよりはるかに高く、融点が0℃、沸点は100℃です（図11・12）。これは、水素結合によってクラスターをつくっている水が、あたかも別の大きな分子量の化合物のようになっているからです。

図 11 沸点の高さ

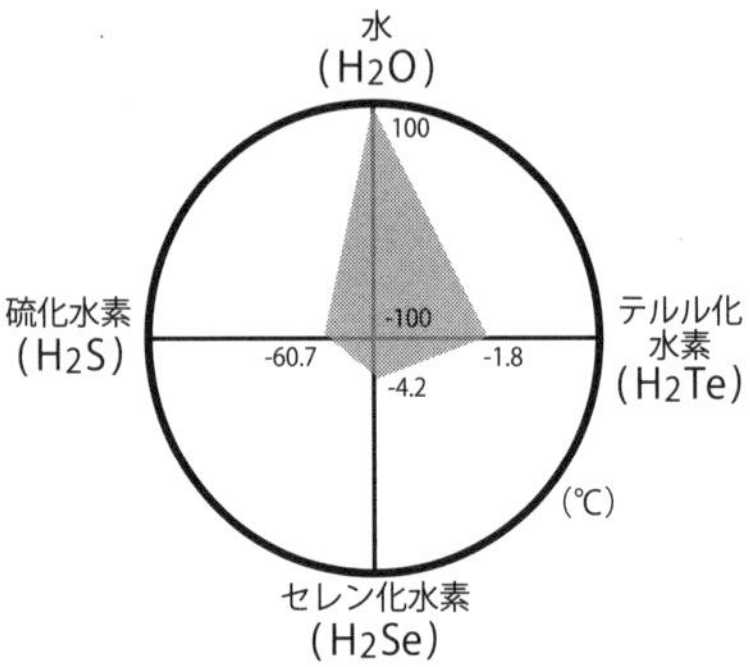

図 12 融点の高さ

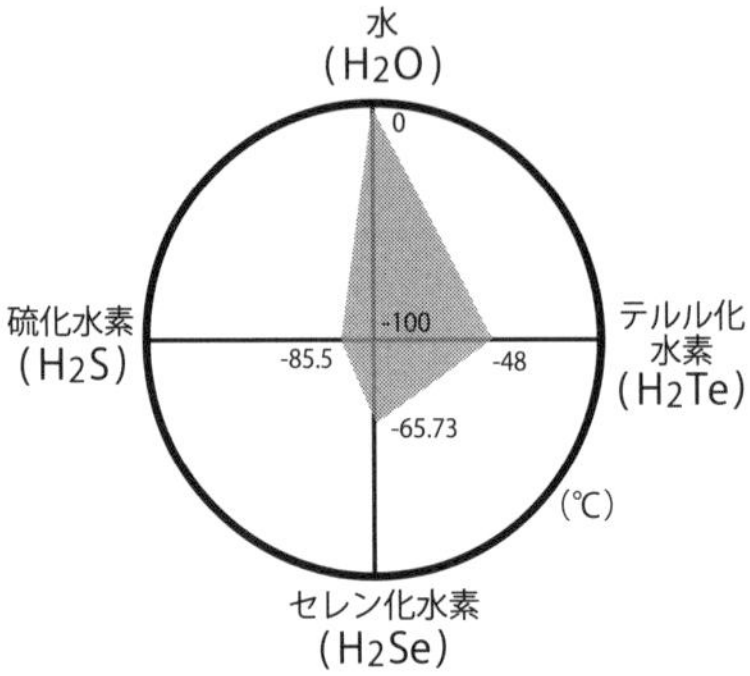

同じ酸素族（16族）の他の水素化物に比べても、著しく高い融点や沸点を示しています。水を蒸発させるためには、分子間に働く水素結合を断ち切るだけの熱を与えなければなりません。氷が融解するときも同様です。

似たような他の物質と比較すると、その高さがわかります（図11・12）。

○表面張力が大きい

液体はすべて、その表面を努めて小さく保とう（球形になろう）とする傾向をもっています。これは、液体内の分子が互いに引き合っているためであり、その力を、「表面張力」といいます。

中でも水は、通常の液体内の分子同士の結合より強い、水素結合によって分子が結合されているため、他の液体に比べて、表面張力が大きくなります（図13）。コップの中心部の水分子（図14Ⓐ）は、まわりの全方位の水分子から引っ張られます。空気と触れている水分子（図14Ⓑ）は、空気と触れ

図 13　表面張力の大きさ

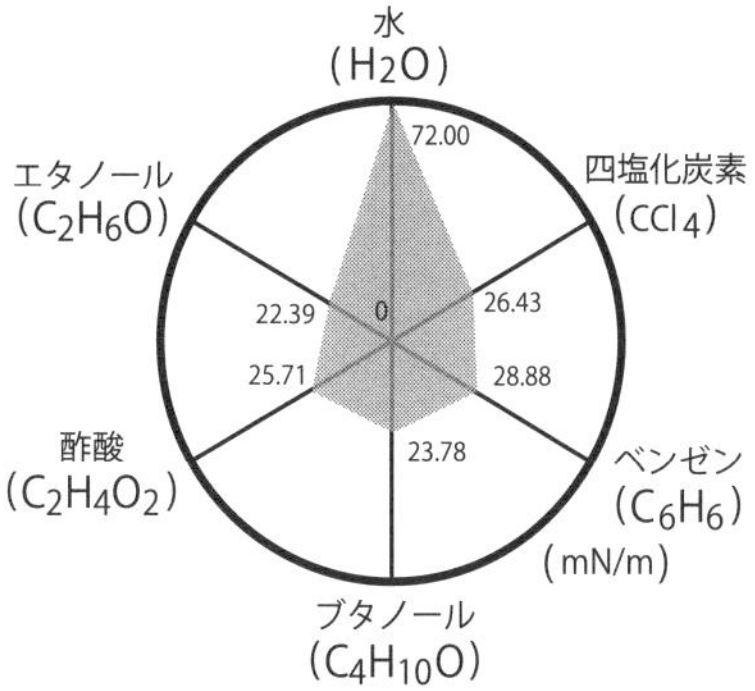

図 14　コップの中心部と表面の水

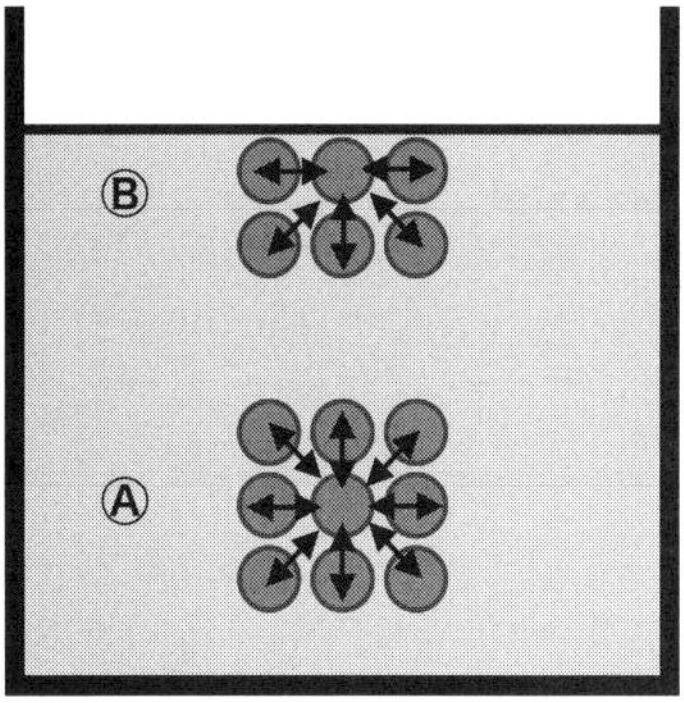

ている方向にはほとんど引きつけられないため、上に引っ張られる力がなくなっています。よって表面の水分子には、横に引っ張る力と下に引っ張る力のみが働いている状態になります。コップになみなみと注いだ時に、〝ふら〟を上回ってまで水がある程度入るのは、そのためです。

万物を溶かす水〜水は優れた「溶媒」

水は気体、液体、固体など種々の物質を溶かす能力がきわめて大きい液体です。

固体や気体が水などの液体に溶けて均一になる現象を、「溶解」といいます。たとえば、食塩を水の中に入れると、結晶が崩れて水中に拡散していきます。このような、いわゆる溶ける現象です。

食塩のように溶けるものを、「溶質」といい、水のように溶かすものを、「溶媒」といいます。水はきわめて優れた溶媒で、非常に多くの種類の物質を溶かし、各種の化学反応や物理変化に重要な役割を果たしています。

また、溶解によってできた水の均一な溶液を、「水溶液」といいます。

たとえば、人間をはじめとする多くの生物の体液は水溶液であり、そのもととなったとされる海水は、地球上でもっとも多くの種類の物質を溶かしている、水溶液です。海水には地球上に存在する元素のほとんどが、何らかの化合物の形で溶けていることが知られています。

溶液の性質〜電解質からコロイド溶液まで

溶解した物質の多くは、水中ではイオンとして存在しています。イオンとは、電荷を帯びた原子や原子団のことで、たとえば食塩（塩化ナトリウム、NaCl）の場合、水中においてNa^+とCl^-のように、＋と－の電荷を帯びて解離した状態になります。大気中でNaClを解離させるには、莫大な熱エネルギーと圧力が必要ですが、水中では水分子が電気双極子をもつために、それらのイオンのまわりを水分子が取り囲み、酸素原子（－電荷）側か、水素原子（＋電荷）側に、溶質のイオンが引きつけられた状態となって、簡単に解離が起きます。このように、溶質のイオンが水分子を引きつけている状態を「水和」といい、水和しているイオンを水和イオンといいます。

食塩のように、水に溶けると陽イオンと陰イオンができる物質を、「電解質」といい、その濃度は、電気伝導率などの測定結果から知ることができます。

図15　コロイド溶液

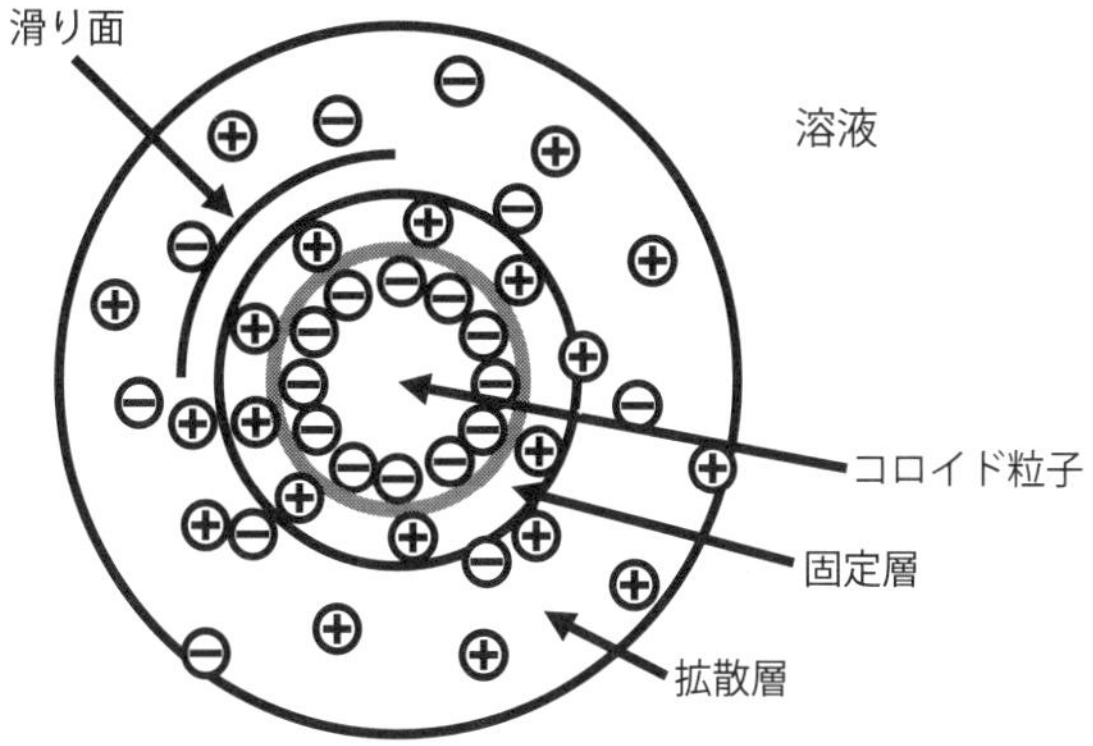

電解質でない中性物質（非電解質）でも、水に溶けやすいものがあります。全体がイオンにならなくても、一部にＯＨ基のような極性基があれば、水分子と水素結合できるので、水和しやすいものになります。このように水和しやすい性質を、「親水性」といい、反対に水和しにくい性質を、「疎水性」といいます。１～１００nm程度の微細な固体粒子、コロイド粒子が水中にあると、完全に溶解していなくても水和する現象があり、それによってできた液をコロイド溶液といいます（図15）。

コロイド溶液では、コロイド粒子の表面が電荷をもっているため、コロイド粒子はなかなか凝集しません。コロイド粒子の表面電荷に対して、溶液中にある反対符号の電荷をもつイオンの一部は、粒子表面に強く吸着して固定されます。この層を「固定層」といいます。固定層の外側には、残りの反対イオンは溶液中にある厚みをもって広がっている層があります。この層を「拡散層」といいます。

これら、２つの層を合わせて、「電気二重層」と呼びます。

この固定層と拡散層の間の電位と、溶液内部の電位との差を、「ゼータ電位」といいます。
コロイド溶液に電場をかけたとき、コロイド粒子は移動します（電気泳動という）。ゼータ電位は、コロイド粒子の移動速度を測定することによって求められます。

さらに電界によって粒子が移動すると、拡散層の中で粒子から切り離されて動くイオンと、粒子に同伴するイオンの境界面ができます。この境界面のことを、「滑り面」と呼びます。ゼータ電位は、溶液中のイオンの種類、濃度などの周囲の環境によって変わります。

「運動する水」の姿をとらえる
～水の物性測定～

Eisenburg と Kauzmann が提唱した水の構造

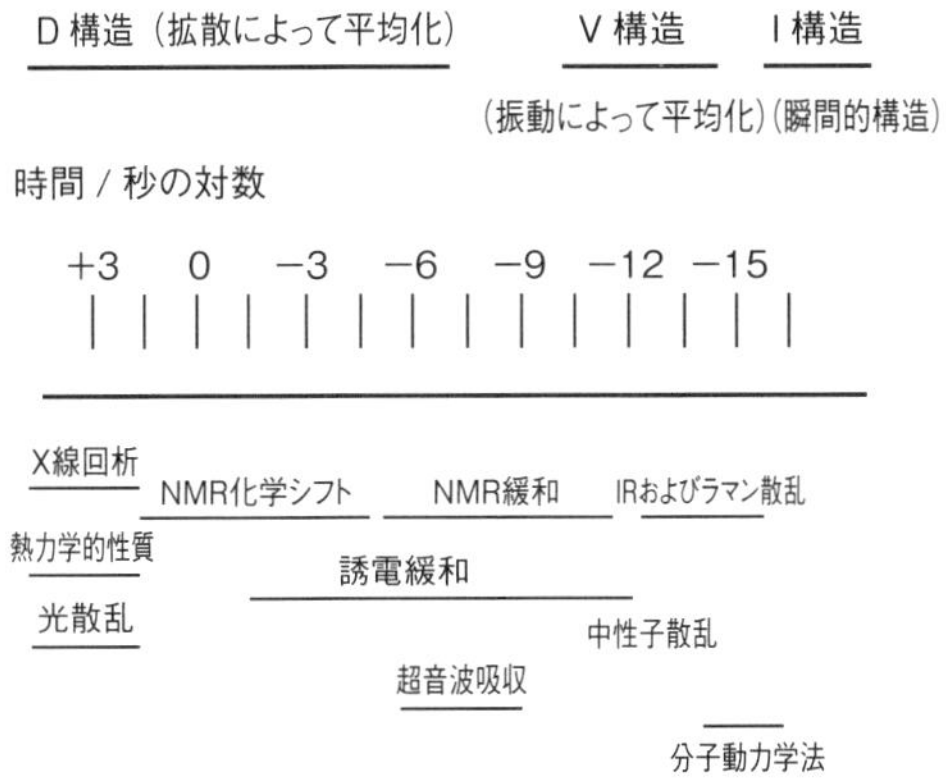

水は常に一定の構造をしているのではなく、絶えず振動や回転などの運動をしています。測定に用いる手法が、どの時間スケールで水を観測しているかにより、水に対して得られる情報は、異なります。上図では、EisenburgとKauzmannが提唱した、水の構造と各測定手法によって得られる、情報のタイムスケールを示しました。I構造は、各瞬間の構造を、V構造は、振動に関して平均化した構造を、D構造は、分子の配向や移動に関して、平均化した構造をそれぞれ表しています。

水及び水溶液は、様々な状態観測法があります。代表的な測定方法は次の表の通りです。

水および水溶液の状態観測の手段とその対象

研究手段	測定法（略称）	観測量	研究対象
分光学的手法	赤外線吸収スペクトル（IR）	双極子モーメントの振動的変化	分子内振動・回転、対称性など
	ラマンスペクトル	分子の分極率の振動的変化	分子内振動・回転、対称性など
	可視・紫外線吸収スペクトル	電子の遷移	原子間結合に関係する電子の状態 存在物質の定性・定量
	円偏光二色性（CD）	円偏光の左右ベクトルの進行速度の相違	光学活性体の構造
	旋光分散（ORD） メスバウァー分光法	直線偏光面の回転 無反跳γ線の共鳴吸収	光学活性体の構造 錯体の構造
磁気的手法	磁化率測定法	磁気的分極	不対電子の状態
	核磁気共鳴法（NMR）	原子核スピンの化学シフト	分子構造、反応速度
	電子スピン共鳴法（ESR）	永久磁気双極子のエネルギー準位変化	遊離基の性質 不対電子の状態
誘電的手法	誘電率測定法	溶液の誘電率の測定	分子配向、分子間相互作用
	誘電緩和法	誘電率の電磁波長依存性	分子の動的性質 集合体の寿命
熱力学的手法	ポテンシオメトリー	溶液中の特定イオンの量	錯体の生成定数
	カロリメトリー	反応熱	錯体の溶媒和熱、生成熱
	ストップドフロー	反応の時間変化	錯体生成の反応機構
	導電率測定法	導電率の溶質濃度 温度依存性	イオン対の生成定数 イオンの移動速度
	粘性率測定法	粘性率の溶質濃度 温度依存性	イオンの大きさ 水和水分子の移動性
	超音波速度測定法	溶液の圧縮率	イオンの水和
回折法	X線回折法	電子によるX線の散乱とその干渉	原子の平衡分布 錯体・液体の平均構造
	中性子回折法	原子核による中性子の散乱とその干渉	錯体・液体の平均構造 溶媒和分子の動的挙動
	電子線回折法	原子核および電子による電子線の散乱とその干渉	液体の平均構造
	X線吸収微細構造解析法（EXAFS）	X線吸収端付近の微細構造	特定原子近傍の平均構造
計算機実験法	分子動力学法（MD）	計算機によるシミュレーション：時間の項を含む	溶液の微視的動態構造 結合状態
	モンテカルロ法（MC）	計算機によるシミュレーション：時間の項を含まない	溶液の微視的構造 結合状態
	分子力場法（MM）	分子内立体配座のシミュレーション：時間の項を含まない	分子の立体配座エネルギーの比較

＜出典＞　大瀧仁志：溶液科学、裳華房　(1985)

さまざまな水の電気伝導率

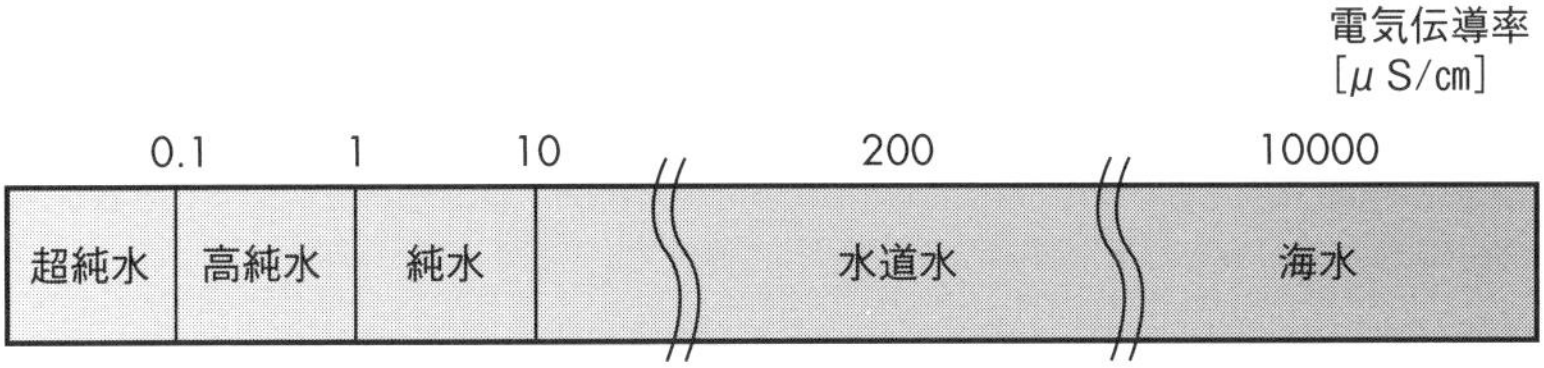

ここからは、よく用いられる水の測定方法の概要を示します。

水の電気伝導率〜イオンがあれば電気が通る

電気伝導率とは、物質の電気の通りやすさを表す値のことです。電気を通しやすい物質のことを導体といいますが、特にイオンが電気伝導にかかわっているものを、「イオン伝導体」と呼びます。溶液は、イオン伝導体の1つと考えられます。したがって、溶液の電気伝導率を測ることによって、溶液中のイオンの量（濃度）を推定することができます。

実際の電気伝導率を測る場合は、対象の溶液に2つの電極をさし込み、電源等で電位差をかけて、どのくらいの電流が流れるのかを測ります。ここで、電気伝導率をσ、電極の面積をA、2つの電極間の距離をd、電位差をV、電流をIとすると、

$$I=(\sigma \cdot A/d)\times V$$

という関係式が成り立ちます。σの単位には、ジーメンスS（1V《ボルト》の電位差がかかった導線に、1A《アンペア》の電流が流れているときのコ

代表的なイオンのモル伝導率（25℃）

陽イオン	Λ+/10⁻⁴〔S・m²・mol⁻¹〕	陰イオン	Λ-/10⁻⁴〔S・m²・mol⁻¹〕
H^+	349.8	OH^-	198.0
K^+	73.5	Br^-	78.4
NH_4^+	73.4	I^-	76.8
Ag^+	61.9	Cl^-	76.3
Na^+	50.1	NO_3^-	71.4
Li^+	38.7	HCO_3^-	44.5
$\frac{1}{2}Ba^{2+}$	63.6	CH_3COO^-	40.9
$\frac{1}{2}Ca^{2+}$	59.5	$\frac{1}{2}SO_4^{2-}$	79.8
$\frac{1}{2}Mg^{2+}$	53.1		

※モル伝導率とは電気伝導率をモル濃度で割ったもの。[S/m] ÷ [mol/m³]

ンダクタンス（抵抗Ωの逆数））を用いて、S/mやμS/cmを使用することが、多くあります。

各イオンの電気伝導率としては、上図のようなものが知られています。

電気伝導率は温度によっても変化し、たとえば純水は、温度とともに電気伝導率が上がります。したがって、電気伝導率の測定は、一定温度で行うことが求められます。ただ、環境水の測定など、温度を一定にできない場合は、測定する水の温度と電気伝導率から温度係数を求めて、換算することになります。

“分光法”と水分子の振動〜光を当ててわかること

物質の性質を知る方法の1つとして、対象物に光を照射し、衝突（散乱）前後の光を分光（＝プリズムなどで波長別に分けること）し、波長域ごとの光の強さとその変化を調べる、いわゆる「分光法」と呼ばれるものがあります。原子、分子、イオンなどの振動・回転は、光の強さの変化の原因の一つです。そのことから、分光法によって、物質の振動・回転などの情報を知ることができます。

赤外分光法（以下ＩＲ）、ラマン分光法（以下ラマン）は、分光法の一種です。どの波長域の光を照射するか、光の強度の変化のどこに注目するか、という点で、この２つは区別されます。

ＩＲにおいては、赤外線の波長域（約0.76μm～1mm）の光を用います。この領域の光を分子状の物質に照射した場合、物質固有の分子の振動と対応する波長域の光が吸収されます。したがって、物質ごとに照射後の波長域の変化が異なるため、赤外吸収スペクトル（光を波長ごとに分けて並べたもの。この場合、特に赤外領域で吸収された光の波長域）を調べれば、どのような物質が対象物に含まれていたかを知ることができます。

分子の振動の例としては、水分子の振動が挙げられます。水分子の振動は、大別すると３つあり、それぞれ対称伸縮運動、変角振動、非対称伸縮運動といいます。

この振動に対応して、３つの周波数において光の吸収が起こりますが、いずれも赤外線の領域で起こります。どの周波数の吸収が大きいかによって、水の振動状態を知ることができます。

ラマンにおいては、レーザー光のような単色光（＝波長が一つとみなせるような光）を用います。ラマン効果に基づいた測定を行うからです。ラマン効果とは、物質に単色光を照射して、散乱した光の中に、元の単色光の波長の他に、波長の異なる光が含まれている現象のことを指します。つまり、広い領域の波長の光を用いてしまうと、どの波長の光がラマン効果によって変化したのかがわからなくなってしまうため、単色光を用いているということになります。物質中の原子やイオンの振動によって光が散乱されるために、ラマン効果が起こると考えられるので、ラマンスペクトルを調べれば、原子やイオンの振動について調べることができます。

以上のことから、ＩＲおよびラマンの測定装置は、光源、試料、分光器、検出器によって構成されたものになります。

粘性〜液体にも粘り気がある

「粘性」とは、流体の内部に働く抵抗、つまり、流体の速度をならして一様になろうとする性質のことで、「粘り気」と言い換えることができます。

測定においては、「ある流体（液体と気体の総称）が運動しているとして、運動の方向に対して垂直な面において、場所によって運動の速度がバラバラな（＝速度勾配がある）ときに、流体全体の速度が一様になろうとすることによって生じる、力の大きさのこと」と、いうことができます。水や油を流したときの、流れにくさを表します。単位は、Pa・s（Paはパスカル、sは秒、SI単位の場合）で表します。

一般に粘性が生じるのは、流体の内部摩擦が原因だと考えられています。具体的にいえば、気体の場合は、運動速度が速い物質の粒（原子、分子など）に、遅い粒がぶつかること。液体の場合はそれに加えて、粒同士の距離が近いために、分子間力（ファンデルワールス力等）が働くことが挙げられます。

粘性が変わる大きな原因としては、温度の変化が挙げられます。一般に温度が上がると、液体の場合は粘度が下がり、気体の場合は上がるとされています。液体の例では、水は、0℃で 1.79×10^{-3}[Pa・s]、20℃で 1.00×10^{-3} [Pa・s]。気体の例では、空気は、0℃で 1.71×10^{-5} [Pa・s]、25℃で 1.81×10^{-5} [Pa・s] という値になります。

ちなみに、流体力学の分野では、粘性のある流体を「粘性流体」、粘性のない（あるいは無視できるほど小さい）流体のことを「完全流体」といい、また、圧力による密度の変化を考える必要のある流体を「圧縮性流体」、その変化を考慮する必要のない流体を、「非圧縮性流体」といって、区別しています。

実際の粘性の測定方法は、左記の通りです。

・回転粘度計法………流体中で棒を回転させ、棒にかかる力を調べることで粘性を測る
・落球式粘度計法……流体中に球を落とし、その落下時間や速度を調べることで粘性を測る
・毛細管粘度計法……毛細管を流体が通過する時間を調べることで粘性を測る
・バブル粘度計法……流体中に気泡を生じさせ、それが浮上する時間や速度を調べることで粘性を測る

どの方法も、調べたい流体に何らかの運動を生じさせて、関係する速度や時間を調べるということで

は共通しています。よって、いくつかの流体（たとえば、水とサラダ油）について、単に粘度の差を比較したいのなら、一例としては、同じ角度の傾斜を用意して、そこにそれぞれの流体を流し、流れるのにかかった時間や速度を比較すればよいということになります。より時間のかかった方、より遅い方が、粘性の大きいものだと考えられます。

水に電極をさしてわかること～酸化還元電位

酸化還元電位は、oxidation-reduction potential、略してORPとも呼ばれ、酸化還元電極の平衡電極電位のことです。溶液の酸化力、または還元力の強さを表す量であり、大きな正の値をもつ系ほど、一般に酸化力が強くなります。

酸化電力が強い、電極反応 $O+ne \rightleftarrows R$ において、酸化還元電位は、

$$Ee=E^0-(RT/nF)\ \ln(a_R/a_O) \fallingdotseq E^0-(0.059/n)\log(C_R/C_O)$$

※25℃、Tは絶対温度、a_O（C_O）、a_R（C_R）は酸化体、還元体の活量（希薄溶液では濃度）、E^0は標準酸化還元電位

と表されます。

測定は、取り扱いが容易で再現性のよい、銀／塩化銀電極（Ag/AgCl）を比較電極として、白金電

図16　酸化還元電位測定の概要図

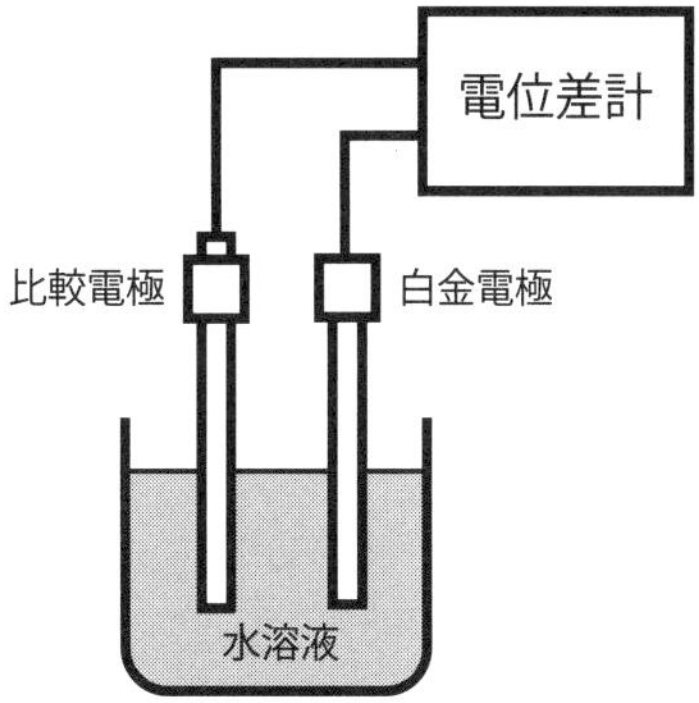

極等で測定されることが多いのが現状です（図16）。文献値は、標準水素電極（ＳＨＥ）に対する値が示されていることが多いので、測定値に、参照電極の銀／塩化銀電極の酸化還元電位をプラスして比較します。プラスする値は、参照電極の内部液である、KCl の濃度によって異なり、25℃において、飽和 KCl 溶液の場合は、0.199V、3.5mol /L 、KCl 溶液では、0.205V になります。

河川などでの連続モニタリングには、電極法は便利で、今後も使用が増加すると考えられますが、ＯＲＰ計で測定されるＯＲＰ値は、一般には平衡電位ではなく、いわゆる定常電位になります。また、酸化体と還元体の濃度比で決まるため、理論的には、希釈や濃縮によって値は変わらない点に、注意する必要があります。

酸化還元電位の測定の具体例としては、図17のようなものが挙げられます。一般に、正の値が大きいほど酸化力が強く、その逆では還元力が強いとされています。

酸性・アルカリ性は〝水素イオン濃度〟で決まる

pHとは、溶液の酸性、中性、アルカリ性（塩基性）を表す指標です。溶液中の水素イオンH^+の濃度を$[H^+]$としたとき、pHは水素イオンの濃度の逆数の常用対数として、

$$pH = -\log_{10}[H^+]$$

と表され、1気圧25℃のとき、0〜14の値をとり、pHが7より小さいときは酸性、7のときは中性、7より大きいときはアルカリ性となります。右のpHの式からわかるように、水素イオンの濃度$[H^+]$が大きいほど、より強い酸性になります。

一般に、酸性の溶液は酸っぱく、アルカリ性の溶液は苦いとされています。いろいろな物質のpHの具体例としては、図18のようなものが挙げられます。

pHを測定するためには、

（a）リトマス試験紙を用いる

（b）酸塩基指示薬（pH指示薬）を用いる

（c）pHメーターを用いる

といった、3つの方法があります。

図 17　さまざまな水の酸化還元電位

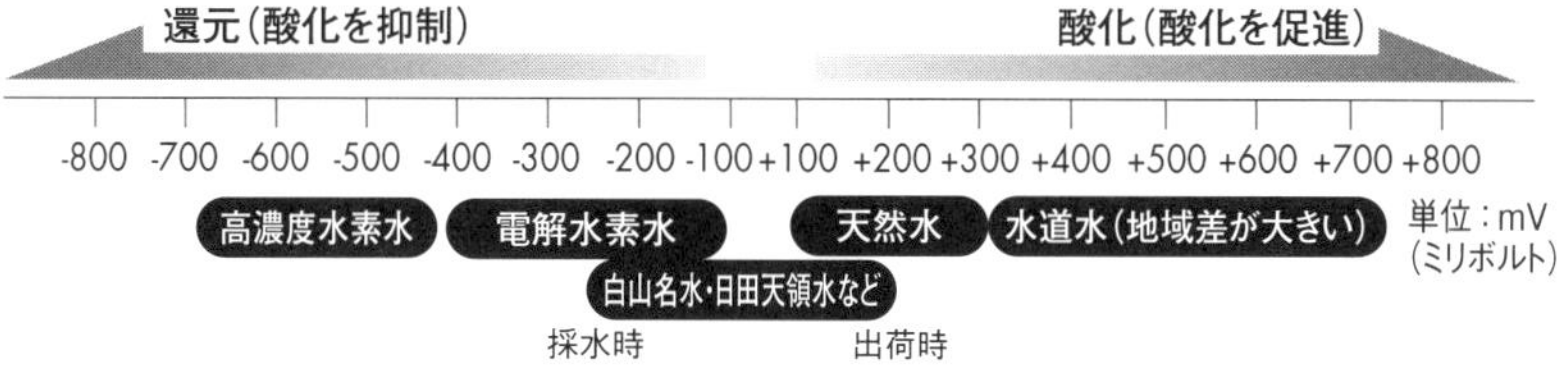

図 18　食品や液体の pH

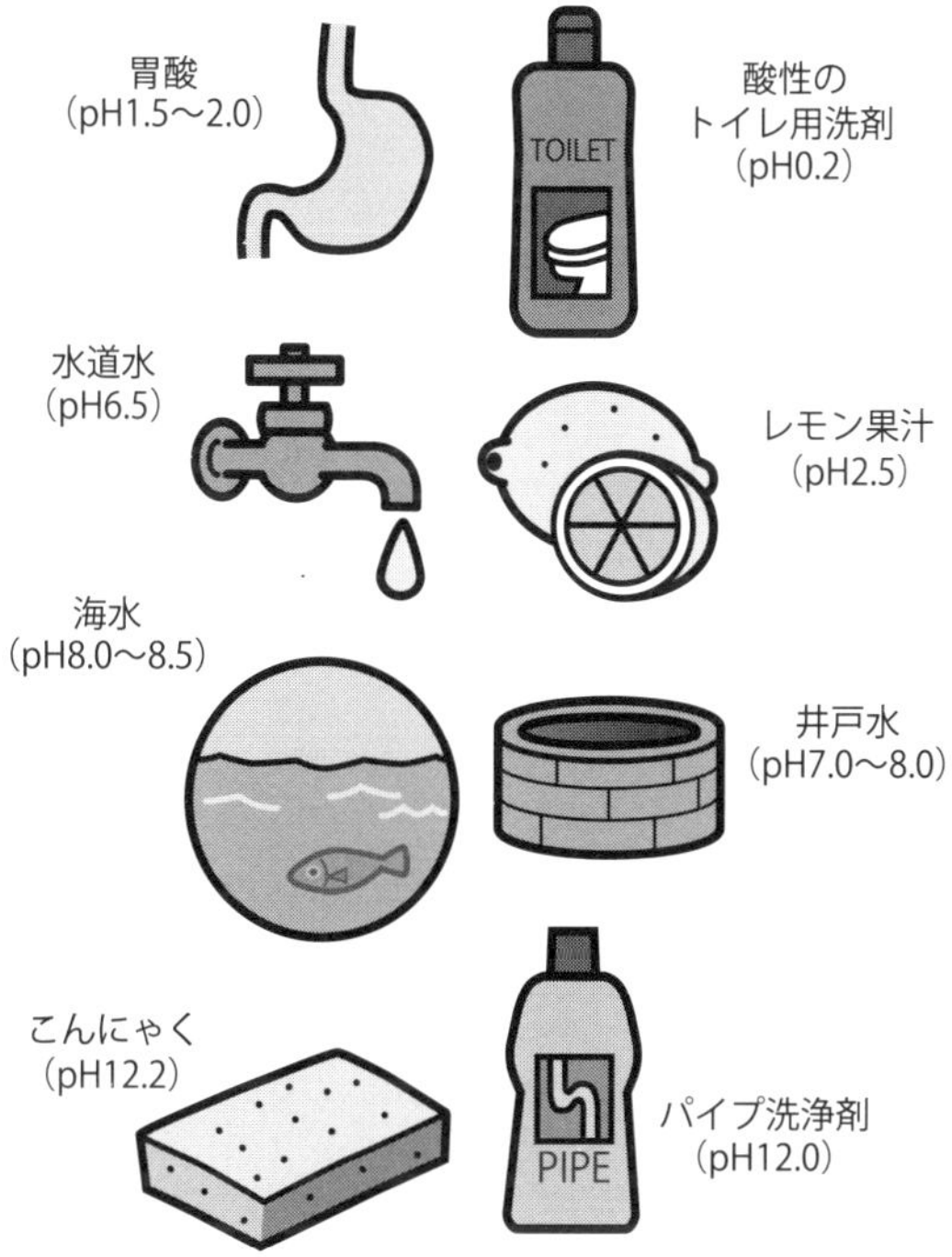

（a）は、リトマス試験紙が、酸性で赤色、アルカリ性で青色を示す、という性質を用いた方法で、溶液が酸と塩基のどちらの性質に寄っているのかを、大雑把に調べるのに便利です。

（b）は、特定のpHで変色する指示薬を用いて、溶液のpHを調べる方法です。代表的な指示薬の例としては、フェノールフタレイン（pH約8.0～10.0の範囲において赤色に変色）、チモールブルー（pH1.2以下で赤色、2.8～8.0で黄色、9.6以上で青色）、メチルレッド（pH4.4～6.2で赤色に変色）、メチルオレンジ（pH3.1～4.4で赤色に変色）などが挙げられます。

（c）は、溶液に2つの異なる電極をさして電池をつくり、その起電力（電圧、電位差）を測ることで、pHを測る方法です。電極の1つが、水素イオン濃度と対応するような電位を取るため、この方法で、pHを測ることができます。

NMR～磁石と電磁波で水をミクロに調べる

水の状態分析法の1つとして、^{17}O-NMR法（酸素の同位体である、^{17}Oの核磁気モーメントを利用した核磁気共鳴法）が、用いられています。

NMRの原理は、磁気モーメントをもった核を強い磁界中に入れると、エネルギー状態が高いレベルと、低いレベルに分離します。このような状態で、外部磁界と直交する方向から、ラジオ波レベルの電磁波を照射すると、核スピンがそのエネルギーを吸収して、エネルギーの高い状態へ遷移します。この

図 19　超純水の ^{17}O-NMR スペクトル（25℃）

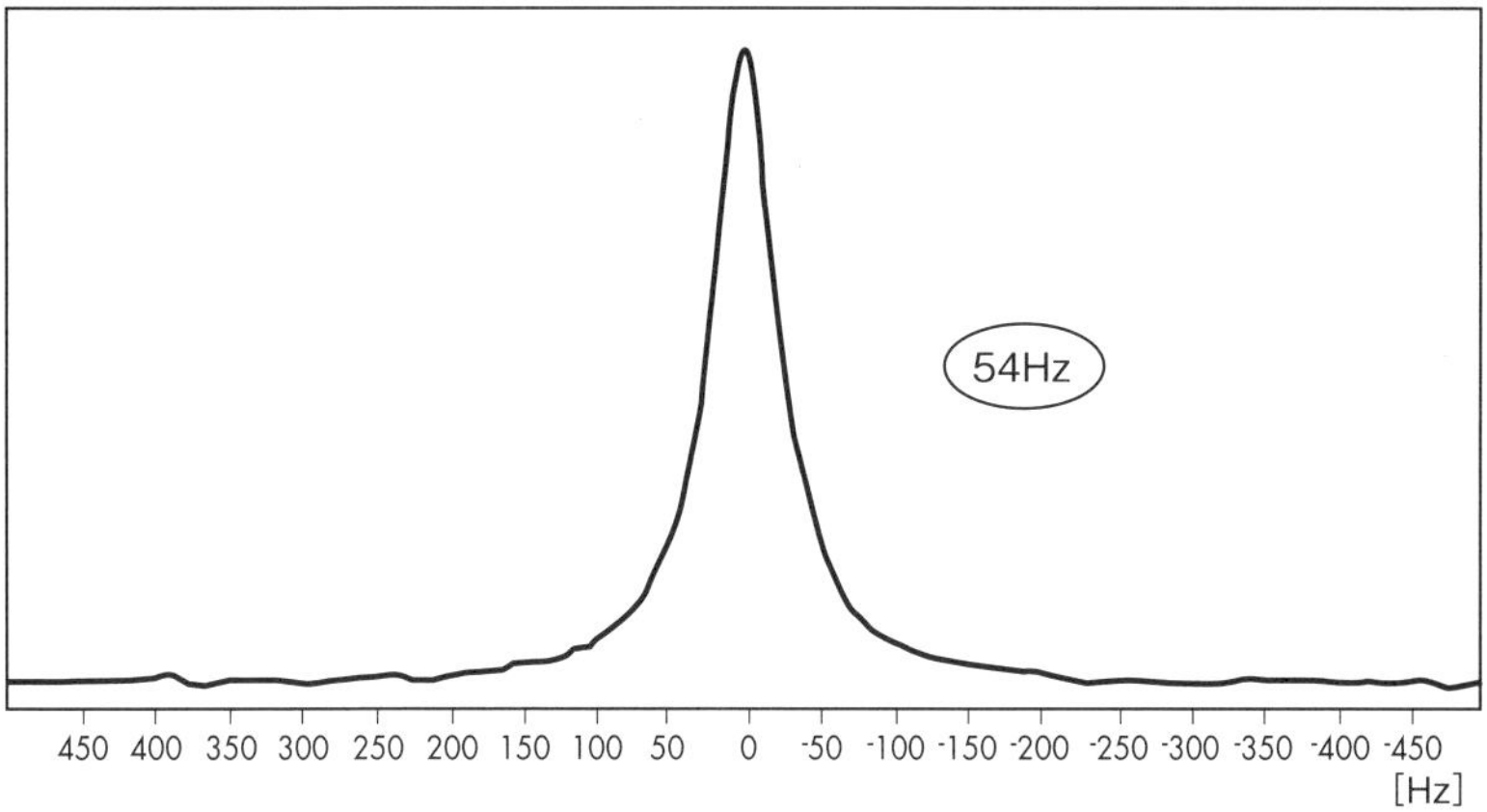

高いエネルギー状態の核スピンが一定時間でエネルギーを失い、もとの低いエネルギー状態へ戻ります。

これが緩和現象であり、高いエネルギー状態から低いエネルギー状態に戻るまでの時間を、緩和時間といいます。その過程には、スピン‐格子緩和（緩和時間：T_1）と、スピン‐スピン緩和（緩和時間：T_2）の2つがあります。スピン‐格子緩和は、隣接する核の自由な運動によって生じる、磁界変動とスピンとの相互作用によって生じます。

一方、スピン‐スピン緩和は、エネルギーの高い核が隣接する核と、磁気モーメントの相互作用によりスピン交換し、エネルギーを失うことにより生じます。

このようにNMR法では、その物質中で対象としている原子核が置かれた環境に関しての、各種の微視的情報が得られます。

図19に、超純水の^{17}O‐NMR スペクトルの測定結果を示します。半値幅を求めると、54 Hzになります。

図20 水道水の^{17}O-NMRスペクトル（25℃）

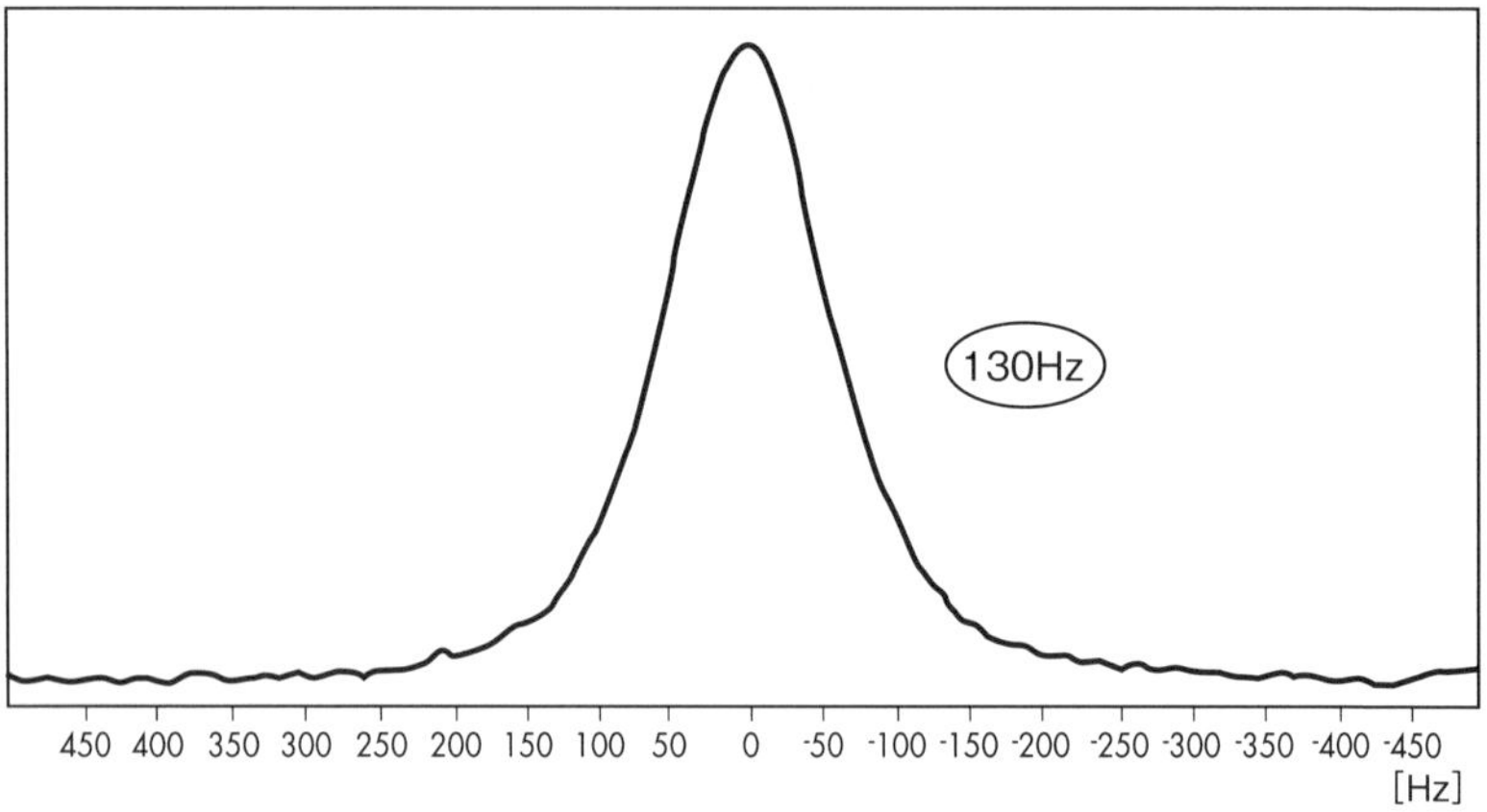

液体の水をクラスターモデルで考えた場合、大きいクラスターでは小さいクラスターに比べて、直接相互作用している水の分子数が多い関係上、よりエネルギーを失いやすい状態にあります。そのため、緩和時間は短くなると考えられます。逆に、小さいクラスターでは、大きいクラスターに比べてエネルギーを失いにくいため、緩和時間は長くなり、半値幅は小さくなると考えられます。

図20に水道水の^{17}O-NMRスペクトルの測定結果の一例を示します。どこの水道水を用いるかにより値は異なってきますが、実験に用いた水道水の半値幅は130Hzであり、超純水の2倍以上になります。

ちなみに、NMR法による水の状態分析法は、まだ十分には確立されてはいませんが、他の有効な分析手法が報告されていない現段階では、水のミクロの状態を知るための分析手法として、NMR法はきわめて有力な方法であると考えられます。

第五章

新しい水の科学

根本泰行

身近すぎる存在ながら、未知の部分も多い水。注目すべきは、何といっても、「水が情報を記憶する」という説でしょう。

この説について、初耳だという方がいらっしゃるかもしれません。「水が情報を記憶する」という説は、科学的実験の結果に基づいたものであるにもかかわらず、これに批判的な科学者の方が多く、未だ世の中で「非科学」としての扱いを受けているので、無理もありません。

確かにこの性質を解明しようとするならば、これまでの科学の延長線上にない、「目に見えない情報」という分野へと視界を広げる必要があります。しかし、その「目に見えない何か」によって起きることを、世の中でその功績を認められた科学者達が、科学的実験を通して目に見せるべく、繰り返しこれに挑み、結果を歪めることなく事実として述べているのですから、これは「非科学」ではなく、いまや一つの立派な「科学」として追究、解明していくべきテーマといえるのではないでしょうか。

「水が情報を記憶する」という性質は、「目に見えない情報」と関係するため、私たちが思いもしない「目に見えない何か」の影響を受けることで、その再現性が失われることがあります。しかし、もしその再現性を固定する条件を揃えられるなら、その応用範囲は医療や環境問題、生活全般と多岐にわたるはずです。

まずは、この水の「記憶」の性質が最初に応用されたと思われる、「ホメオパシー」という医療体系についてご説明した後、この分野のパイオニアであったジャック・ベンベニスト博士の研究について、解説していきます。

情報を持った水
～ジャック・ベンベニスト博士の研究～

「ただの水」に、顕著な治療例

水の新しい科学ともされる「情報記憶」の性質は、既に19世紀の初頭から、「ホメオパシー」によって示されていました。

ホメオパシーとは、ドイツの医師、ザミュエル・ハーネマンによって創始された医療体系です。

ある日、翻訳していた文献の中に、「キナの樹皮はマラリアの特効薬である」という記載を見つけたハーネマンは、好奇心にかられ、マラリアに感染していないのにもかかわらず、キナの皮を摂取してみました。すると驚いたことに、マラリアの患者が体験するありとあらゆる症状が、自分の身体に現れたのです。

この「発見」がきっかけとなり、ハーネマンは「健康な人に投与したとき、ある病気の症状を引き起こすような物質は、その病気にかかっている患者の症状を治癒することができる」というホメオパシーの基本原理、「類似の法則」を確立します。

この原則は当時、一種の薬としても使用されていた水銀や砒素などの毒物についても適用されましたが、これらの毒性を有する物質の持っている副作用を極力減らすため、ハーネマンは薬効成分を含んだ原液を、水で希釈することを繰り返すことによって、レメディと呼ばれる治療薬を作製しました。

たとえば、1㎖の原液を99㎖の水と混ぜると、100倍希釈液ができます。その液から再び1㎖取り出して、99㎖の水と混ぜると、10000倍の希釈液ができます。

この100倍希釈を6回繰り返すことで、希釈倍率が10の12乗倍、すなわち「1兆倍」となったホメオパシーの薬「レメディ」は、「6C」、30回繰り返して作られたレメディは、「30C（希釈倍率は10の60乗倍）」、200回繰り返したものは、「200C（希釈倍率は10の400乗倍）」と呼ばれます。

「アボガドロ数」[註1]と呼ばれる定数を使った簡単な化学の計算から、コップ1杯程度の体積を持つどんな水溶液も、10の25乗倍程度希釈されると、元の薬効成分がいかなるものであれ、その成分の分子は、最大で「1分子程度」しか残っていない[註2]ということが分かります。

10の25乗倍を超え、10の60乗倍や10の400乗倍の希釈率である30Cや200Cのレメディの中には、「原液に溶けていた薬効成分は1分子も残っていない」と断定することができます。

このように、元の分子が1分子も残らないほど希釈を重ねることを、「高度希釈」と呼びます。不思議なことに、いずれのレメディも、薄めれば薄めるほど、つまりこの希釈が高度であるほど、効果が高まる、ということが知られています。

もう一つ重要な操作として、レメディを希釈する際には、容器を強く叩くこと、すなわち振盪《しんとう》することが必須であることもよく知られます。この作業を怠ると、効力を持ったレメディを作ることができません。

こうして「高度希釈」と「振盪」によって作られた、実質は「ただの水」でしかないレメディを患者に処方すると、実際に顕著な治癒効果がもたらされます。ホメオパシーの有効性は、二重盲検法や動物を使った実験によっても証明されており、経験的事実として、「水にはかつて溶けていた物質の情報を記憶する性質がある」と考えざるを得ません。

しかし、その仕組みを従来の科学で説明することができないために、ホメオパシーそのものに対しても、懐疑的に捉えている科学者が多いのが現状です。

そんな中、この「高度希釈」と「振盪」で作られた「ただの水」が、確かに生理的活性を持っていることを、試験管の中の反応系を使って初めて実験的に示し、専門家向けの科学雑誌上で堂々と発表したのが、フランスのジャック・ベンベニスト博士です。

予想外の実験結果

ベンベニスト博士は、70年代から80年代にかけて、パリの国立保健医学研究所の研究室で、ヒトの血液から取り出した「好塩基球」と呼ばれる白血球の一種を使って、アレルギー反応を分析していました。好塩基球を入れた試験管の中に、アレルギーの原因物質を添加すると、これに反応した好塩基球は、細胞内の顆粒を外に放出します。

この反応は、「脱顆粒反応」と呼ばれています。

ある種の抗血清（抗IgE抗血清）も、この反応を引き起こすことが知られており、ベンベニスト博士はこの抗血清を使って脱顆粒反応の性質について調べていたのです。

1981年～82年頃、ベンベニスト博士の研究室には、ベルナール・ポワトヴァンという名前の研究者がいました。ホメオパシー医でもあったベルナールから、抗血清を「高度希釈」したときに、どういう結果が得られるかについて実験したいと言われた博士は、「高度希釈すれば、ただの水になるのだから、なんの結果も出ないと思うよ」と言いながらも、ベルナールの好きにさせました。博士は、当時まだ、ホメオパシーについて何も知らなかったのです。

抗血清を、通常用いられる濃度（図1において、10の0乗から1乗、すなわち1倍から10倍の希釈倍率として示す）で作用させれば、80％程度の細胞が脱顆粒反応を示すことは、既によく知られています。常識的に考えれば、抗血清を希釈すればするほど、その効果はどんどん弱くなっていき、やがて完全にゼロになるはずです。すなわち、図1のような結果が予想されます。

図1

好塩基球の脱顆粒反応に対する高度希釈した抗血清の効果（予想）

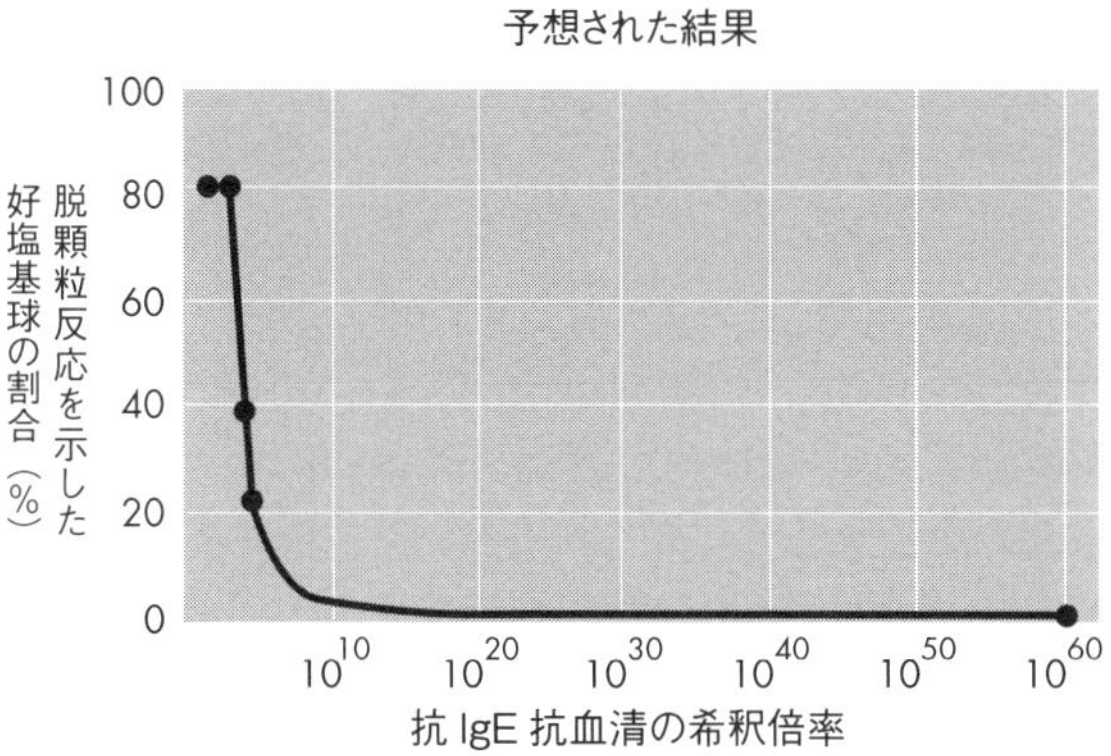

図2

好塩基球の脱顆粒反応に対する高度希釈した抗血清の効果（実際の実験結果）

（Davenas et al. Nature, 333: 816-818, 1988 より改変）

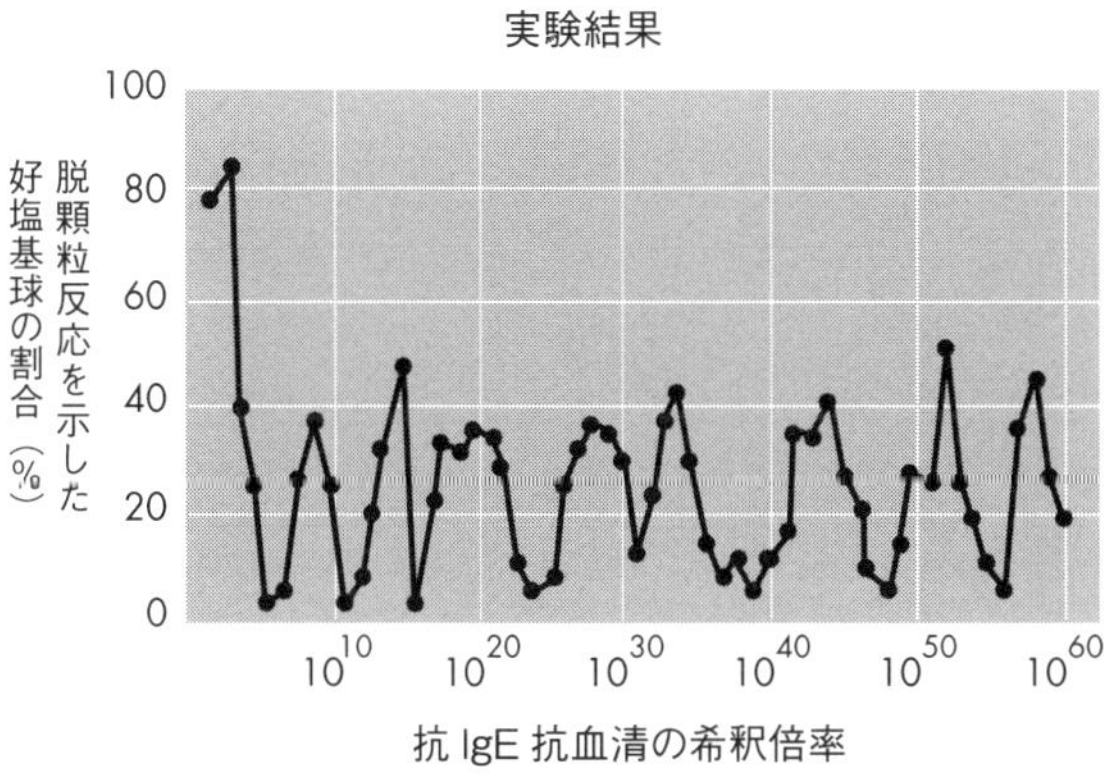

ところが驚くべきことに、実験を行った結果は、図2のようなものでした。

通常用いられる濃度で80％程度の効果が観察されたのは当然ですが（図2では「10の0乗から1乗希釈＝1倍から10倍希釈」のところで活性が最大となっており、これを「低度希釈活性」と呼ぶ）、抗血清を繰り返し希釈していったにもかかわらず、脱顆粒反応の割合は単調にゼロに近づいていく、という結果にはならなかったのです。

10の23乗倍を超える希釈倍率は、いわゆる「高度希釈」に当たるため、理論的には、抗血清の分子は1分子も存在していないはずです。にもかかわらず、それを過ぎても周期的に有意な脱顆粒反応が観察され、グラフ横軸右端の「10の60乗倍希釈」、すなわちホメオパシーのレメディにおける30Cに相当する希釈倍率においても、その反応を引き起こす活性が認められたのです（この活性を「高度希釈活性」と呼ぶ）。

この「高度希釈活性」を観察するためには、レメディを作製するときと同じように、希釈するたびに、「振盪」することが必須で、これが行われなかった場合には、活性は観察されませんでした。

これらの結果に困惑したベンベニスト博士は、他の研究者にも同じ実験をさせましたが、若い学生のエリザベート・ダヴナや、医者のフランシス・ボーヴェも同じ結果を得ました。

彼らは人為的ミスをできるだけ排除するために「盲検法」を取り入れましたが、やはり、「高度希釈活性」は観察されたのです。

資料１

816　　SCIENTIFIC PAPER　　NATURE VOL. 333 30 JUNE 1988

Human basophil degranulation triggered by very dilute antiserum against IgE

E. Dayenas, F. Beauvais, J. Amara*, M. Oberbaum*, B. Robinzon t, A. Miadonna t, A. Tedeschit, B. Pomeranz§, P. Fortner§, P. Belon, J. Sainte-Laudy, B. Poitevin & J. Benveniste‖

INSERM U 200, Universite Paris-Sud, 32 rue des Carnets. 92140 Clamart, France
* Ruth Ben Ari Institute of Clinical Immunology, Kaplan Hospital, Rehovot 76100, Israel
t Department of Animal Sciences, Faculty of Agriculture, PO Box 12, The Hebrew University of Jerusalem, Rehovot 76100, Israel
r Department of Internal Medicine, Infectious Diseases and Immunopathology, University of Milano, Ospedale Maggiore Policlinico, Milano, Italy
§ Departments of Zoology and Physiology,* Ramsay Wright Zoological Laboratories, University of Toronto, 25 Harbord Street, Toronto, Ontario M5S 1A1, Canada
To whom correspondence should be addressed.

ベンベニスト博士の論文がネイチャーに掲載されました（『ネイチャー』（VOL.333）より転載）

科学誌の非科学的な態度

この画期的な実験結果をまとめ、ベンベニスト博士は、自然科学の分野でもっとも権威があると言われている、イギリスの『ネイチャー（Nature）』（資料１）という学術雑誌に投稿。２年にわたる審査を経て、１９８８年６月30日付けのネイチャーに掲載された論文は、世界中の科学者たちに衝撃を与えました。

ところが、この論文には、ネイチャー編集部による前代未聞の「但し書き」が付いていたのです。それは、「この実験結果は、従来の科学の理論ではまったく説明できないため、編集部としてはベンベニスト博士の協力の下に調査団を組織し、博士の研究所に派遣し、実験の追試を行う予定である」という趣旨のものでした。

実は、ネイチャー編集長ジョン・マドックスの考えにより、この調査団の追試実験調査を受け入れることを前提に、ベンベニスト博士の論文は受理されていたのです。そして実際、この「但し書き」通り、ネイチャー編集部が組織した調査団は、7月4日から5日間にわたってベンベニスト博士の研究室を訪れ、計7回の実験を行いました。

7回の実験のうち、最初の3回は、博士の普段の実験方法で行われ、4回目の実験では盲検法が採用されました。これらの4つの実験においては、見事に「高度希釈活性」の再現が確認されています。

ところが、残りの3回の実験においては、実験操作に対して調査団が大幅に介入したため、大きな心理的圧力の下で進められることになりました。結果として、実験は失敗に終わり、「高度に希釈された抗血清の場合には、脱顆粒反応が起こらない」、すなわち「ベンベニスト博士の実験結果は、まったく再現されない」という結論が出されてしまったのです。

最初の4回の実験の再現性も踏まえ、調査団としては慎重な態度を取る必要があったのですが、7月28日付けのネイチャーには、「高度に希釈した実験の結果は幻であった」と断定するようなタイトルのレポートが、掲載されてしまいました。

この事態は、大論争を巻き起こしました。

ベンベニスト博士は反論を投稿しましたが、ネイチャー誌には、博士の実験結果を再現できない、とする他の研究者たちによる論文が立て続けに掲載されます。数カ月の後には、一般の科学者のほとんどは、「ベンベニスト博士の報告は間違いであった」と考えるようになり、博士自身は公的な職を追われ、研究資金も打ち切られてしまったのです。

１９８８年のネイチャー誌上における論文発表から、30年経過している現在においても、この「水の記憶」に関する実験結果を、事実だと考える科学者は、水の科学の分野における専門的な科学者たちを除けば、極めて少ないでしょう。現代科学は、貴重な事実を葬るという非科学的な態度を示してしまったといえます。

註1　ハーネマン医師（１７５５～１８４３）の死後、１８６５年に、ヨハン・ロシュミットによって算出された定数（≒6×10^{23}）。物質１モルの中に含まれている構成要素の数。18グラムの水（H_2O=18）の中には、6×10^{23}個の水分子が含まれている。

註2　コップ１杯の体積を２００ミリリットルとし、そのコップが水で満たされているとすると、水の重さは約２００グラムであり、その中には、$200/18 \times 6 \times 10^{23} = 7 \times 10^{24}$個の水分子が含まれている。コップ１杯の水の中に溶けている物質の数は、その物質がいかなるものであれ、明らかに水分子の数よりも少ない。なぜなら、その物質を構成する分子の大きさ、すなわち分子量は、確実に水分子の分子量18よりも大きいからである。そのため、安全を見越して7×10^{24}を$10 \times 10^{24} = 10^{25}$とすれば、コップ１杯程度の体積の水溶液を10の25乗倍程度希釈することにより、いかなる物質であれ、その分子の数は、最大で「１分子程度」しか残っていないことになる。

「高度希釈実験」から「転写実験」へ

一流の科学者が証明した「水の記憶」

ベンベニスト博士は、1970年代には免疫やアレルギー反応の分野における一流の研究者として活躍していました。医学の教科書にも記載されている、「血小板活性化因子」と呼ばれる重要な因子の発見者として、国際的にもよく知られています。そして、この研究分野において、ネイチャー誌でも、4つの論文を発表しています。そのような輝かしい経歴を持つ研究者が、「水の記憶」に関してのみ、虚偽の報告をするということは考えにくいのではないでしょうか。

また、ネイチャーが1988年に論文を受理するまでに、博士は盲検法を導入した実験も含めて、高度希釈の実験を300回以上繰り返し、再現性を確認しています。また、フランス以外の3つの国の研究所においても、実験が再現されているのです。

ネイチャーの調査団の報告は、大きな心理的圧力と懐疑的な雰囲気の下で行われた実験に基づいていました。水の情報記憶に関しては、物質の存在しない領域を扱うため、その場にいる人々の意識やエネルギーの質が、結果を左右するということがあり得ます。「水の記憶事件」以降、他の研究者たちによって、ベンベニスト博士の実験結果が再現されないとする論文もいくつか発表されていますが、逆に、「高度希釈活性を確認した」という論文も、発表されているのです。ベンベニスト博士の実験結果は、現時点において科学的に完全に否定されているとは考えにくく、客観的に状況を判断すると、未だその真偽については決着がついていないというのが、正しい捉え方だといえるのではないでしょうか。

さらに、ベンベニスト博士の論文を丹念に読むと、以下のような実験結果が記載されていることが分かります。

①抗 IgE 抗血清以外のいくつかの試薬を使った場合にも、周期的な「高度希釈活性」が検出された。

②抗 IgE 抗血清を用いた実験において、分子量が1万以下の物質のみを通すフィルターで濾過した後の濾液を調べたところ、「高度希釈活性」は観察されたが、「低度希釈活性」は観察されなくなった。

③抗 IgE 抗血清、その他の試薬、いずれを用いた場合も、「高度希釈活性」は、以下の処理によって、一様に失活すること（活性が失われること）が分かった。

・70～80℃で1時間程度の加熱
・凍結融解（凍らせた後に溶かす）
・超音波処理
・磁気処理

④ 好塩基球の脱顆粒反応の他、モルモット心臓のランゲンドルフ灌流モデルに対するヒスタミンの作用[註1]、ヒト培養細胞のカドミウム耐性、珪素を経口投与することによるマウスの血小板活性化因子量の変化などの反応系において、「高度希釈活性」を見出している。

①の内容から、好塩基球の脱顆粒反応において、「高度希釈活性」が観察されるのは、抗IgE抗血清に限るものではなく、より一般的な現象であることが分かります。また、④からは、「高度希釈活性」は好塩基球の脱顆粒反応以外にも、さまざまな生物学的な系において観察されることが分かります。すなわち、「高度希釈活性」は、ある特定の極めて限られた特殊な実験条件下でのみ観察されるものではなく、広く観察される一般的な現象だということが推察されます。

やや専門的になりますが、②③もまた、極めて興味深い結果です。

②の結果から、「高度希釈活性」を表している実体は、抗血清中の有効成分である「抗体」ではないことが再確認できます。なぜなら、抗体の分子量は約20万と比較的大きいため、分子量1万以下の分子しか通さないフィルターを抜けることはできないからです。同じ理由から、抗体の形状を、水分子が安定な構造として立体的に模倣することで、情報が保持されているのではない、ということも分かります。

「高度希釈活性」を表している物理的実体は、「分子量1万以下の大きさでありながら、抗体が持っている情報や機能を発揮することができるもの」だと考えられます。実験系の中に含まれている成分として、もっとも可能性が高いと考えられるのは、水分子そのもの、もしくは水分子の集合体です。

また、③からは、「高度希釈活性」は元の試薬が何であれ、いつもほぼ一定の温度範囲で失活することが分かります。もし、有効成分として働いている「個々の物質」が関与するとしたならば、その物質の構造や性質の違いによって、熱で失活する温度は、それぞれに異なってくるはずです（「低度希釈活性」についてては、実際にそのようになります）。

これらの実験結果を総合的に考えると、たとえば、水という液体を構成している水分子のネットワークが作り出す「クラスター構造」などが、情報の記憶に関わっている可能性が示唆されます。これら水分子のネットワークは、温度の上昇とともに、一定の割合で壊れていくと考えられるからです。

凍結融解によっても失活するというのもまた、極めて驚くべき結果です。多くの「物質」は、凍結融解を行っても失活しませんが、「高度希釈活性」の物理的実態が、水分子ネットワークに関わる微妙な「構造」にあるならば、凍結融解でその活性が失われる可能性はあります。

さらに、一定の磁場で失活するということからも、物質ではなく、水分子のネットワーク構造、あるいは水分子の集合体が作り上げる電磁場構造のようなものが、活性に関わっていることを示唆します。

このように、論文に記載されている興味深い知見の数々を、丹念にかつ総合的に読み直していくと、「高度希釈活性」に関連するさまざまな性質が明らかにされており、少なくとも筆者には、ベンベニスト博士の実験結果が、単なるでっち上げであるとは到底思えないのです。

「転写実験」のアイデア

1988年にネイチャーで発表された「高度希釈実験」の論文について、多くの批判や誹謗中傷を受けたベンベニスト博士は、公的な職を追われ、研究室を失い、資金を打ち切られながらも、独自の研究体制を整えていきました。1990年代以降は、「高度希釈実験」の論文よりも、さらに驚くべき内容の実験結果を報告しています。

一連の高度希釈実験を行っているうちに、特に前述の「磁気処理」によって、「高度希釈活性」が失活するという点について、博士は注目しました。

そして電磁気学に詳しい同僚と議論を重ねた結果、「磁気処理によって失われるような活性であるなら、活性そのものを電磁気的に記録することができるのではないか」と考え始めます。

さらには「有効成分を含んでいる水溶液が発しているであろう〝電磁波情報〟を、コイルを使って〝録音〟することによって、記録することができるのではないか」「さらにその情報をコイルで〝再生〟することで、ただの水に情報を〝転写〟することができるのではないか」という考えに至ります。

「転写実験」と呼ばれるこれらの実験は、「高度希釈実験」よりも、実験系として精度が高く、結果の因果関係は明確です。そして驚くべきことに、1992年、「ランゲンドルフ灌流モデル」と呼ばれる、単離モルモット心臓を使った実験系において、その試みは初めて成功しました。

「転写実験」による「波動水」の効果の科学的証明

その実験によって得られたのは、電磁気的な装置によって「情報を転写」した、いわゆる「情報水」が、実際に生物学的な効果を持っているということを科学的に示す、画期的な結果でした。

その後博士は、ヒトの白血球の一種である好塩基球や、好中球などのさまざまな実験系を使って、「転写実験」を繰り返していますが、ここでは、ヒトの試験管内血液凝固系を使った実験結果について解説していきます。

試験管内血液凝固実験系

よく知られているように、外傷などによって身体から流れ出た血液は、数分間のうちに自然に凝固します。しかし、輸血用の血液は、保存中に凝固してしまっては役に立たないので、それを防ぐことが必要です。その一つが、「キレート剤」と呼ばれる試薬を使って、血液中のカルシウムを除去する方法です。

カルシウムを除去した血液は凝固せず、そのまま液体の状態で存在し続けます。そこにカルシウムを含む水を添加すると、血液凝固のプロセスが始まります。

しかし、そこに、「へパリン」という生体物質が存在すると、この血液凝固反応は阻害されます。さらに、「プロタミン」は、「へパリン」の作用を抑制する物質です。凝固の阻害の抑制ですから、「プロタミン」が存在すると、カルシウムが添加されたときと同様、凝固が始まるわけです。

これらの現象はすべて医学においてよく知られていることで、血液を採取して試験管の中に入れた状態でも、まったく同様の現象が起こります。

全自動ロボットを用いた「転写実験」

ベンベニスト博士は、この血液凝固に関する試験管内実験系を使って、以下の驚くべき実験を行いました。

まず、へパリンとプロタミンの水溶液を用意します。水溶液の周りに「録音用」のコイルを設置し、電気的な増幅装置を接続して、へパリンやプロタミンが発する（と考えられる）電磁波情報を、デジタル電気信号として取り出して、「録音」します。「録音」された情報は、コンピュータのハードディスク上に、「音声ファイル」として保存されます。

これ以降の実験操作は、人の意識が干渉しないよう、すべて全自動ロボットによって行われました。ロボットのアームは、前後・左右・上下の3方向に自由に移動することができ、アームに取り付けられた自動ピペットの働きで、一つのチューブ（小さなプラスティックの試験管）から一定量の試薬を採取

図3　試験管内血液凝固実験のために作られた全自動ロボット

自動操作のアームが、ラックに並べられたプラスティック・チューブの中に、一定量の試薬を分注しているところ。アームの背後に見える円柱状のものが、「再生用」コイル。向かって左端には、血液凝固反応の進行を定量的に測定する、分光光度計が見える。

して、別のチューブに分注して攪拌したりすることができます（図3）。

この装置を使って、カルシウム水溶液が入ったチューブを「再生用」コイルの中に静置します。コンピュータの「音声ファイル」として記録されたヘパリンやプロタミンの情報を、コイルを通して自動的に「再生」し、カルシウム水溶液の水に対して情報の転写を行います。

あらかじめカルシウムを除去して、凝固反応が進行しないように調整されたヒトの血漿成分（血液の上澄み成分）に対して、

①何も情報を与えていないカルシウム水溶液を添加したもの
②再生用コイルを使ってヘパリンの電磁波情報のみを転写したカルシウム水溶液を添加したもの
③再生用コイルを使ってヘパリンとプロタミンの両方の情報を転写したカルシウム水溶液を添加したもの

図4 試験管内血液凝固反応系を使った転写実験の結果
（http://www.digibio.com/cgi-bin/node.pl?nd=n8 を改変）

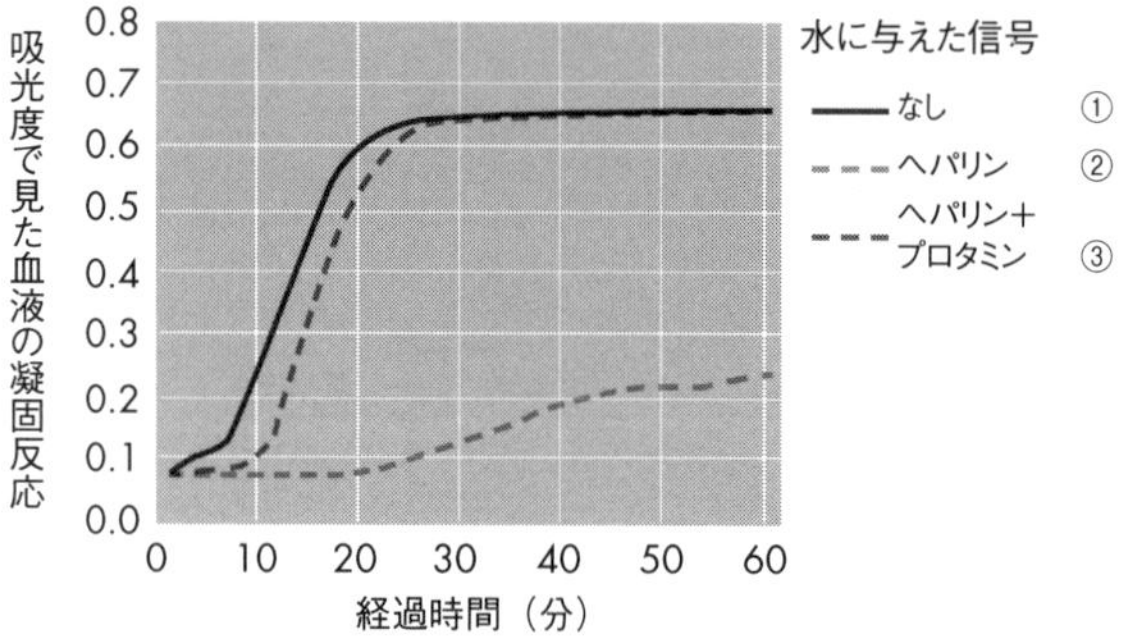

それぞれを、全自動ロボットの働きによって添加していきます。

血漿が凝固していくと溶液が濁るので、その濁りの度合いを、分光光度計によって自動的に測定します。測定結果は自動的にコンピュータに記録されます。その典型的な実験結果を、図４に示します。

①の、情報が転写されていない、単なるカルシウム水溶液を使った対照実験の場合には、添加されたカルシウムの働きで凝固反応が始まり、約20分で完了します。

②の、ヘパリンの情報を転写したカルシウム水溶液の場合には、凝固反応が著しく阻害されていることが分かります。

③の、ヘパリンとプロタミンの両方の情報を転写したカルシウム水溶液の場合には、ヘパリンの血液凝固阻害作用がプロタミンの情報によって打ち消され、対照実験と比べると、数分間、反応の進行が遅れるものの、約25分後には対照実験と同様に、完全に血液が凝固することが分かります。

図5　現在の定説「構造的マッチング理論＝鍵と鍵穴仮説」（左図）とベンベニスト博士が提唱する新しい理論「電磁波による伝達理論」（右図）

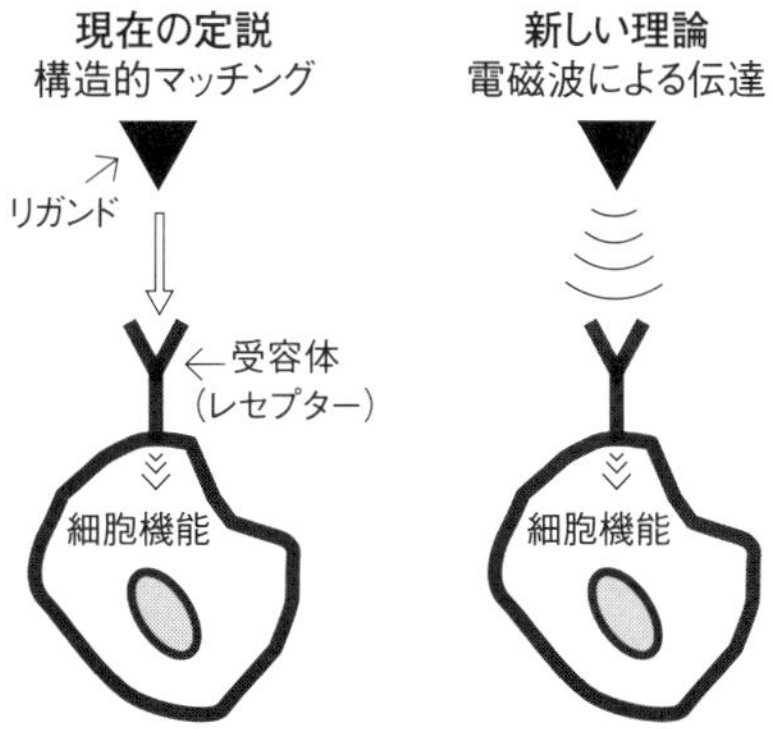

「デジタル生物学」の提唱

これは、誠に驚くべき実験結果であり、「水は直接、物質に触れなくても、物質の『情報を含んだ電磁波』を〝受信〟することで、その物質の〝情報を記憶する〟ことができる」、「水は〝記憶した情報〟を〝送信〟することによって、その〝情報で外界に影響を及ぼす〟ことができる」ということを示しています。

この実験結果に基づき、博士は、「物質と物質との間に直接の接触がなくても、水が仲介することで、物質が持っている〝情報〟によって、遠隔的に相互作用を起こすことができる」と考えました（図5右図）。

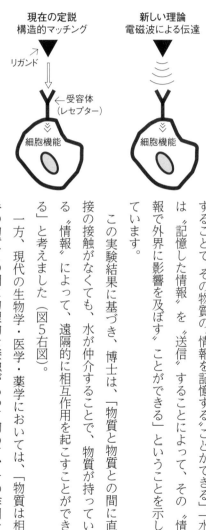

一方、現代の生物学・医学・薬学においては、「物質は相手の物質との間に物理的な接触があって初めて、その作用を相手に伝えることができる」とされており、この考え方は「鍵と鍵穴仮説」とも呼ばれています（図5左図）。

ベンベニスト博士が「転写実験」で証明したことは、「鍵と鍵穴仮説」が間違いである、ということです。「鍵」は、「鍵穴」に物理的に差し込まれなくても、「鍵」の情報だけで「鍵穴」に影響を及ぼし、扉を開けることができる。そのときの媒介として、「水が決定的に重要な役割を果たしている」ということなのです。

これこそが、現代科学一般において、パラダイム・シフトを起こす可能性を秘めた、ベンベニスト博士の作業仮説です。これらの新しい概念を総括して、ベンベニスト博士は「デジタル生物学」というものを提唱しています。

転写実験にまつわるエピソード

この、全自動ロボットを使った転写実験にまつわるエピソードがあります。ベンベニスト博士は、時として転写実験がうまくいかないことがあると気がつきました。その時の実験条件について徹底的に吟味した結果、1つの仮説が浮かび上がりました。

それは、ある女性研究者が実験に関わっていると失敗し、関わっていないと成功する、ということでした。もちろん、その女性が悪意を持っているわけではなく、本人の意志とは無関係ながら、実験の成功、不成功に関与しているようです。

この仮説を証明するため、ベンベニスト博士は、この女性にホメオパシーのレメディを握ってもらうことにしました。すると、たったの5分間で、レメディの効力が完全に失われることが分かったのです。

その仕組みについては、まだ解明されていませんが、水に含まれている情報を完全に消去してしまうという、特殊な性質を備えた人間が存在する、ということが分かったのです。このような人たちは、「周波数撹乱者」と呼ばれます。

もう1つ、別の方向のエピソードがあります。この「周波数撹乱者」の影響を排除するため、装置全体に対して外部の電磁波から守るシールドを設置したところ、また、実験がうまくいかなくなってしまったのです。

これは、マイナスの影響が現れたというより、何らかのプラスの影響が排除されてしまったために、起きたのではないかと考えられました。そこで、ベンベニスト博士はシールドを開いて、長年にわたり、研究室の責任者を務めている一人の男性に、実験装置の前に立ってもらうよう指示しました。すると、実験は再び成功するようになったのです。

しかしながら、この人物にいつも実験に立ち会ってもらうわけにはいかないので、他の方法として、水を使って、次のことを試みました。この男性のポケットに、水の入った試験管を2時間ほど入れておき、この男性の情報の入った水を試験管ごと装置に取り付け、その後に装置全体にシールドを設置するようにしたのです。すると、この男性がいなくても、実験は毎回成功するようになりました。

極めて興味深いエピソードです。

ベンベニスト博士の業績

残念ながら博士は、2004年に心臓病で亡くなられました。享年69歳でした。現時点においてさえ、大多数の科学者たちの間で、博士の業績は認められていませんが、水の化学が発展するにつれて遅かれ早かれ、博士の偉業は再評価されることになるでしょう。

註1 モルモットをヒスタミンによってアレルギー化した後、心臓を取り出し、「ランゲンドルフ灌流モデル」を作る。通常濃度のヒスタミン溶液と、「高度希釈」したヒスタミン溶液、いずれにおいても心臓がアレルギーショックを引き起こすため、心拍出量が有意に増加する。しかし、「高度希釈」したヒスタミン溶液を、低周波の電磁場に晒しておくと、この効果は消失することが分かった。

DNA研究の専門家
〜リュック・モンタニエ博士の研究〜

続いて、「水の情報記憶」に関して、文字通り世界最先端の研究をされている、リュック・モンタニエ博士の研究についてご紹介します。

モンタニエ博士は、長年にわたり、フランスのパスツール研究所に在籍、1983年には、エイズの原因ウイルスである「HIV」を発見しました。そして、2008年には、エイズ・ウイルスの発見者として、フランソワーズ・バレ＝シヌシ、およびハラルド・ツア・ハウゼンと共に、ノーベル生理学・医学賞を受賞しています。

ウイルスを研究するためには、遺伝物質DNAを扱う専門的な技術が必要です。ましてや、モンタニエ博士はノーベル賞受賞者ですから、DNAを扱うことにかけては、世界超一流の技術の持ち主、プロ中のプロと言っても過言ではないでしょう。

そのモンタニエ博士が、過去少なくとも10年以上にわたり、追いかけてきているテーマが、「水の情報記憶」であり、さらに言えば、「水によるDNA情報の記憶」です。

博士の研究内容について、6つのステップに分けて、解説していきたいと思います。

水によるＤＮＡ情報の記憶実験

〈ステップ１〉

まず、既知の文字配列を持った、遺伝物質ＤＮＡの水溶液を準備しておきます。ＤＮＡは全体として、「二重らせん」の形になっている、ということについては、よく知られる事実です。おおざっぱに言えば、らせん階段の一段一段が、１つの文字に対応するような形になっています。

ＤＮＡを構成する文字は、Ａ、Ｔ、Ｇ、Ｃの４種類。遺伝物質ＤＮＡには、これら4文字によって、さまざまな文字列が書き込まれているのです。

ＤＮＡ専門家であるモンタニエ博士は、１０４文字の長さの、既知の文字配列を持ったＤＮＡをあらかじめたくさん作っておき、それを水に溶かして、試験管の中に入れました。そして、その最初の部分の配列は、図６に示すように、「ATAGCTACCG…（以下、続く）」（文字配列は架空の一例）とします。

ステップ１の最初で、このＤＮＡの水溶液を１００万倍に希釈。微弱な電磁波を検出する装置を用いて、この希釈ＤＮＡ水溶液が、何らかの電磁波信号を発していないか調べたところ、ある特有の電磁波信号（Electro Magnetic Signal：以後、ＥＭＳと略します）が発信されていることが分かりました。

ＥＭＳの周波数の範囲は、５００~３０００ヘルツという、比較的低周波の電磁波でした。

図6　DNAの波動と水：ステップ1

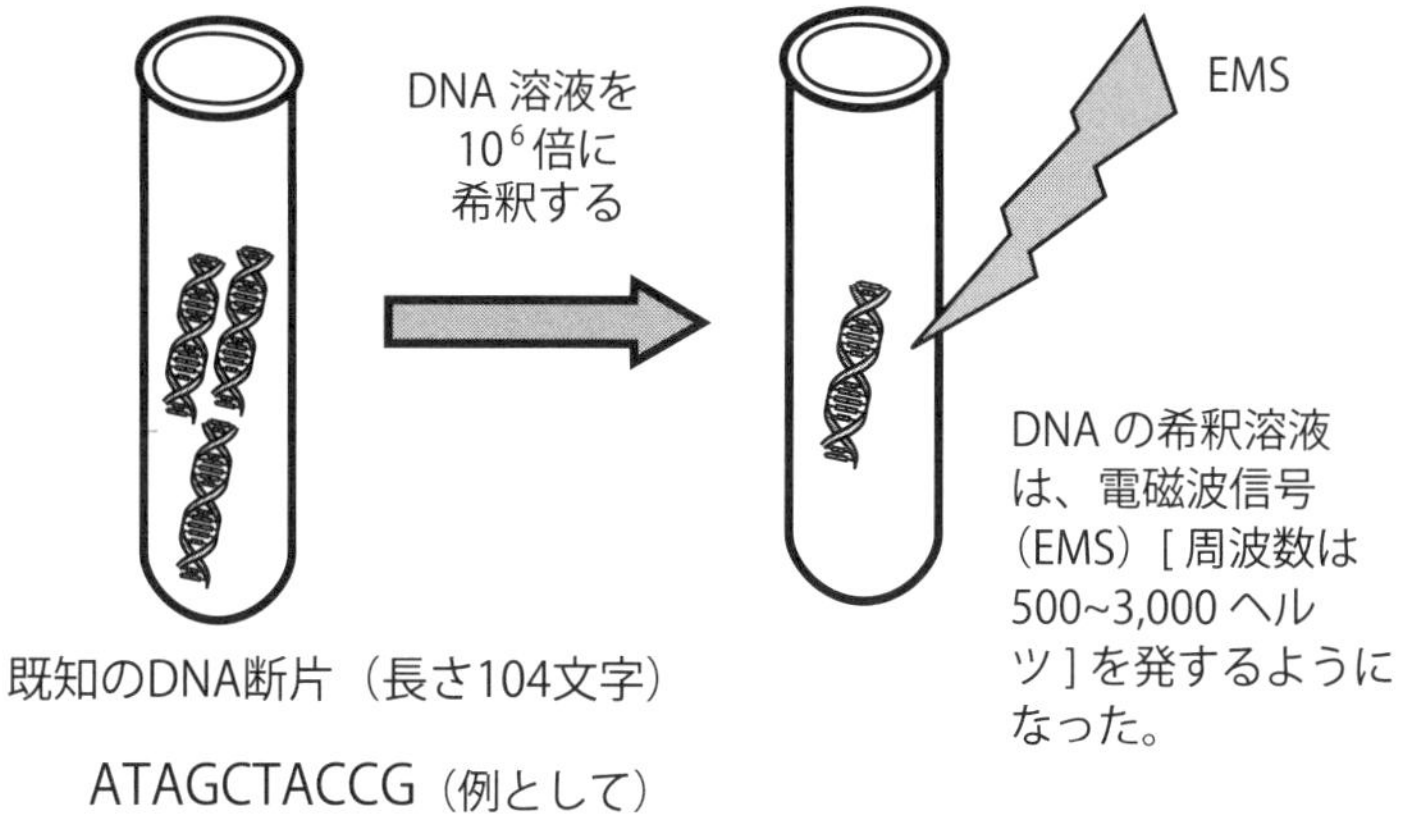
DNA 溶液を
10^6 倍に
希釈する
EMS
DNA の希釈溶液は、電磁波信号（EMS）［周波数は 500~3,000 ヘルツ］を発するようになった。
既知のDNA断片（長さ104文字）
ATAGCTACCG（例として）

ＤＮＡ水溶液を１００万倍に希釈しないと、ＥＭＳは検出されませんが、その理由について、「水の情報記憶」という点においては、さほど本質的なことではないので、詳しい説明は省略します。簡単に言えば、ＤＮＡが濃すぎると、相互干渉のようなことが起きて、ＥＭＳが外に現れてこない、ということです。

〈ステップ2〉

ＥＭＳを発している、希釈ＤＮＡ水溶液の入った試験管の隣に、純粋な水（以後、純水と記します）のみを含む試験管を置きます。18時間後に、純水が入っていた試験管について、ステップ1と同様にして、何らかのＥＭＳが発せられていないかどうかを調べてみると、驚いたことに、この純水の入った試験管からも、同様のＥＭＳが発信されていることが分かったのです（図6）。

図7　DNAの波動と水：ステップ2

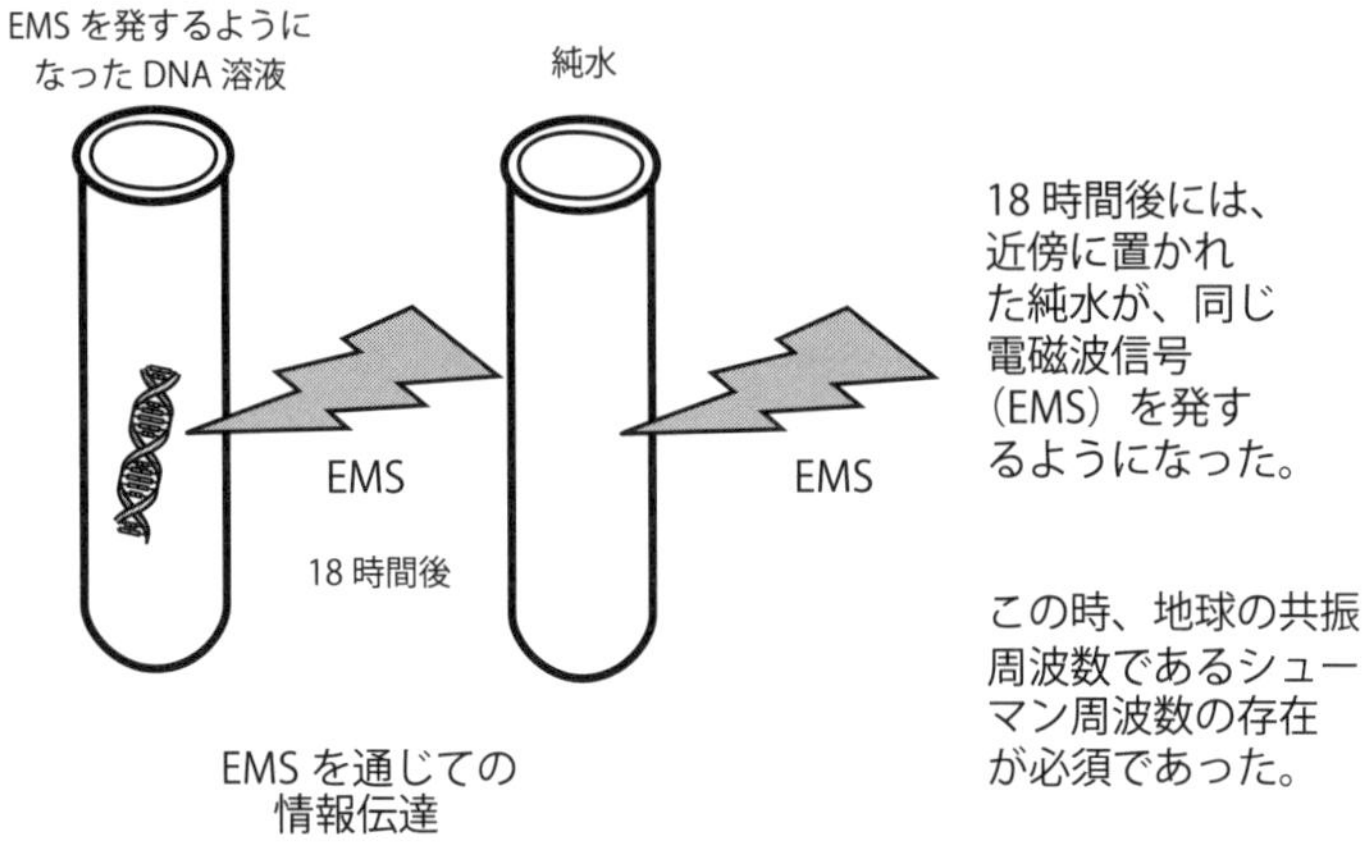
EMSを発するように
なったDNA溶液
純水
EMS
EMS
18時間後
EMSを通じての
情報伝達
18時間後には、
近傍に置かれ
た純水が、同じ
電磁波信号
（EMS）を発す
るようになった。
この時、地球の共振
周波数であるシュー
マン周波数の存在
が必須であった。

もちろん、単なる純水の入った試験管からは、ＥＭＳは検出されないことはあらかじめ確認してあります。

なお、補足的な情報として、この実験において、効果的に外部電磁波を遮断することが知られている、ミュー金属と呼ばれる特殊な金属でできた箱で実験系全体を覆うと、ステップ２の現象は起こりませんでした（図７）。さらに、このミュー金属の箱の中に、７ヘルツの電磁波を発信する人工的な電子装置を入れると、この現象が起きました。

地球上には、自然な電磁波として、シューマン波と呼ばれる、およそ7ヘルツの電磁波が常に存在していますが、ステップ２の現象が起こるためには、シューマン波の存在が必須である、ということを、これらの実験結果は示しています。

図8　PCRとは何か?

PCR= ポリメラーゼ連鎖反応（Polymerase Chain Reaction）

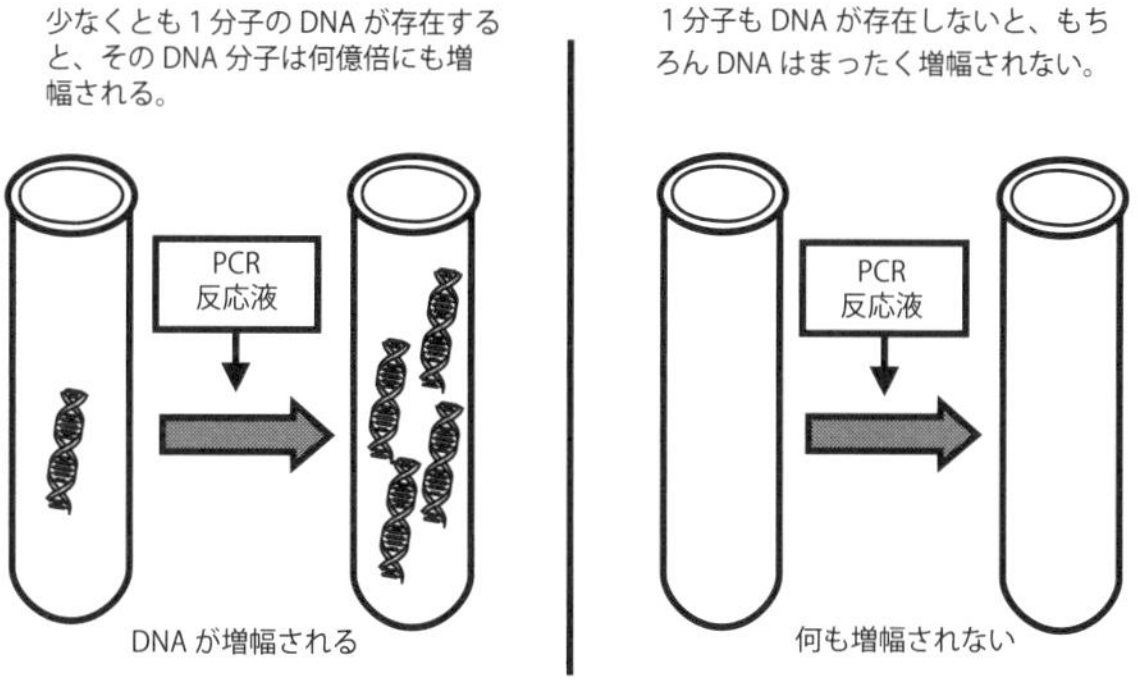
少なくとも1分子のDNAが存在すると、そのDNA分子は何億倍にも増幅される。
PCR
反応液
DNAが増幅される
1分子もDNAが存在しないと、もちろんDNAはまったく増幅されない。
PCR
反応液
何も増幅されない

PCRとは何か？

次のステップでは「PCR」という反応を用いますので、ここで「PCRとは何か」ということを説明します。

PCRとは、Polymerase Chain Reaction の略であり、日本語では「ポリメラーゼ連鎖反応」ということになります。この反応の要点は、ターゲットとなるDNA分子の数を、無限ともいえるほどに増幅することにあります（図8）。

試験管の中に、わずか1分子でもターゲットとなるDNA分子が存在していれば、そこにPCR反応液を加えることで、これを何兆倍にも増幅して増やすことができます。

逆に、その試験管の中にターゲットとするDNAが1分子もなければ、PCRの反応液を加えても、増幅は起きません。

PCR反応は、DNAを用いた犯罪捜査や親子鑑定などにおいて、極微量のDNAを増幅するために、必ず利用されます。また、世界中の遺伝子を扱う研究所や試験機関において

図9　DNAの波動と水：ステップ3

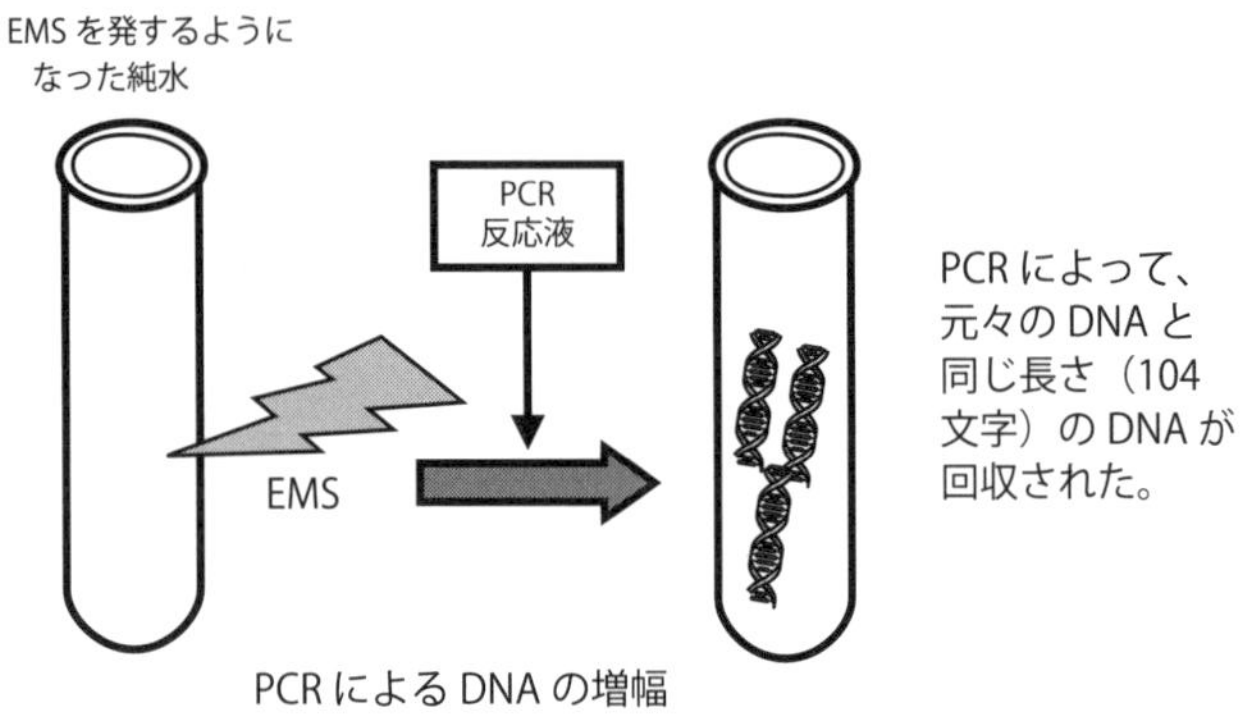
EMSを発するように
なった純水
PCR
反応液
EMS
PCRによって、
元々のDNAと
同じ長さ（104
文字）のDNAが
回収された。
PCRによるDNAの増幅

も、この反応は当たり前のように利用されています。ＰＣＲ反応は、バイオテクノロジーの分野において、日常茶飯事に使用されている反応系です。

〈ステップ3〉

さて、モンタニエ博士は、次に何をしたかというと、ステップ2でＥＭＳを発するようになった、元々は純粋な水の入っていた試験管に、ＰＣＲ反応液を入れて、ＰＣＲ反応をさせてみたのです（図9）。

この試験管に入っている物質は、水のみ。いかなるＤＮＡの1分子たりとも入っていません。ところが、ＰＣＲ反応液を入れて、ＰＣＲ反応をさせた後、試験管の中の水を調べてみると、反応によって増幅した、たくさんのＤＮＡ分子が発見されたのです。

ＰＣＲについての説明で述べたように、ＤＮＡが1分子も存在していないのであれば、増幅そのものが起こらないはずです。何もないところから、何らかのＤＮＡが増幅してくるなどということが起これば、犯罪捜査や親子鑑定にＰＣＲは使えないということになります。

従って、このステップ３の実験結果は、ＰＣＲに馴染んでいる人にとっては、常識的にはとても理解できない、まったく信じられないものです。

しかしながらその一方で、水しか入っていないとはいえ、この水からは、元のＤＮＡが発しているのと同じＥＭＳが発せられています。物質的には「純水そのもの」としか言いようがありませんが、「何らかの形で、元のＤＮＡの情報を含んでいる」と言えるのではないか。そのように考えない限り、このＰＣＲの結果は説明できません。

増幅されたＤＮＡの長さは１０４文字。モンタニエ博士が最初に用意した、ＤＮＡの長さと一致しました。

〈ステップ４〉

次に博士は、増幅されてできた１０４文字の長さのＤＮＡの文字配列を調べました。これは、遺伝子工学的手法を用いて、解析することができます。その結果、図10に示すように、１０４文字のうち１０２文字が、元のＤＮＡの配列と一致しました。102/104 ≒ 98.08 であるので、98％同一のＤＮＡ

図10　DNAの波動と水：ステップ4

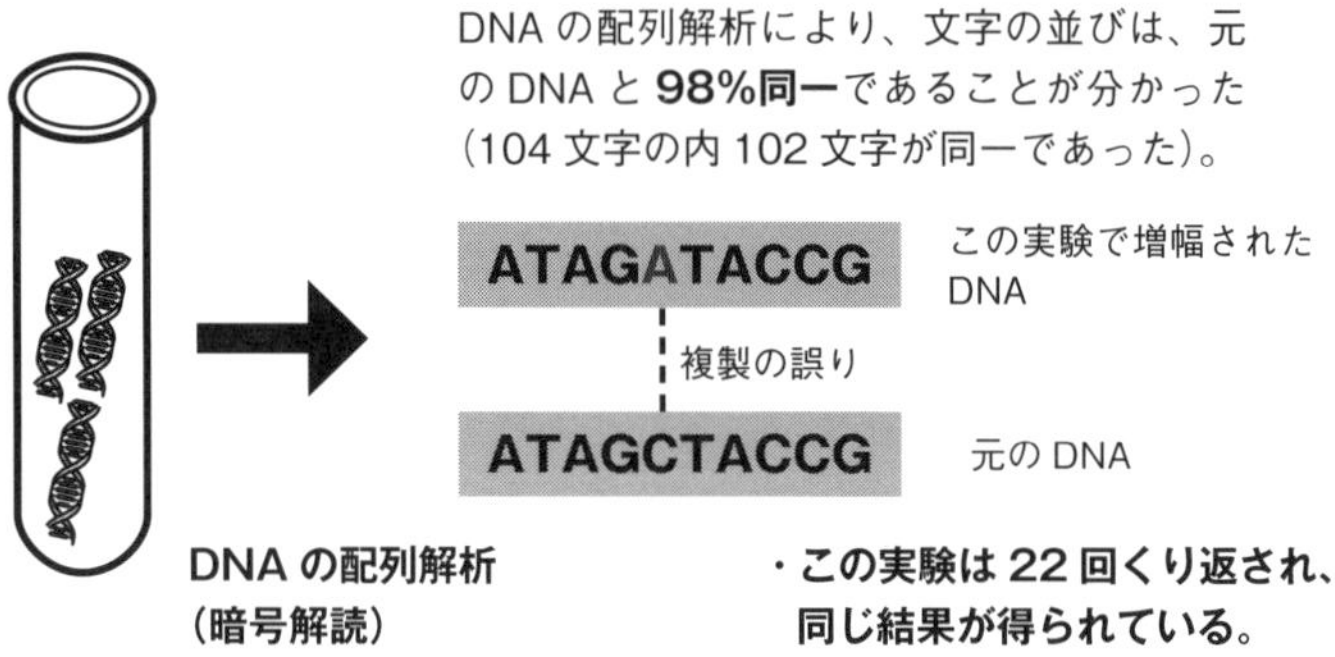
DNA の配列解析により、文字の並びは、元のDNA と98%同一であることが分かった（104 文字の内 102 文字が同一であった）。
ATAGATACCG
この実験で増幅されたDNA
複製の誤り
ATAGCTACCG
元の DNA
DNA の配列解析（暗号解読）
・この実験は 22 回くり返され、同じ結果が得られている。

が得られた、ということが分かりました。

98％というと、それでは２％も違いがあったのか、と思われるかもしれません。しかし実際、私たちの身体の中の細胞でも、ＤＮＡ複製においては、ある程度の間違いが起こるのであって、１００％確実に複製されるということはありません。間違いの大きさは、生体内では２％よりはるかに小さい値ではありますが、間違いが起こることに変わりはありません。

またＰＣＲは、試験管の中で起こる、比較的単純かつ人為的な反応系ですが、そのＰＣＲにおいてすら、「98％という極めて高い確率で、元のＤＮＡと同じ文字配列のＤＮＡが回収された」こと、そのことこそが、驚くべき事実です。

さらにモンタニエ博士は、同様の実験を22回行い、再現性について確かめた、と論文中で述べています。

図11　DNAの波動と水：ステップ5

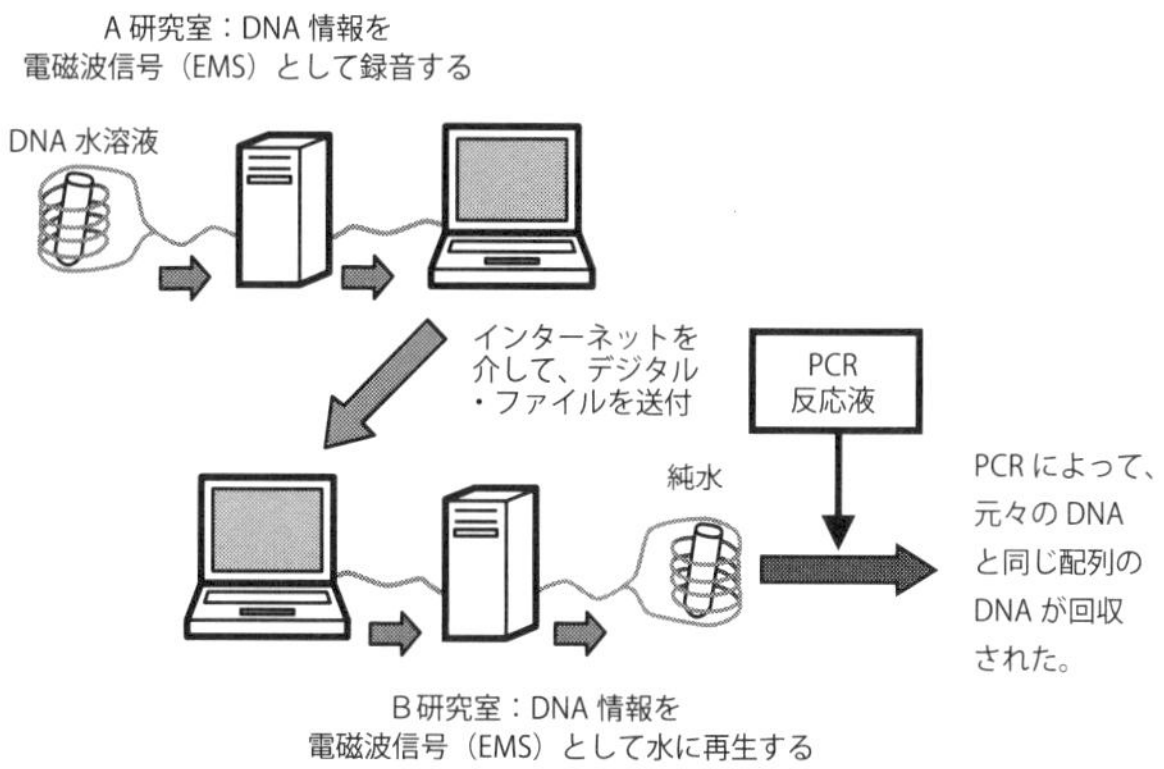

〈ステップ5〉

次のステップはやや複雑ですが、図11に従って説明します。

まずA研究室では、ステップ1と同様、DNA溶液を100万倍に希釈することで、EMSを発するようになった水溶液を準備しました。このDNA水溶液の入った試験管を螺旋状のコイルの中に置き、これを通してEMSを「受信」。増幅器に通した後、この情報をデジタル化し、パソコンに入力します。

前述の通り、EMSの周波数範囲は、500～3000ヘルツです。従って、20～20000ヘルツの周波数範囲を記録できるデジタル録音用フォーマットを流用し、このEMSの周波数信号を「デジタル音楽ファイル」として、「録音」することができるのです。

デジタル音楽ファイルとなったEMSの信号データは、インターネットを介して、B研究室に送付されました。

B研究室では、受け取った音楽ファイルをパソコンを使って「再生」しました。その出力は増幅器を通した後、コイルに送られました。コイルの中にはあらかじめ純水の入った試験管が置かれていました。

続いてB研究室では、こうしてEMSを受け取った試験管の純水に、PCR反応液を加えて、PCR反応をさせました。その結果、やはりDNAが増幅され、その長さと文字配列は、元々A研究室でターゲットとして用いていた、DNA水溶液のものと同じであることが確認されました。


〈ステップ6〉


「水は情報を記憶する」ことは、これらの実験結果によって証明されたということになりますが、ここまでの実験系においては、DNAを回収するのにPCRという極めて人工的な反応系を利用しています。

このことから、「PCRは極めて人為的な反応であり、生き物の細胞の中では起こらない反応である。従って、水が情報を記憶するといっても、極めて特殊な条件下でのみ起こる現象であり、自然界ではこんなことは起こらないであろう」という批判が成立します。

これに応ずるべく、モンタニエ博士は、図12に示す実験を行いました。

まず、特定のDNAに由来する、EMSを発する水を用意します。

図 12　DNAの波動と水：ステップ6

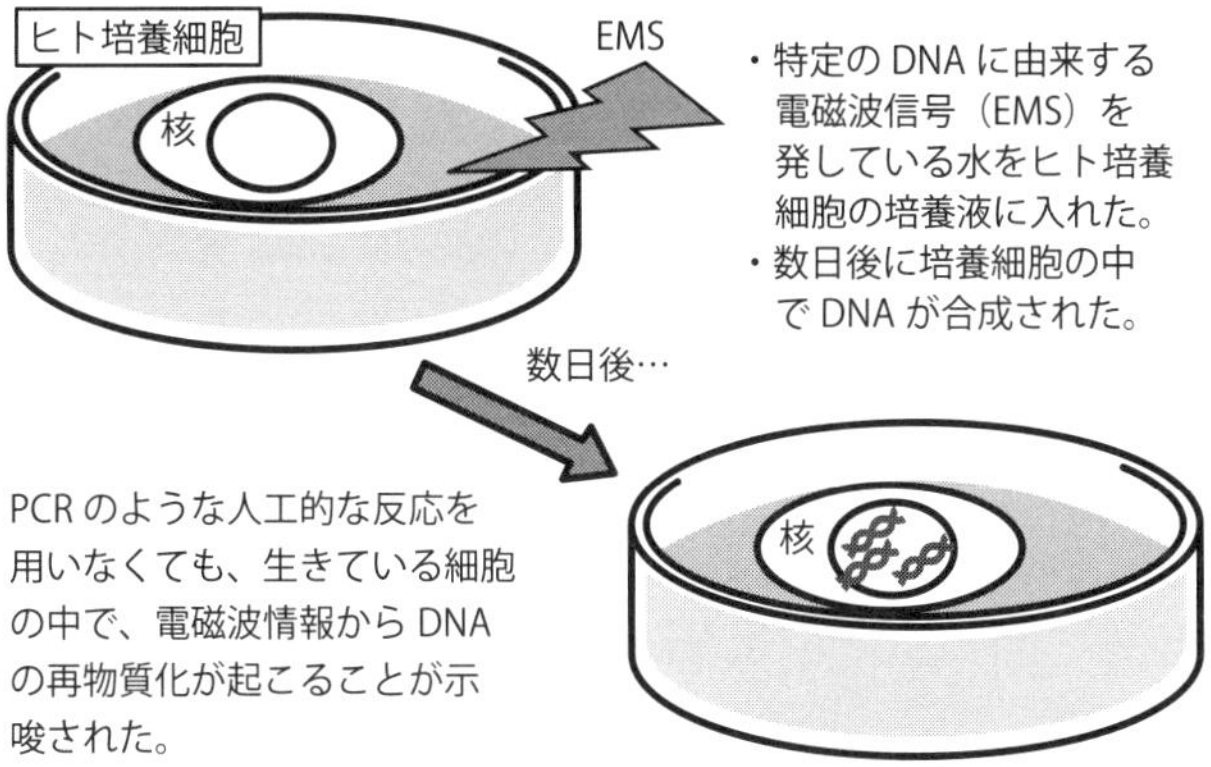
ヒト培養細胞
EMS
核
・特定の DNA に由来する電磁波信号（EMS）を発している水をヒト培養細胞の培養液に入れた。
・数日後に培養細胞の中で DNA が合成された。
数日後…
核
PCR のような人工的な反応を用いなくても、生きている細胞の中で、電磁波情報から DNA の再物質化が起こることが示唆された。

その水を、ヒト培養細胞の培養液の中に加え、数日後に細胞を調べました。するとヒト培養細胞の中でも、その特定のＤＮＡが合成されていることが発見されたのです。

このとき、特定のＤＮＡとして、ヒト培養細胞に死をもたらす「致死遺伝子」を使った場合には、ヒト培養細胞が死んでしまうことも確認されました。

この実験結果から、ＰＣＲという人為的な反応系を使わずとも、生きた細胞の力を借りることにより、特定のＥＭＳを発するようになった水から物質としてのＤＮＡを合成できる、ということが証明されました。

以上のモンタニエ博士の実験結果から、以下の結論を導き出すことができます。

①ＤＮＡの情報は、電磁波信号として、水に転写すること

ができる。

② このようにして水に転写されたＤＮＡの情報は、再物質化が可能である。

これらの実験結果から、「水の情報記憶」については、今やまったく疑う余地なく、完全に科学的に証明された、と考えられるでしょう。

「第四の水の相」
～ジェラルド・ポラック博士の研究～

ポラック博士は２０１３年に、〝The Fourth Phase of Water: Beyond Solid, Liquid, and Vapor〟というタイトルの本を出版しました（資料２）。直訳すると、『第四の水の相：固体・液体・気体を超えて』となります。

第四章の「水の科学」で、水の三態（三相）、「固体（氷）・液体・気体（水蒸気）」について触れられていますが、ポラック博士は同書の中で、「これら三つの相だけを見ていたのでは、私たちは水を決して理解することはできない」、「水を理解するためには、〝第四の水の相〟の理解が必要不可欠である」と、論じています。

私たちのほとんどが、「水が三相を持つ」ことにつ

資料２　ポラック博士の著書
"The Fourth Phase of Water: Beyond Solid, Liquid, and Vapor"(Ebner & Sons Publishers 2013)

いて、疑問を持っていないでしょう。しかし、ポラック博士に言わせれば、そんな私たちは、「水のことをまったく分かっていない」ということになります。

「第四の水の相」はどのようにして発見されたか？

一般的に物質表面の性質として、水に馴染む(濡れる)ものと、水をはじくものがあります。レインコートやテフロンでできた鍋などの表面は、水に触れても、それをはじく「疎水性」を持つのに対し、ガラスや多くのプラスチック、金属、皮膚などの表面は「親水性」を持ち、水が薄く広がって、表面が濡れる状態になります。

ポラック博士は、次のような実験を行いました。

まず、親水性の表面を持った物質を用意し、その面が濡れるように水を垂らします。親水性の表面の近傍で、水がどのような動きを示すかについて、光学顕微鏡を使って観察します。ただし水は透明なので、何らかの動きがあっても観察しにくいので、ラテックスでできた微粒子を水に懸濁しておきます。微粒子の懸濁液を垂らした瞬間においては、微粒子は親水性の表面のほぼ直前まで、均一に懸濁されています。しかしその後、数秒から数分の間に、微粒子が親水性の表面からどんどん遠くへと押しやられていくのを、顕微鏡下で観察することができます。

その結果を、図13に示します。

図13　「排除層」の存在を示したポラック博士の実験

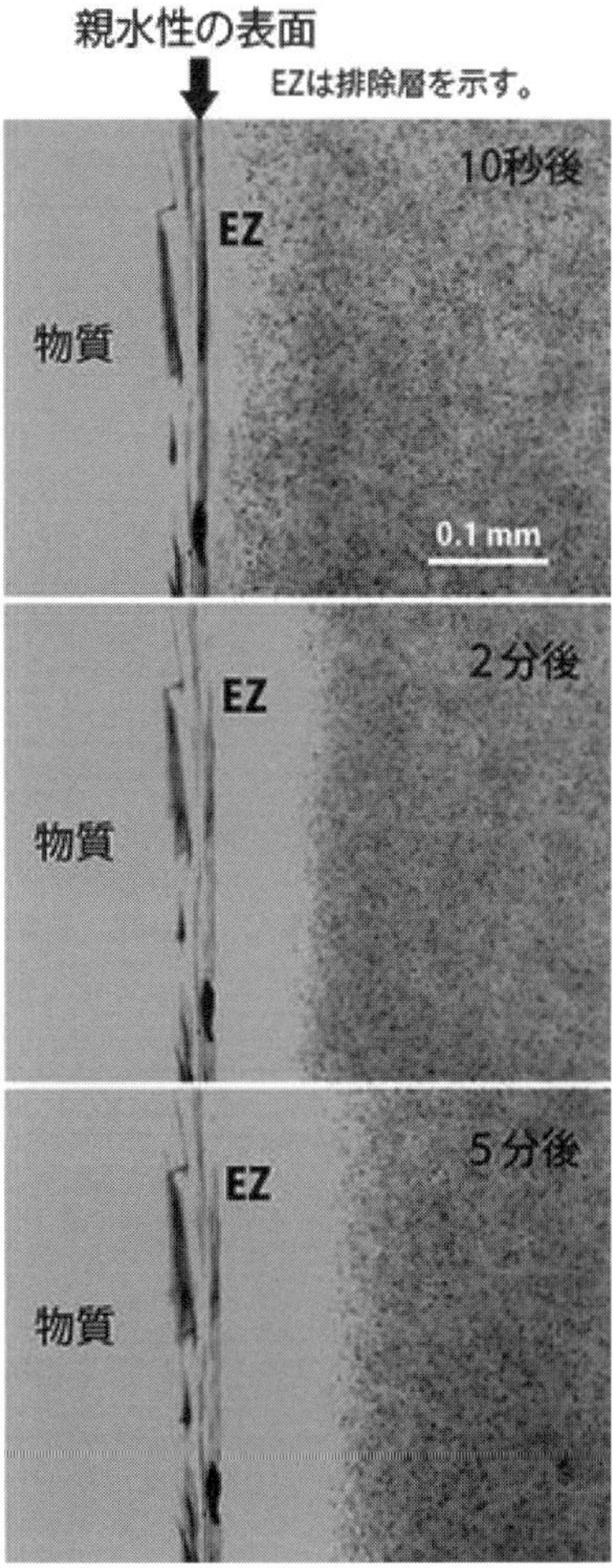

親水性の表面を持つ物質の右側に、微粒子を懸濁した水を垂らすと、親水性表面に接して排除層が形成され、懸濁されている微粒子は、そこから排除される。

図13の左側には親水性の表面を持った物質があり、その右側には、微粒子が懸濁された液体の水があります。たった10秒後の図からも、親水性の表面から、微粒子がわずかに排除されているのが分かります。５分後には、ほぼ0.1㎜の厚さにわたって、微粒子が親水性の表面から遠ざけられ、微粒子のない「水だけの部分」が形成されているのが、確認できます。この部分は、微粒子が排除されたので、排除層（英語ではExclusion Zone、略してEZと呼ばれる）と名付けられました。

「排除層」以外の、親水性の表面から離れた部分、すなわち微粒子が相変わらず懸濁している部分の水については、「その他大勢の、ごく普通の液体の水」という意味で、「バルクの水」（英語ではBulk

Water）と呼ばれます。

「たまたま水に濡れる表面から何かが溶け出して、それが微粒子を押し戻しているのではないか」などの、他の解釈が成り立つ可能性について、ポラック博士はたくさんの実験を行うことでひとつひとつつぶしていき、「排除層」が、実際に「新たな水の相」であることを証明しました。

すなわち、この「排除層」こそが、実は「第四の水の相」なのです。さらには空気と接する水の表面においても、同様に、この「相」が生まれることが分かりました。

「第四の水の相」の分子構造

「第四の水の相」の分子構造については、図14のように、水1分子分の厚さを持つ層が積み重なってできていると考えられています。

垂直の方向から見ると、層の平面に正六角形が平面に敷き詰められた形、言い換えれば、蜂の巣状の形になっています。

この蜂の巣状の構造をした1つの層を詳しく見ると、図14の円内に示すように、六角形の頂点には酸素原子、頂点を結ぶ辺の中点には、水素原子が配置されています。

驚くべき点は、この層の構造を化学式で表すと、H_2Oではなくて、H_3O_2になるということです。層を構成する最小単位として1つの六角形を考え、その中に含まれる水素原子と酸素原子の個数を正確に

図14 「排除層」＝「第四の水の相」の分子構造

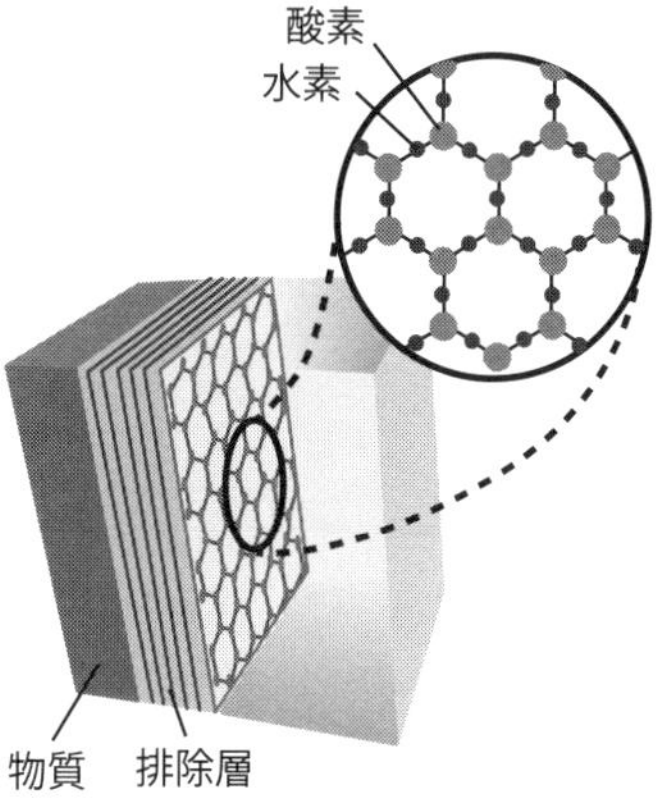

図15 「排除層」＝「第四の水の相」の電気的性質

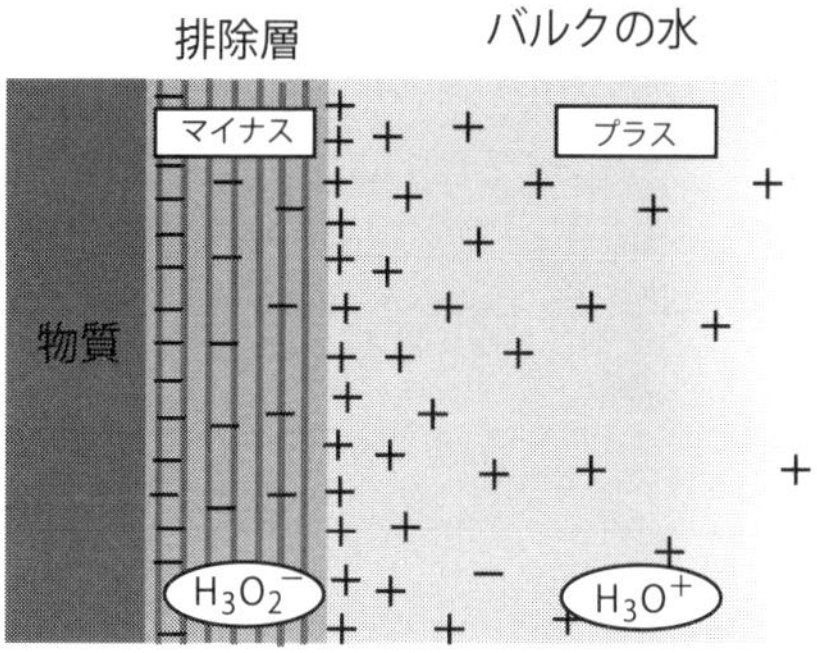

「排除層」はマイナスに帯電し、「バルクの水」はプラスに帯電する。

数え挙げていくと、化学式としてはH_3O_2になるのです。

また、最小単位の六角形1つ当たり、マイナスの電荷を1つ持つため、「第四の水の相」の構造式は、電荷を含めて考えると、「$H_3O_2^-$」となります。従って、図15に示すように、「第四の水の相」、すなわち「排除層」の部分では、電気的にマイナスになります。

これは「排除層」の構造そのものから生まれる性質なので、「排除層」ができれば、そこは必ずマイナスの電荷を持つことになります。一方で、「バルクの水」の部分では、ヒドロニウム・イオンと呼ばれるプラスのイオン「H_3O^+」が形成されることによって、電気的にプラスになります。全体としては、あくまで中性を保ちつつ、「排除層」と「バルクの水」の間で電荷の分離が起きているのです。電荷が分離するということは、すなわち、「電池ができる」ということと同じです。

図16　水の電池

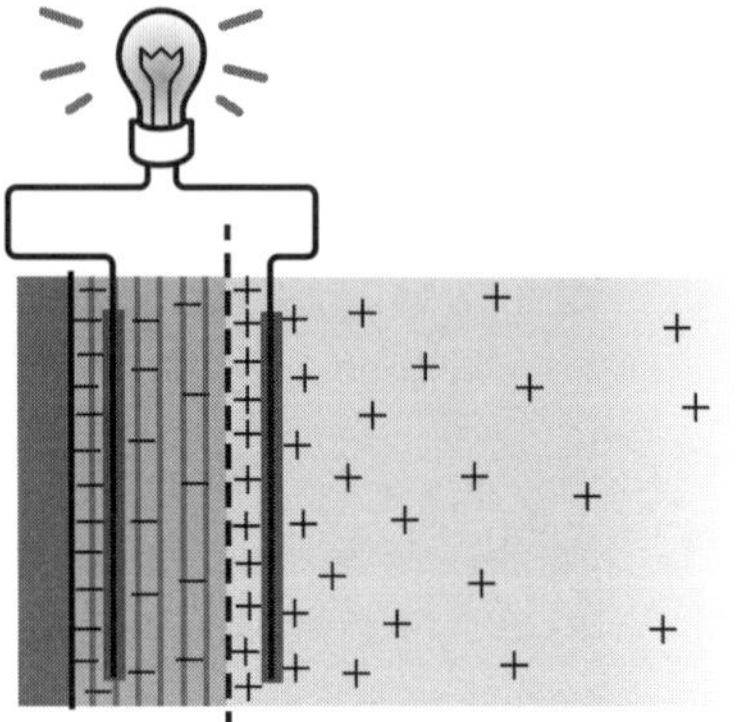

実際に電線を繋ぐと、電気を取り出すことができる。

水の電池

図16に示すように、排除層とバルクの水の間に電線を使ってLEDのランプを繋ぐと、LEDランプが光ります。すなわち、実際に電気的エネルギーを取り出すことができます。驚くべきことです。

水の電池のエネルギー源は何か？

「第四の水の相」が形成されるとともに電荷が分離して、電池となり、そこから電気的エネルギーを取り出すことができることが分かりましたが、そのエネルギー源は、一体何でしょうか？

ある時、ポラック博士の学生が何気なく、懐中電灯で光を当ててみたところ、そこだけ「排除層」が厚くなることを発見しました。実際、図17に示すように、光を照射すると、排除層が数倍、厚くなります。

図17　排除層への光の照射

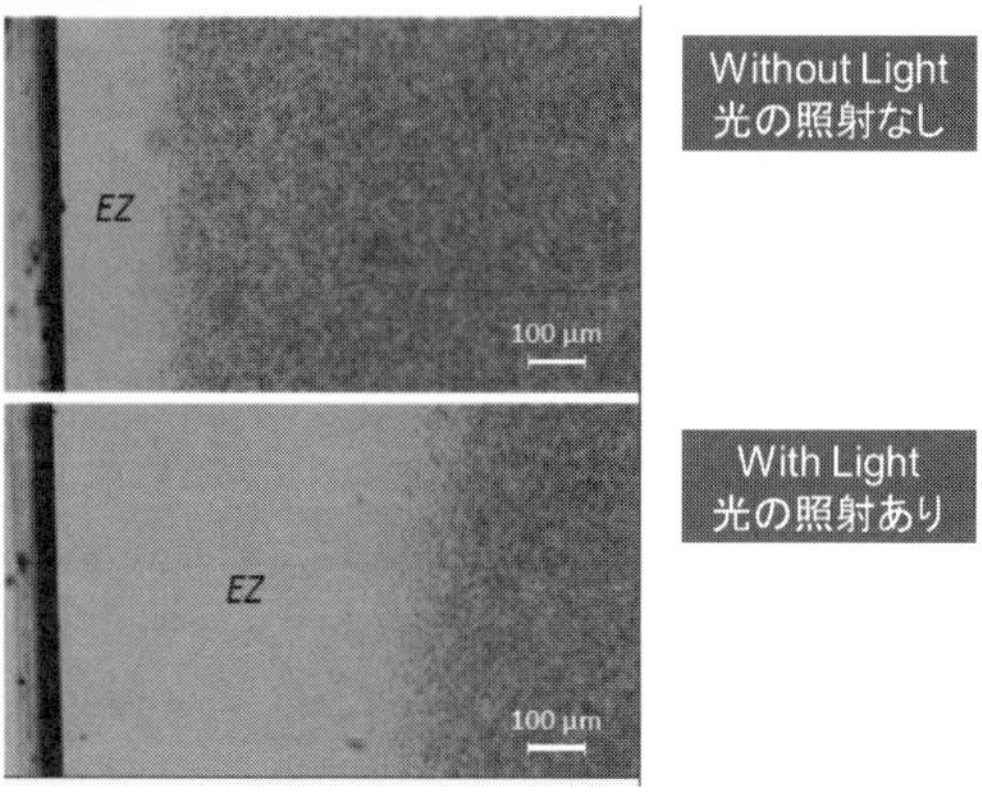

光を照射することにより、排除層が厚くなることが分かった。

さらに詳細な実験を積み重ねた結果、目に見える光、すなわち可視光よりも赤外線の光の方が、はるかに効果的に、この層を厚くすることも分かりました。

赤外線はいわゆる熱線ともいえるもので、私たちの身体も、部屋の壁も机も椅子も、温度を持っているものであればすべて、多かれ少なかれ赤外線を発しています。夜、部屋の電気を消しても、あらゆるものが赤外線を放射しているため、赤外線感知カメラを使えば、暗闇の中でも物を見ることができるのです。

図18に示すように、「排除層」は赤外線を吸収。そのエネルギーを貯蔵し、同時に厚さを増し、そのエネルギーが使われると、「排除層」は薄くなります。

すなわち、ただの水が光エネルギーによって充電される充電池として働く、ということなのです。

図18 水の電池の充電

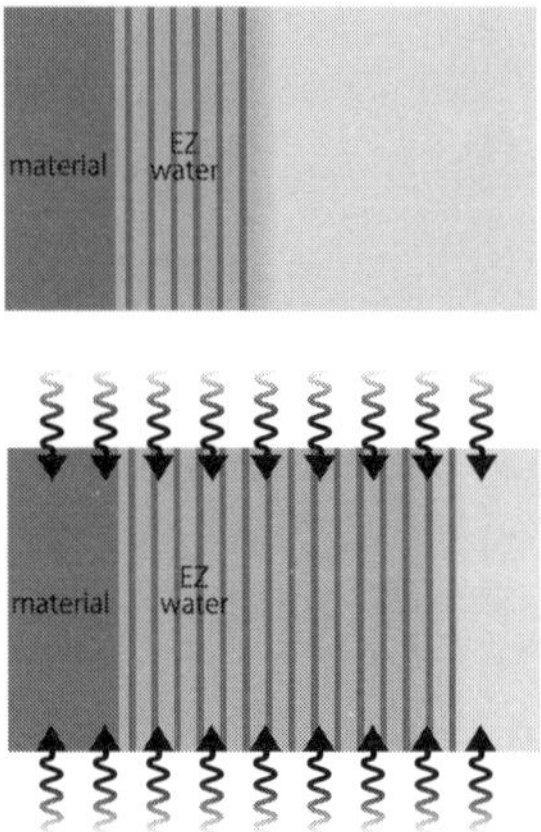

貯蔵されたエネルギーは、必要に応じて活用することができる。

図19 細胞の中の水

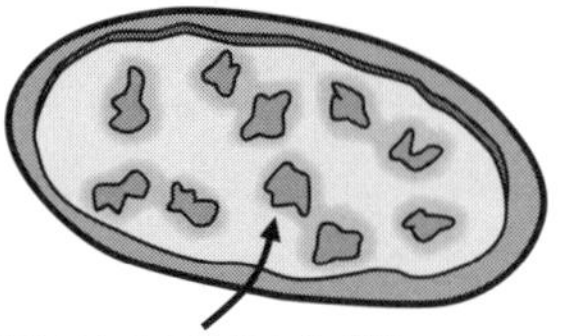

細胞の中の水はほとんどが「第四の水の相」である。

身体の中の水は、ほとんどが『第四の水の相』

この「第四の水の相」というのは、私たちの身体の中においては、どのような意味を持つものなのでしょうか。

私たちの身体は、約37兆個の細胞から成り立っていると言われています。

それぞれの細胞について考えてみると、細胞を取り囲む膜である細胞膜の表面は、「親水性」です。細胞の中に含まれている核やミトコンドリア、その他の構造体、また、蛋白質や遺伝物質であるＤＮＡなども、これらすべての表面は、「親水性」です。ということは、既に述べた実験結果に基づけば、これらの物質の表面から、およそ0.1㎜の範囲においては、水はすべて、「第四の水の相」の状態であると考えられます。

その一方で、実は細胞はとても小さく、ほとんどすべての細胞において、その大きさは0.1㎜以下です。ということは、図19に示すように、私たちの身体の中の水は、そのほとんどが「第四の水の相」で構成されている、ということになります。

図20　毛細血管の中を流れる赤血球の様子

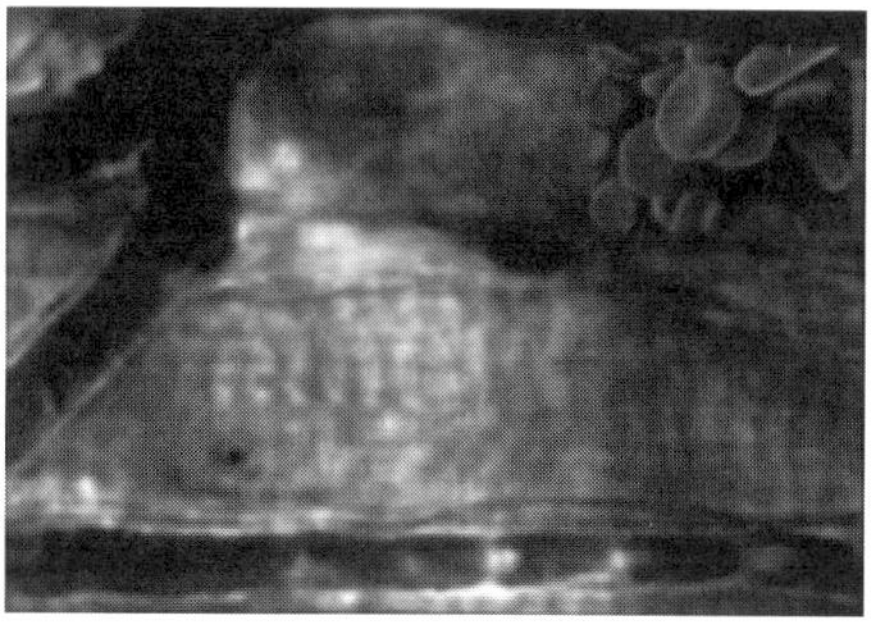

血液循環の仕組みを説明する「第四の水の相」

私たちの身体の中には、総延長10万キロメートル、すなわち地球2回り半にも及ぶ長さの血管が、存在すると言われています。図20は、毛細血管の中を通る赤血球の写真です。

右上の挿図は、個々の赤血球が、円盤状の扁平な形をしていることを示しています。

ここで大事なポイントは、毛細血管の太さよりも、赤血球の方がずっと大きいということです。赤血球は、毛細血管を通るとき、図20の下部に見られるように、ひしゃげた形に変形しながら、通って行かざるを得ないのです。

従って、毛細血管内部の血液の流れには、大きな抵抗があるはずです。心臓のポンプ作用のみでは、すべての毛細血管に血液循環の流れを起こすには不十分なはずだと、一部の科学者は考えてきました。

ポラック博士は、この血液循環を説明する実験を行いました。

図21　親水性のチューブを水の中に入れる実験

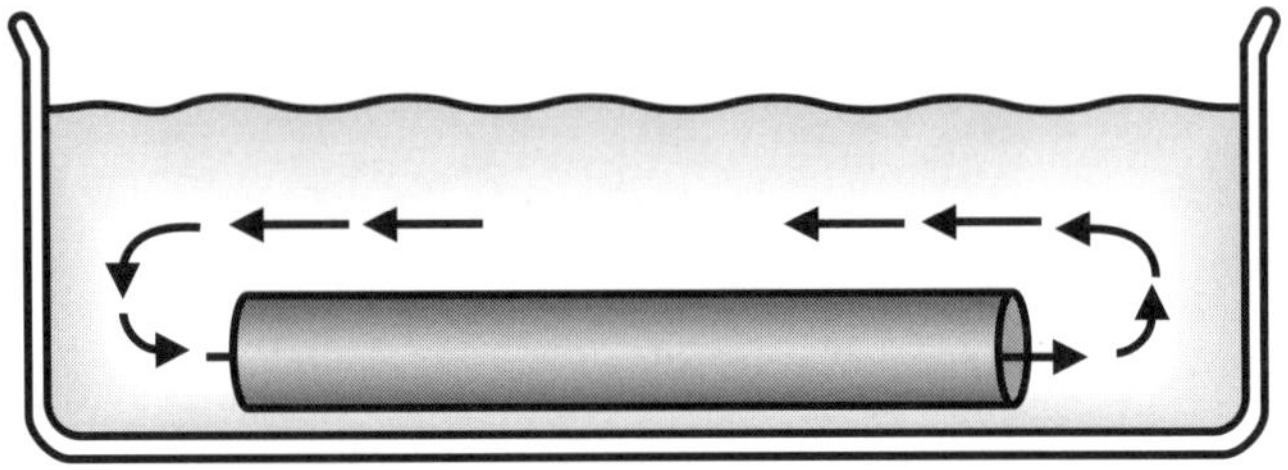

親水性の素材でできた透明なチューブを、水の入った容器の中に沈めます（図21）。チューブ内の水の動きが分かるように、排除層の実験を行ったときと同様、ラテックスの微粒子を水に懸濁させ、顕微鏡で観察しました。その結果、図21で矢印が示すように、チューブの中を水が自動的に流れることが発見されたのです。

但し、エネルギー源がなければ、このような運動は生じません。この場合のエネルギー源は、外界から来る光です。

水が光を吸収することによりチューブの中で親水性表面の近傍に「排除層」、すなわち「第四の水の相」が形成されます。

一方で、チューブの中心部分ではバルクの水が形成されて、ヒドロニウム・イオン（H_3O^+）が形成されます。ヒドロニウム・イオンはプラスに帯電しているために、お互いに反発して離れようとし、それがチューブの中心部分で水の流れを生じさせると考えられます（図22）。

左右どちらの方向に水が流れるか、ということは、初期の微妙な

図22　親水性のチューブの中を水が自動的に流れる仕組み

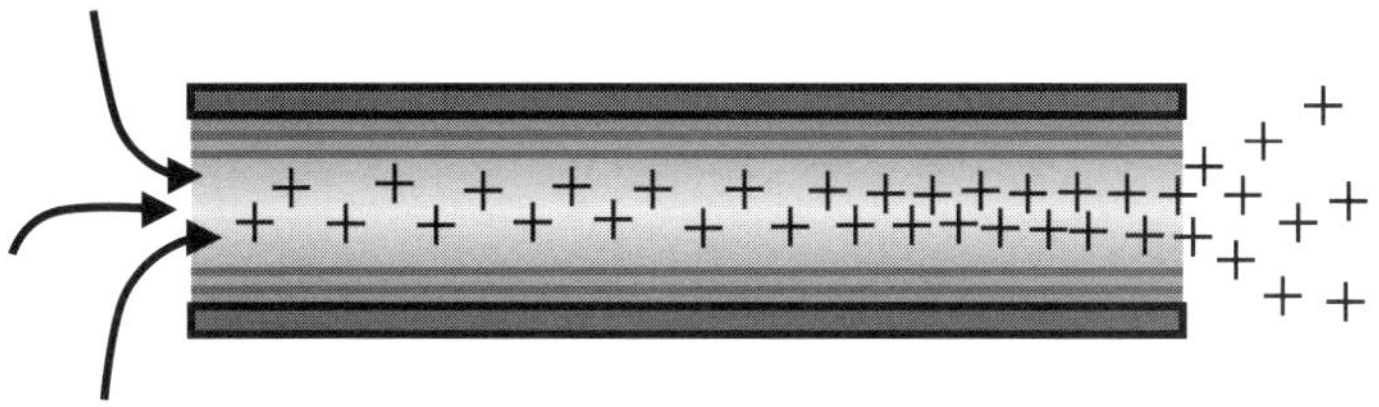

条件の違いによって決定されると考えられますが、いずれにしても、外界から赤外線などの光のエネルギーを受け取っている限り、チューブの中を水が自動的かつ持続的に流れ続けるということが、この実験で明らかになりました。

ポラック博士はこの実験結果から、私たちの身体の中で血液循環が起こるためには、心臓のポンプ作用に加えて、血管内で形成された「第四の水の相」が、外界からの光エネルギーを吸収し、そのエネルギーを、血液が流れるのに必要な運動エネルギーへと変換する仕組みが必要である、と考えています。

すなわち、「〝第四の水の相〟を考えないと、私たちの身体の中の血液の循環は説明できない」ということになるわけです。

エネルギー変換装置としての「第四の水の相」

ポラック博士は、図23に示すように、「〝第四の水の相〟はエネルギー変換装置である」と考えています。

図23　ポラック博士の実験結果のまとめと作業仮説

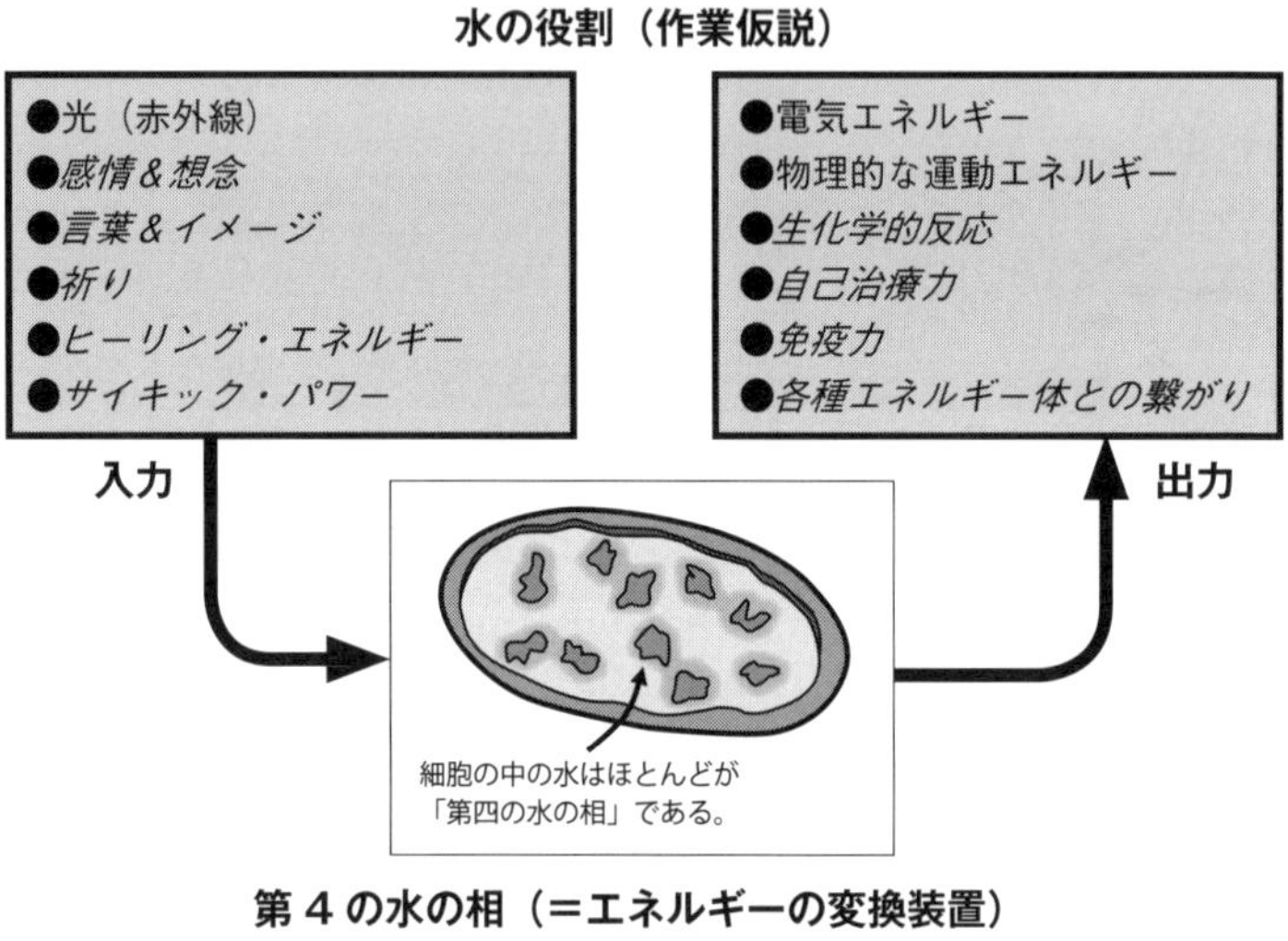

実際、「第四の水の相」は、赤外線を含む光を効率よく吸収することができることが実験的に示されていますし、吸収・貯蔵されたエネルギーを使って、既に示したように、「第四の水の相」から電気エネルギーを取り出すことができます。また親水性のチューブを使った実験に示されているように、物理的な運動のエネルギーに変換することもできます。

筆者は、これらの実験結果を元にして、さらに、入力と出力のエネルギーの種類について拡大し、図23においてイタリックで示されているように、光だけではなくて、感情や想念、言葉や祈り、あるいはヒーリング・エネルギーやサイキック・パワーなども、「第四の水の相」に対して影響を与えるのではないか、と考えています。

たとえば、ヒーリング・エネルギーの場合には、ヒーラーから送られたエネルギーが、クライアントの身体の中の細胞に含まれる、「第四の水の相」によって吸収され、さらに、「第四の水の相」の働きによって、クライアントの身体の中で、自己治癒力や免疫力などへと変換されていくのではないか、ということです。

「第四の水の相」と健康

健康な細胞の場合、細胞の内部は外部と比べて、マイナス１００mV（ミリボルト）程度の電位となっています。細胞が病的になると、このマイナスの程度が弱くなり、マイナス50mV程度になってしまいます。

細胞の中のマイナス電位を保持する上で、「第四の水の相」は、とても大きな役割を果たしているとポラック博士は考えています。そして、身体の中で、「第四の水の相」が多ければ多いほど、細胞内のマイナス電位が深くなり、その人はより健康な状態になるということができます。

身体の中の「第四の水の相」を増やす方法として、以下が考えられます。

まず、原材料として必要な、良質な「水」をよく飲むこと。生きた細胞の中には「第四の水の相」がたくさん含まれているので、野菜や果物のフレッシュなジュースを飲むこと。「第四の水の相」を増やすことが知られている、ウコンやココナッツウォーターなどを摂取すること。さらには、太陽光を浴びることや、サウナや岩盤浴などで赤外線を浴びることも、「第四の水の相」を厚くすることに役立ちます。大地に裸足で立つ「アーシング」を行うことで、マイナスの電荷を増やすこともできます。

これらの「第四の水の相」を意識した健康法を、是非、日常生活の中で取り入れてみてください。

「場」と「細胞・組織」の間を繋ぐ「第四の水の相」

2017年の国際水会議において、ジェームズ・L・オシュマン博士は、「記憶と形態場共鳴に関する新しい見方」(原題は、「A new look at memory and morphic resonance」)というタイトルの講演の中で、この「第四の水の相」が、「場」と「細胞・組織」の間を繋いでいるのではないか、と話されました。

昔から、生命が一つの受精卵から分裂を繰り返していく中で、形を作り上げていく、いわゆる「形態形成」のプロセスにおいて、何らかの鋳型となる「場」の存在がある、と考えられてきました。それは、「電磁場ではないか」というのが、1つの考え方としてありながら、「電磁気学では理解することのできない、より高次の場があるのではないか」、とも考えられてきました。

ルパート・シェルドレイク博士は「形態形成場」という言葉を用いており、古典的な電磁気学では説明できない、としています。アーヴィン・ラズロー博士は、「量子真空場」と呼んでいます。

いずれにせよ、生命が形態を作り上げていくときには、細胞や組織などの物理的な生物の身体が、これらの目に見えない「場」と相互作用していくことが、決定的に重要だと考えられます。

細胞や組織には、空間を広く把握することのできる「目」のようなものはないため、いわゆる遺伝子情報だけに基づいていたのでは、形態形成は難しく、何か鋳型となるような「場」が存在するということは、想像に難くありません。

オシュマン博士によれば、「第四の水の相」の水こそが、これらの「場」と生物の「細胞・組織」との間を繋げているのだ、とのことです。これは極めて大胆かつ興味深い仮説であり、「第四の水の相」が、広範囲の現象において、重要な役割を果たしている可能性を強く示唆しています。

IC Medicals社による情報薬学の実践例

水溶性の媒体における薬剤物質のICの複製

各種の薬剤が持っている情報に着目して医療を行う、「情報薬学」という分野があります。IC Medicalsは、その分野において、現在、最先端を行く会社です。

IC Medicalsで用いられているのは、言ってみれば「情報薬」であり、ホメオパシーでいうレメディのようなもので、その中には有効成分としての「物質」はなく、有効成分の「情報」のみが入っています。薬剤を含むあらゆる物質は、固有の電磁波情報を発しています。この情報は、適切な方法を用いることにより、他の物質に転写することが可能です。

具体的には、ある種の性質を持った電磁場の中に、「生物学的活性物質」と「生物学的不活性物質」

図24　「生物学的不活性物質」に、「生物学的活性物質」由来の「生物学的活性」（＝IC）を付与する方法

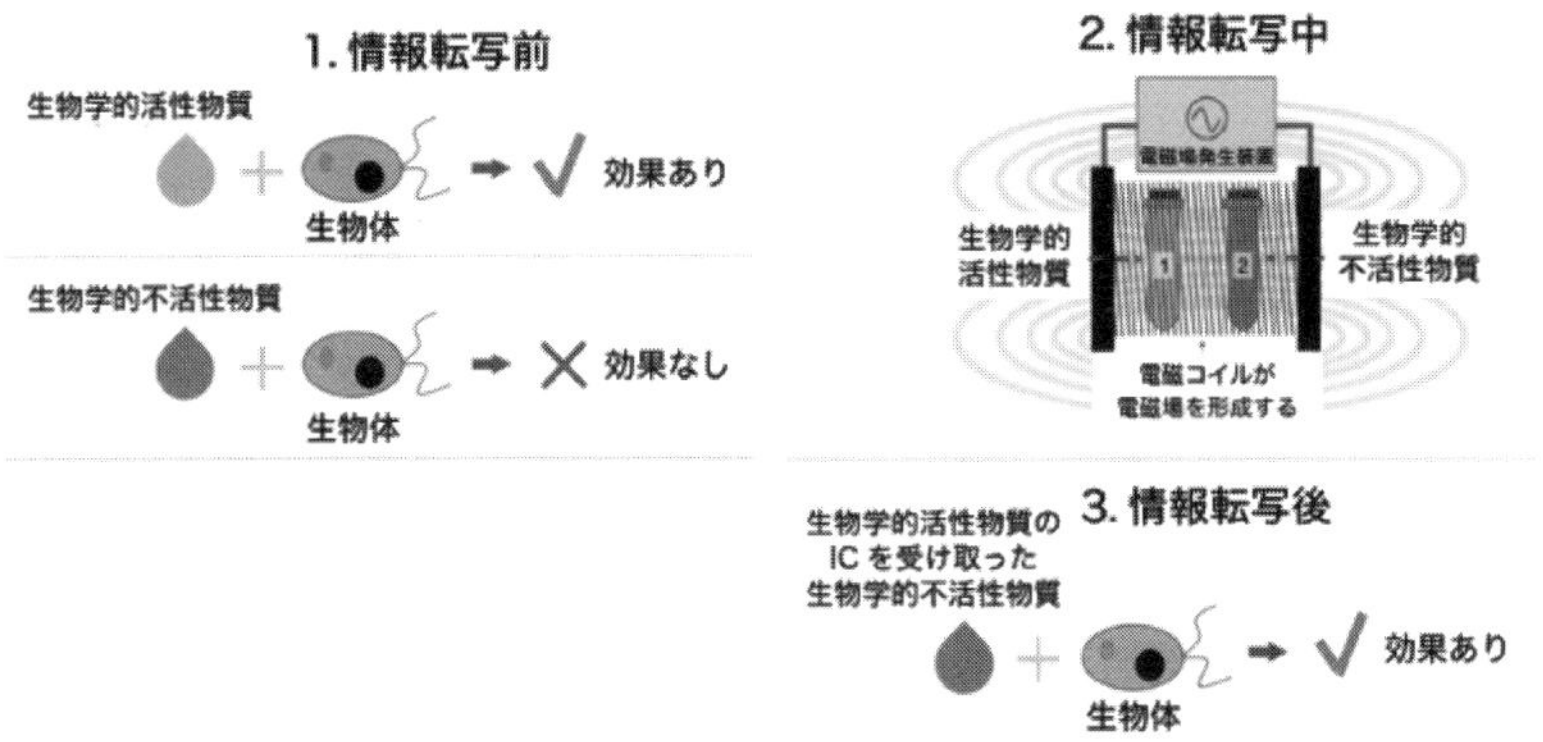

を互いに近づけて置くことで、物質情報を転写させることができます（図24）。

「生物学的活性物質」とは、生物体に「何らかの効果を与える」物質であり、一般的には医療において使われる各種の薬剤です。「生物学的不活性物質」とは、生物体に対して「何も効果を及ぼさない」物質のことですが、実際には薬剤が持っている情報を運ぶ、「媒体」として使用される物質です。

「生物学的活性物質」の近傍に、「生物学的不活性物質」を置き、なおかつ、これらをある種の性質を持った「外部電磁場」の中に入れます。すると結果として、「生物学的活性物質」が持っていた情報のコピーが、「生物学的不活性物質」に転写されます。

この、「生物学的活性物質」から「生物学的不活性物質」に転写される情報を、「ＩＣ（インフォメーショナル・コピー／複製された情報）」と呼びます。

既に述べたように、「生物学的活性物質」には、あらゆる薬剤を当てはめることができますが、その「ＩＣ」を受け取

図25　外部電磁場の作用で「生体活性物質」の「IC」が「生体不活性物質」に転写される「仕組み」

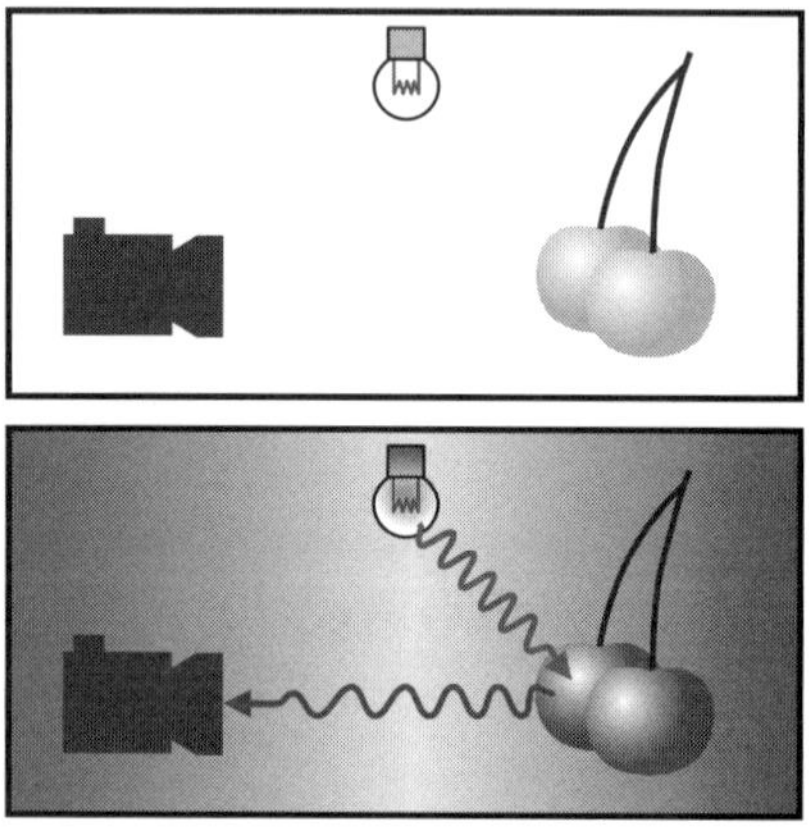

上：光源がないと、物体をカメラで撮影することはできない。下：光源があると、その光によって物体が照射され、その結果として、カメラで物体を撮影することができるようになる。

る「媒体」の「生物学的不活性物質」としては、水、生理食塩水、プラスチック、ガラス、アルミホイル、ろう（蝋）、30～40％のエチルアルコール、ＣＤ（プラスチックとアルミニウムでできている）などを使うことができます。

「外部電磁場」の存在下で、「生体活性物質」から「生体不活性物質」に「ＩＣ」が転写される仕組みについて、IC Medicalsは、次のような比喩を使って説明しています（図25）。

暗い部屋の中で、「物体」を撮影するには、「光源」を置く必要があります。

ＩＣの転写において、この時の「物体」は「生物学的活性物質」、「光源」は「外部電磁場」を意味します（図25上）。

「光源」によって、物体に光が照射されることで初めて、暗闇でその物体が見えるようになり、写真として撮影することができます（図25下）。

この「写真」こそが「ＩＣ」、すなわち「情報の複製」を意味します。

既に述べたように、リュック・モンタニエ博士は、シューマン波と呼ばれる、７ヘルツの電磁波の存在下で、遺伝物質ＤＮＡの情報が近傍に置かれた水に転写されることを、実験的に示しました。IC Medicals によれば、情報転写を起こす際に必要な「外部電磁場」は、シューマン波だけに限らず、たとえばレーザー・ポインターが発する赤いレーザー光線でも、同じ現象が起きるということです。

ここでは「生物学的活性物質」としてアスピリン錠剤を、「生物学的不活性物質」としてＣＤを使用した例で、ご説明しましょう（図26）。

ポインターのスイッチを入れると、レーザー光線が、アスピリン錠剤に照射されます。この時、レーザー光線の照射により、元々は基底状態にあった「アスピリンを構成する物質」が励起（エネルギーの低い安定した状態からエネルギーの高い状態へと移る）状態となり、超微弱な電磁波を発するようになります。

この超微弱な電磁波が、レーザー光線自体を変調させるのです。

こうして変調されたレーザー光線は、ＣＤの素材に影響を与えます。その結果、ＣＤ自体が、超微弱な電磁波によって変調された電磁波を発するようになると考えられています。

図26 「IC」が転写される仕組み

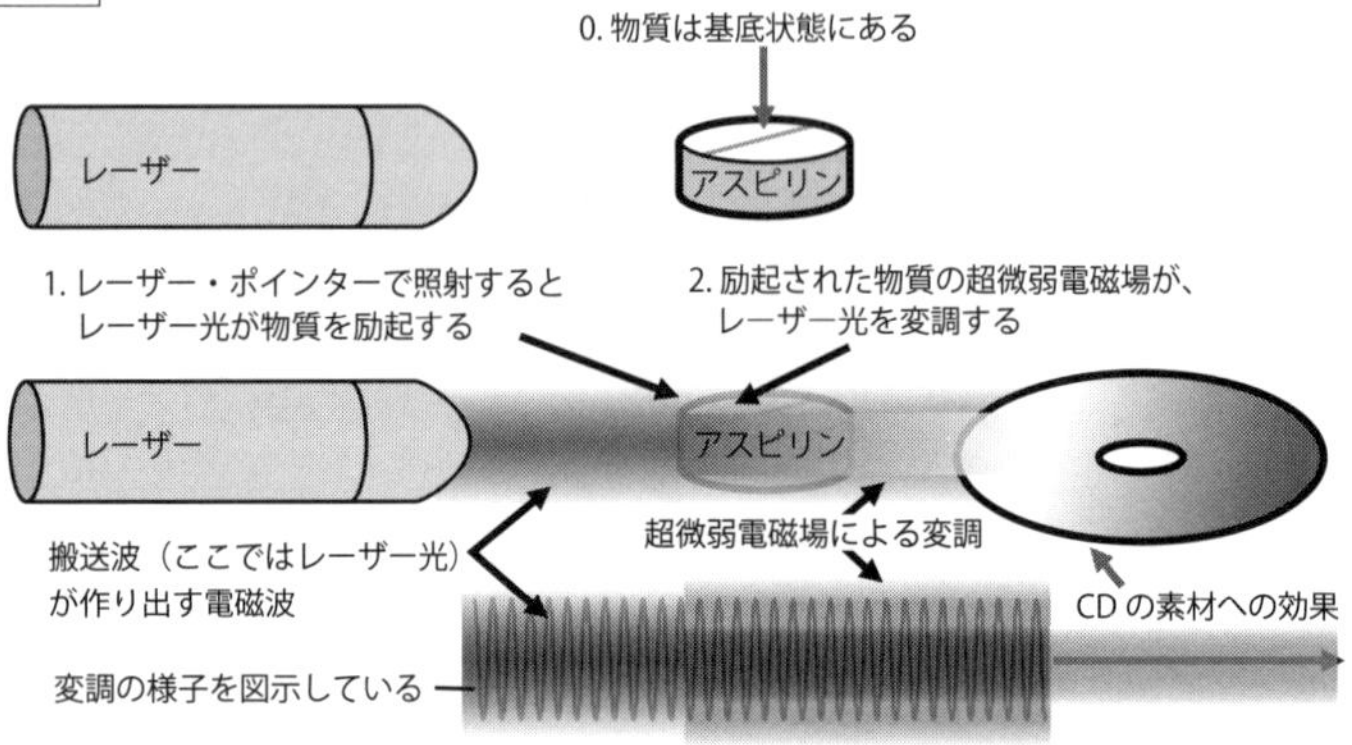

外部電磁場としてレーザー・ポインターを、物質としてアスピリンを、そして二次的な情報担体としてCDを使った場合。

実際には、IC Medicals社は、ベンベニスト博士やモンタニエ博士の実験と同様に、各種薬剤の情報を音声ファイルとして記録し、サーバー上に保存しています。ユーザーは、彼らのウェブサイトにアクセスし、その音声ファイルを自分のPC上で再生させます。

音声ファイルの情報をCDに転写する方法としては、ブランクのCDをPCのCDスロットに入れておく、ブランクのCDをキーボード上に置く、イヤホンをPCに接続し、イヤホンのコードをブランクのCDに巻き付ける、などの方法があります。

いずれの方法も、有効であることが分かっています。

さて、こうしてCDに薬剤の情報を転写する時、CDを構成している素材（プラスチックとアルミニウム）の物性がどのように変化しているのかということについては、現時点ではよく分かっていません。

いずれにしても、こうして情報が転写された、すなわちアスピリンの「ＩＣ」を受け取ったＣＤの上に水を置くと、その水が、ＣＤからアスピリンの「ＩＣ」を受け取ります。すなわち、その水がアスピリンの性質を持った「情報水」となるわけです。

動物実験によるＩＣの効果検証

次に、ＩＣが転写された情報水が、どのような効果を持っているのかについて調べた、動物実験の結果をご紹介します。

〈実験１〉

マウスの免疫活性について、免疫抑制剤「Dexon」の情報を転写した情報水「Dexon-IC」の効果を調べました（図27）。

免疫抑制剤「Dexon」を含まない、物質としてはただの水である情報水「Dexon-IC」によって、確かに、マウスの免疫活性が抑制されたことが分かりました。

〈実験２〉

放射線を照射することによって免疫機能を低下させたマウスを使って、免疫賦活剤「Arbidol」の情

図27 免疫抑制剤「Dexon」の情報を転写した情報水「Dexon-IC」の効果

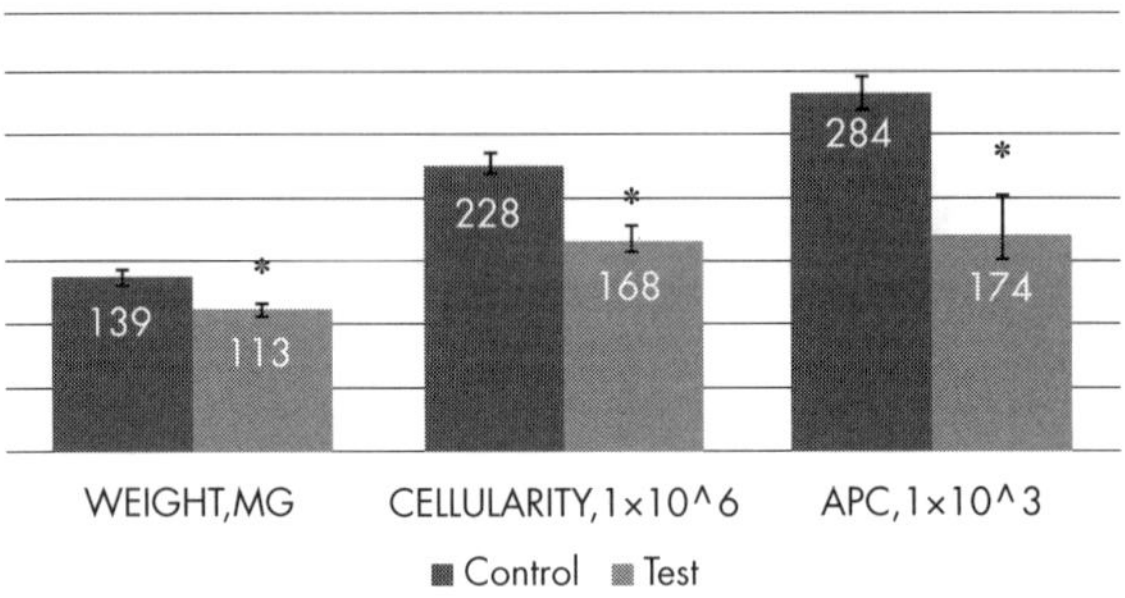

それぞれの左側の棒が対照実験、右側の棒が「Dexon-IC」を用いた実験。左端は脾臓の重さ（WEIGHT）、中央は脾臓における核を持った生細胞の数（CELLULARITY）、右端は抗体産生細胞の数（APC: Antibody-forming Cells）を示す。

報を転写した情報水「Arbidol -IC」の効果を調べる実験を行いました（図28）。

実験の結果、免疫賦活剤「Arbidol」そのものを与えると、確かに免疫力が活性化されるが、免疫賦活剤「Arbidol」の情報を転写したCDを使って作成した情報水「Arbidol-IC」を与えた場合も、「Arbidol」そのものの場合と同等に、免疫力が活性化されることが分かりました。

さらに、「Arbidol-IC」と「Arbidol」の両方を与えた場合には、どちらかのみを与えた場合と比べて、およそ2倍の効果が生じたことが分かりました。

これらの動物実験の結果から、IC Medicals社の情報薬学的手法によって作成された「IC」は、確かにコピー元の「生体活性物質」の生体活性作用を有していることが分かりました。

これにより、薬剤である生体活性物質そのものを摂取せず

図28　放射線1グレイを照射し、免疫機能を落としたマウスの免疫活性

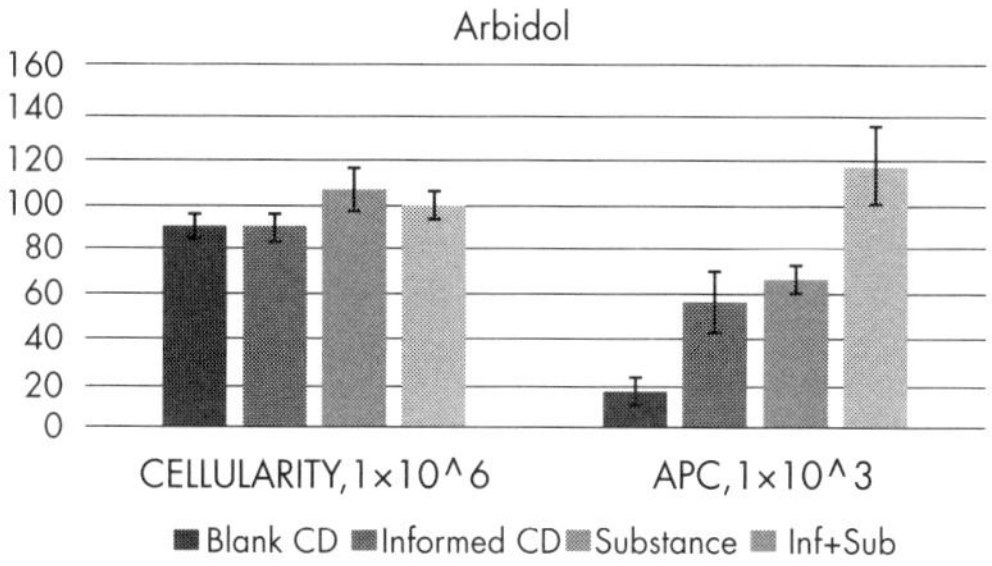

■：情報が記録されていないCDを使って処理した水を与えた場合（対照実験）、■：免疫賦活剤「Arbidol」の情報を転写したCDを使って作成した情報水「Arbidol-IC」を与えた場合、■：薬剤としての免疫賦活剤「Arbidol」そのものを与えた場合、■：「Arbidol-IC」と「Arbidol」の両方を与えた場合。左側の棒グラフは、脾臓における「核を持った生細胞の数（Cellularity）」、右側の棒グラフは、「抗体産生細胞の数（APC: Antibody-forming Cells）」を示す。

とも、単なる水である「情報薬」を摂ることで、同様の作用が得られるということが分かりました。

各家庭で、必要に応じてサーバーにアクセスすることによって、薬剤の情報（ＩＣ）をＣＤにダウンロードし、転写されたＣＤの上に水を置くことで、ＩＣが転写された水を作ることができます。つまり、各家庭でいつでも、必要な「生体活性物質」を持った「情報薬」を作ることが可能だということです。

ＩＣ技術の特徴

ＩＣ技術の長所としては薬剤を使った従来法と比べて極めて安価であるということ、それに加えて、IC Medicals のサイトによれば、副作用もないということ、そして禁忌（適用できない症状）もないということです。

現在も、ＩＣ技術に関して多数の臨床研究が重ねられていて、現時点では、そのうち90％以上の臨床例において、肯定的な結果が得られ、人々の健康状態が改善しているとのことです。

但し、ＩＣの技術は、実際の薬剤を使った治療に、完全に置き換わるものではない、ということです。しかしその一方で、ＩＣ技術を併用することで、薬剤の摂取量を減らすとともに、さらに効果を高めることも可能であると、彼らは述べています。

いずれにしても、ＩＣ技術自体、今後さらに洗練されたものになっていくと思われます。「水が薬になる時代」、すなわち「情報薬学」が一般の人々の意識に浸透してくる時代は、すぐそこまできているように感じられます。

物質の存在なしに、情報が残る仕組み
～コヒーレント・ドメイン説～

既に解説したように、高度希釈を行うことによって、溶解していた物質が1分子も存在しない状態になった、ただの「水」の中に、その物質の情報が残ったり、あるいは、物質が発している電磁波を照射することによって、ただの「水」がその情報を記憶したりすることが、現象的には確立されてきています。このような現象が起こる仕組みは、いったいどのようなものなのでしょうか。

水が情報を記憶する仕組みを説明する理論として、１９８８年にエミリオ・デル・ジュディチェ（Emilio Del Giudice）とジュリアーノ・プレパラータ（Giuliano Preparata）により提唱された「コヒーレント・ドメイン」説があります。

「コヒーレント・ドメイン」説は、量子力学における理論であり、数多くの数式を使って説かれていますが、ここではその概要について記します。

２つの粒子が、それぞれ「振動数f_1」と「振動数f_2」で振動しており、さらに外部電磁場が「振動数

図29　互いに引き合う2つの粒子

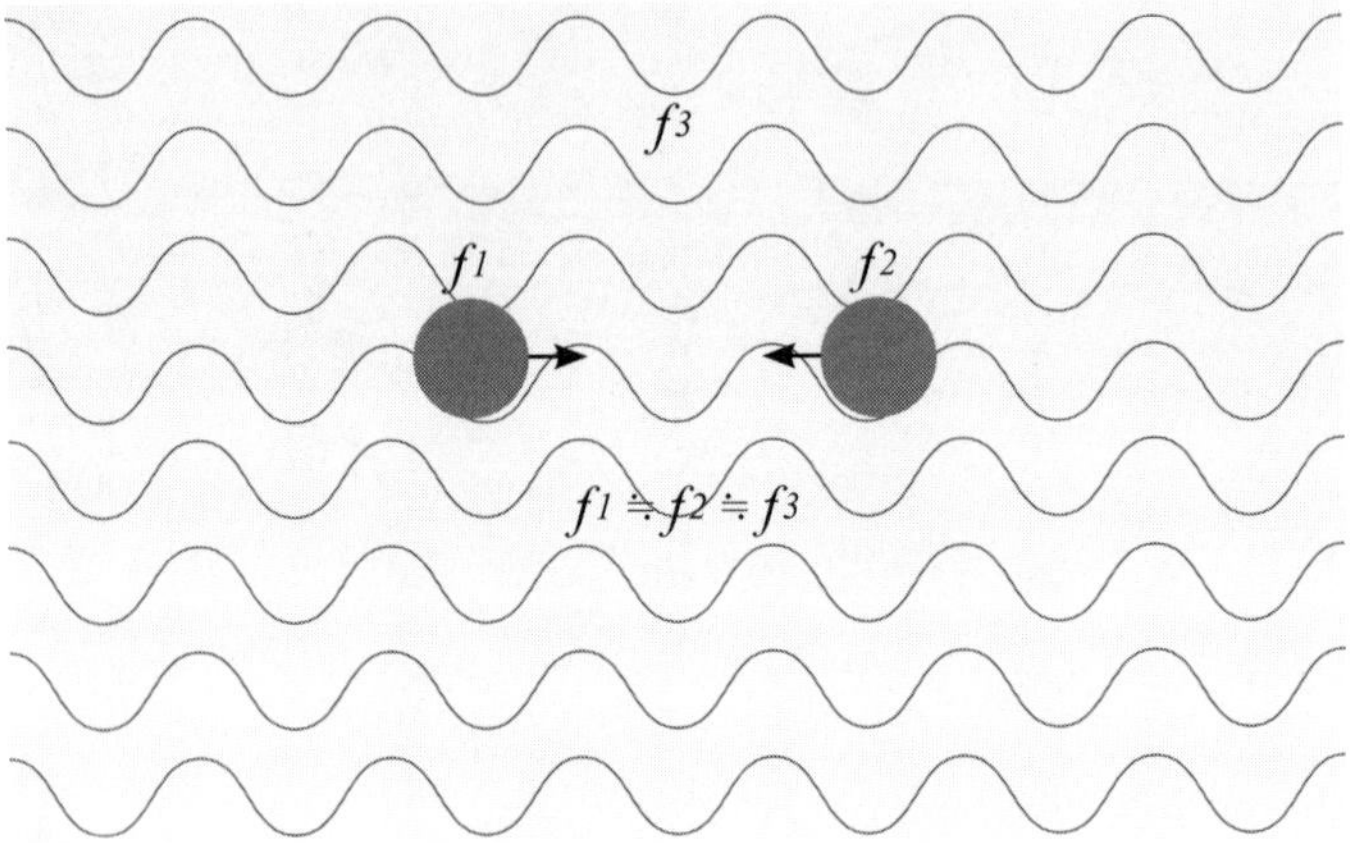

f_3」で振動しているとします。これら3つの振動数、すなわち「f_1、f_2、f_3」が、ほぼ同じ（$f_1 \fallingdotseq f_2 \fallingdotseq f_3$）であれば、2つの粒子は互いに引き合うことになります。（図29）。

この引き合う力の結果として、500万個ほどの水分子が集合し、1つの「コヒーレント・ドメイン」を形成します。

物質は、さまざまな範囲の電磁波を発しています。逆にいえば、その物質が出している電磁波のパターンによって、その物質が決定されているといえます（図30）。

図30　物質が出す電磁波のパターンがその物質を決める

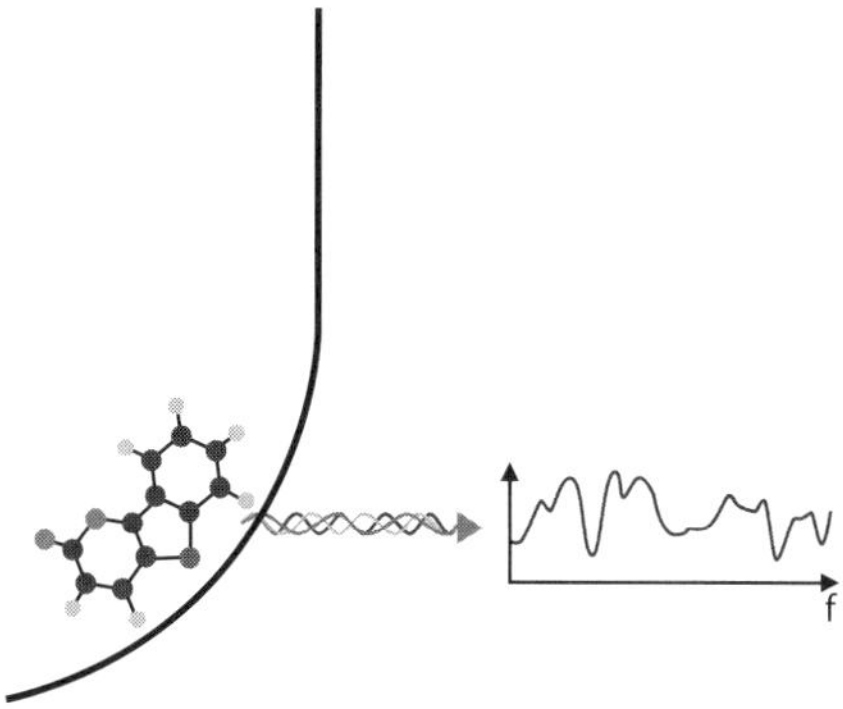

物質A（図左端に構造式として描かれている）は、さまざまな範囲の電磁波を発している（中央に挿入されている図は、横軸が周波数、縦軸が電磁波の強度を示す）。

水の中に物質Aが溶けている場合、水の中に形成されている一つひとつのコヒーレント・ドメインが、物質Aの発するさまざまな振動数領域の電磁波を、それぞれに分担して記憶していきます（図31）。

水中の、一つひとつのコヒーレント・ドメインが分担して記憶している電磁波をすべて重ね合わせると、元の物質Aが発している電磁波を再構成することができます。

水中に、物質Aが1分子も含まれないほどに、高度に希釈していったとしても、新たに添加する水の中に存在するコヒーレント・ドメインが、既存の水のコヒーレント・ドメインから電磁波情報を受け取ります（図32）。それによって、物質Aの電磁波情報全体が、常に液体の水の中に保持されることになります。

図 31　物質Aの発する電磁波のパターン全体を水が記憶する仕組み

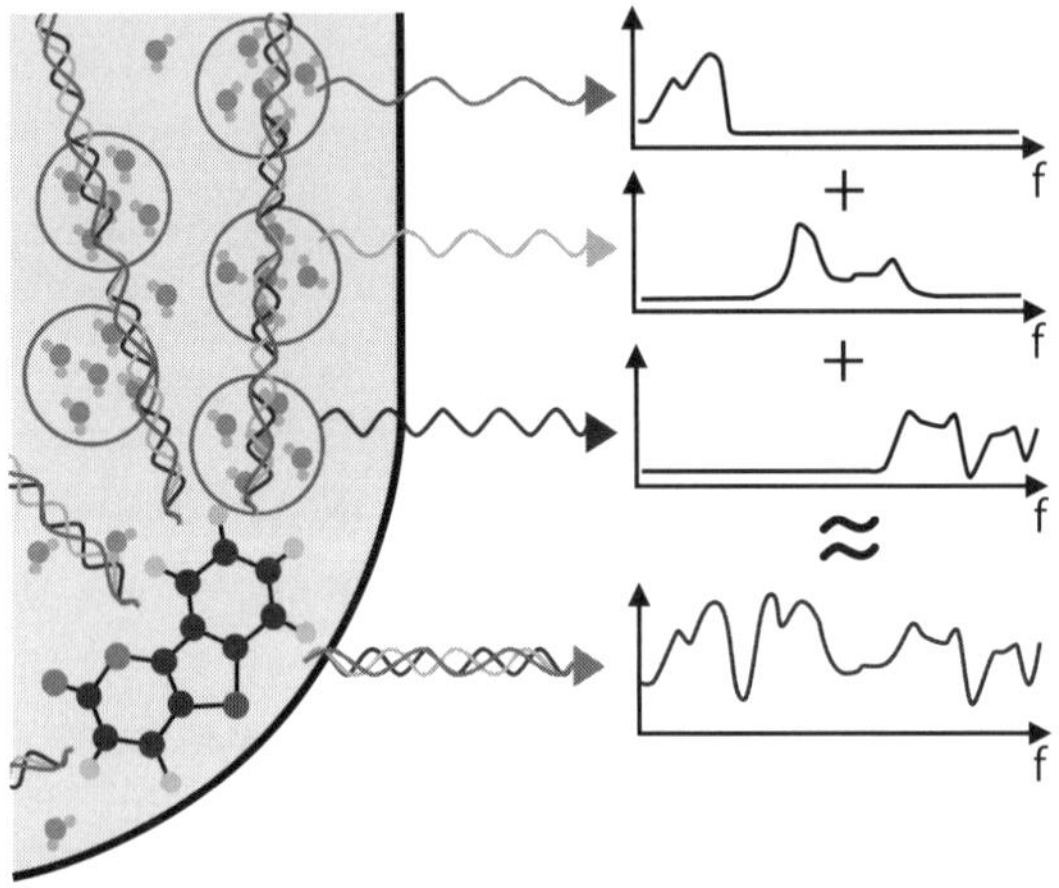

周波数が低い領域、中程度の領域、高い領域のそれぞれについて、個々のコヒーレント・ドメインが分担して記憶する。

図 32　物質 A の情報を分担して記憶する水の中のコヒーレント・ドメイン

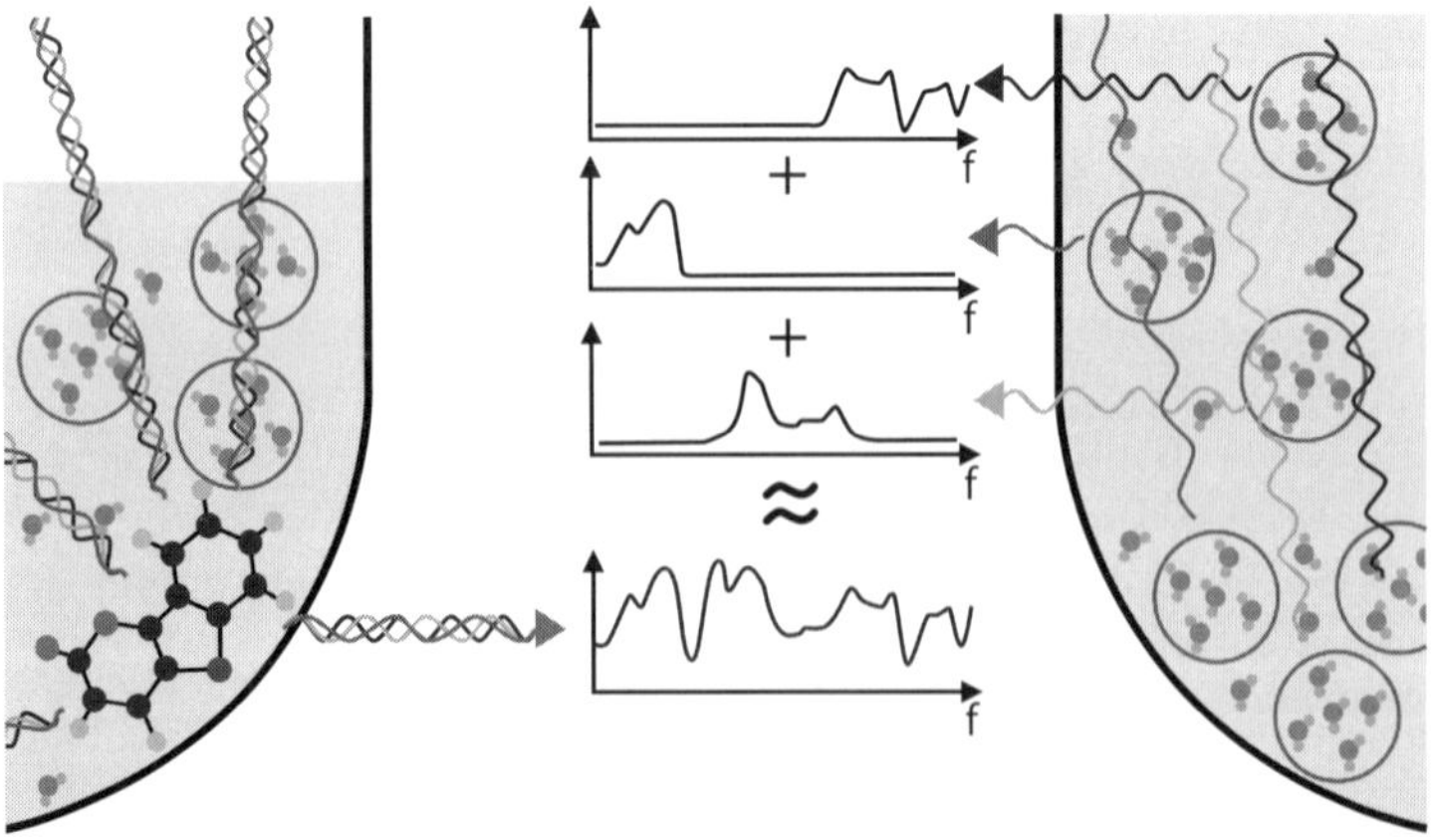

高度希釈により物質Aが1分子も存在しない状態となったとしても、水の中のコヒーレント・ドメインが物質 A の情報を分担して記憶している。左側は物質Aの分子が存在する場合、右側は物質Aが1分子もないくらいに高度希釈された場合。

図 33　タダの「水」が、物質 A が発していた電磁波と同じパターンの電磁波を発するようになる仕組み

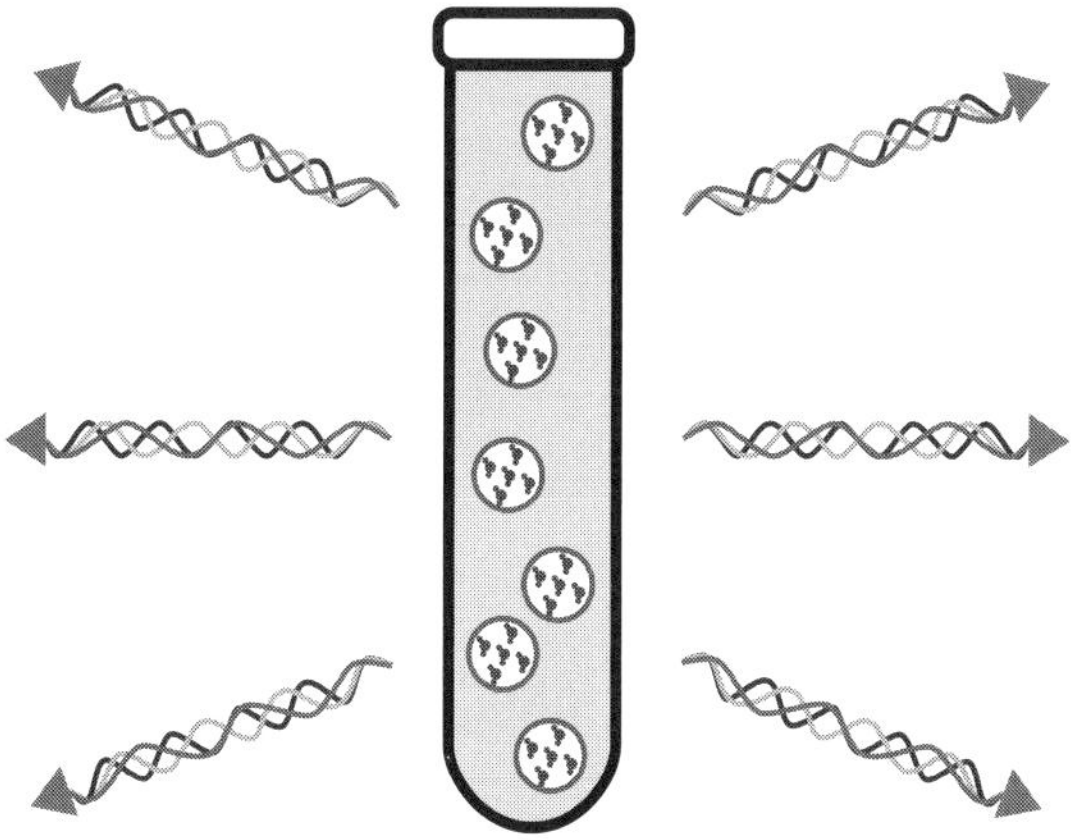

　そして、図33に示すように、ただの「水」が物質Aの情報を完全に記憶して、物質Aが発していた電磁波と同じパターンの、電磁波を発することになります。

「コヒーレント・ドメイン」説は、現時点ではまだまだ理論に過ぎず、実験的な証拠は、ほとんど得られていない段階にあるのではないかと思います。

　しかしながら、さらに多くの人々が、水の科学の重要性に気づき始めていくことによって、水の研究がこれから先、ますます盛んになっていけば、遅かれ早かれ、突破口が開かれていくのではないかと、筆者は考えています。

第六章

機能水・活性水

私たちが日常で飲んでいる水は、果たして健康を支えてくれる水といえるのでしょうか。この章では、インフラとしての水道水の現状から、水に対する人々の意識の変化、世界の名水、そしてそれらに近づけるべく、人間が創意工夫により作ってきたさまざまな水とその機能に触れていきます。

水道の歴史

メソポタミア、エジプト、インダス、黄河、これら四大文明の発祥地は、いずれも大きな河川の近くでした。水なしに暮らすことができない私たち人類は、河川や泉の近くで暮らすことでそれを確保し、生活を維持してきたのです。

古代ローマ時代、戦争によって領土を広げるため、ローマ帝国には大勢の兵士が集められました。国が大きくなり、都市部への人口集中が進むと、テベレ川や泉の水だけでは足りず、都市機能として生活用水の確保が課題となりました。ローマ市民の生活用水を得るために、近くの水源地から水を引く工事が行われ、アッピア水道、マルキア水道など、合計11の水道が建設されたといいます。ローマ帝国の支配する街では、きれいな水を必要なだけ使うことができる――衛生的で暮らしやすい街をつくることは、大きな国で人々を平和に治めるために、とても重要なことだったのです。

日本では、室町時代後期（戦国時代）、相模の戦国大名・北条氏康によって小田原城の城下町に小田原早川上水が建設されたのが、最古の記録です。さらに１５８３年（天正11年）には、豊臣秀吉によって大坂城の城下町に日本初の下水道「太閤下水（背割下水）」が建設されました。

その後、人口約１００万、当時世界でも最大規模の都市となっていた江戸において、重力を利用した導水路、排水路で、神田上水、玉川上水、青山上水、三田上水、亀有上水、千川上水の六上水による地下式上水道「江戸水道」が整備されています。その長さ１５０㎞、規模だけであれば世界一であったと考えられます。

ヨーロッパでは19世紀末まで飲み水の確保に苦労した地域があるのに対し、この時期の日本にこうした上水道ができた理由として、日本列島の急峻な山岳から勢いよく流れる河川が、平野部でも速度を保つことで、常に清く、美しい水が運ばれていたからだと考えられます。この日本の川のありようは、地形的な特質によるもので、世界的にもまれな恵まれた水環境を作り出していたのでしょう。

明治から戦前には、重化学工業が興り、工業用水の需要が急激に増大、また人口増加と伝染病予防のため、横浜をはじめとする都市部に近代水道の整備が進みました。

さらに戦後には、経済の高度成長と人口の増加に伴い、生活、工業、農業用水の需要が急増し、多目的ダムの建設などによる水資源の総合的な開発が行われ、安定して水が利用できる環境が確保されました。

水道水のメリット・デメリット

塩素消毒の問題点

２０１５年４月に韓国で開かれた第７回世界水フォーラムでは、いまだ８億人以上が安全な飲み水を手に入れられないという現状が明らかになりました。そのような中で、蛇口をひねれば、いつでも衛生的な水が手に入る日本は、大変恵まれた環境にあるといえます。

１９５７年の水道法制定の際、塩素による消毒が国全体に義務づけられました。塩素を用いたことで、水道水を媒介とする消化器系伝染病は激減し、公衆衛生は目ざましく向上しました。

しかし、１９７４年（昭和49年）に米国で発表された「ハリスレポート」で、「水道水には消毒殺菌に塩素が使われているが、これが原水に含まれる有機物と化学反応を起こし、発ガン性物質であるクロロホルム（トリハロメタンの１つ）を作っている」と指摘されたことから、これが世界的な問題になりました。

塩素消毒によって水道水中に発生するというトリハロメタンは、熱を加えるとその化学反応が活発になり、濃度が増えるという性質があります。トリハロメタンは揮発性のため、沸騰後、5～15分煮沸すれば、濃度は下がります。しかし、水道水を沸騰させてすぐに止めたお湯には、比較的高濃度なトリハロメタンが生成されていると考えられるわけです。

もっとも、このトリハロメタンについては「目くじらを立てるほどの有害性はない」という意見もあるようです。全体の数億分の1程度という、極めて微量な含有率を考えれば「から騒ぎ」でしかなく、むしろ塩素そのものの方が、特定化学物質に指定されるレベルの毒性を持っているのだから、ずっと問題だ、という説です。確かに塩素ガスは化学兵器として使われたこともあり、大量使用や高濃度であれば危険性があるということになります。

なぜそのようなものを飲料水に入れるようになったのか――これは終戦後、マッカーサーからの指令に端を発しますが、採用が続いている理由としては、無菌状態の安全な水を大量に供給するには、塩素を使うのが一番コストのかからない方法だからだといわれています。

日本の水道水の塩素量は世界一

現在の日本の水道法では、家庭の蛇口を通る時点で、0.1ppm以上の塩素が残留する濃度（1ℓ中0.1㎎）になるよう定められています。諸外国を見てみると、アメリカやフランスでは0.1ppm以下、ドイツでは0・

０５ppm以下というように「上限」だけが設けられていますが、日本は「下限」だけが定められ、上限は定められていません。これは、どの地域に水が届いても、一定以上の塩素濃度を維持できるよう、衛生面を考えて義務付けたものだといえるでしょう。

日本は水道水中の菌数においても１㎖中１００以下を基準としており、大腸菌群に関してはさらに厳重です。ＷＨＯが「水道水中の大腸菌群の混入は１００回検査して５回以内なら合格」としているのに対し、日本では「検出されないこと」と定めています。すなわち塩素濃度の基準は、この大腸菌がゼロになることが前提で設けられたものといえます。

確かに、この世界一の塩素量のおかげで、日本の水道水でお腹を壊すということはまずありません。しかし、この塩素の「大腸菌をゼロにする殺菌力」が、私たちの体内、体外の常在菌にも働いていたとしたらどうでしょう。

私たちの表皮や体内には、「常在菌」と呼ばれる菌が棲みつき、生体に必要な活動を担ってくれています。特に長さ約10ｍといわれる腸内においては、２万種・１０００兆個もの腸内細菌が共生し、それぞれの菌が重要なはたらきをしているのです。この多種多様な菌群による腸内フローラの重要性については、多くの人の知るところでしょう。

もともと私たちのお腹の中に棲んでいる大腸菌は、いくつか体内に入っても、健康に害を及ぼすことはありません。免疫力が低下していたり、腸内フローラの元気のない人は、軽い下痢くらいは起こすかもしれませんが、「水の中に1個の生存も許さない」と怖がるほどの毒性は持っていません。

そんな大腸菌に怯え、塩素量を増やしたことで、図らずも水道水によって腸内フローラにダメージを与え、免疫力を落とすという結果を招く可能性も指摘されています。

また、この塩素が、常に電子の足りない状態で存在していることも厄介です。水を使うたびに、その塩素が私たちの肌や体内の臓器、血管などから電子を奪う、つまり酸化を起こしてしまいます。

電子は、私たちの生命活動において非常に重要なはたらきをしているので、これが奪われると、肌は荒れ、血や気のめぐりも妨げられます。また細胞の活性も失われ、細胞同士のコミュニケーション、情報伝達もうまくいかなくなるという問題があるのです。

浄水器とミネラルウォーターの普及

このように、細菌の数では安心できる水道水も、塩素が高濃度で入っていること、また貯水槽の管理が行き届いていないマンションや、古い水道管を使用している家屋では、赤サビやその他の不純物・有害物が混入している可能性があり、生体によい水とは言い難いのが現状です。

水道水には、塩素やトリハロメタン以外にもさまざまな有機化合物が入っています。塩素殺菌後の水道水から、クロロ酢酸類、クロラール類、クロロアセトン類、クロロアセトニトリルなど、複数の有機塩素化合物が発見されています。このクロロ酢酸類には発ガン性が認められており、トリハロメタンに比べて沸点が高く、煮沸しても揮発せず、逆に増加してしまいます。

このような水に混入している物質を各家庭で取り除くため、水道の蛇口に取り付ける浄水器が開発されました。

ある浄水器メーカーの検査では、実際に浄水器によって取り除かれた物質の例として、残留塩素、総トリハロメタン、２‐ＭＩＢ（かび臭）、ＣＡＴ（農薬）、ビスフェノールＡ、ニコチン溶解水、ダイオキシン類などを挙げています。

一般社団法人浄水器協会の調査発表によると、2001年時点では28・9％であった浄水器普及率が、水の安全性への関心が高まった2011年、39・6％に上昇しています。

これは、2011年の東日本大震災時の福島原子力発電所損傷により、放射性物質の水への混入に不安を持つ人が増えたことが理由ではないかと考えられています。

しかし浄水器の普及率は、この時点をピークにその後上がることはなく、2017年時点では、また36・2％に落ち着いていることがわかりました。

飲み水については、フィルター交換や清掃などの手間のかかる浄水器より、インターネットやコンビニ、スーパー等でペットボトルに入ったミネラルウォーターを購入したほうが、清潔で手軽、かつ健康にもよいと感じられている風潮もあるようです。

ミネラルウォーターの誕生

ヨーロッパ大陸では早い時期からミネラルウォーターが販売されました。石灰岩地帯が多く、河川や地下水の水を利用する場合でも、硬度が高いために上水道があまりおいしくなかったこと、また「健康のために」鉱泉水（温泉水）を飲用する習慣もあったこと、前述のように水道事情がなかなか改善されない地域もあったこと、などが理由でしょう。17世紀にはイギリス・マルヴァーンの水の瓶詰めが販売され、これがミネラルウォーターのはじまりとされています。特に瓶詰めのコストが下がった19世紀からは、塩素消毒の行われていない水道水よりも安全な水、として普及しました。

現在、ＥＵの基準では、ミネラルウォーターに次のような3つの区分が設けられています。

(1) ナチュラルミネラルウォーター

公的組織の審査と承認を受けていること。

殺菌やミネラル分の調整などあらゆる人為的加工を行っていないこと。

人体の健康に有益なミネラル分を一定量保持しており、科学的、医学的、または臨床学的に健康への好適性が証明されていること。

ミネラルのバランスがよく含有成分や水温などが安定していること。など

(2) スプリングウォーター

一か所の水源から直接採水し、添加物を加えずにボトリングしたもの。

(3) プロセスドウォーター

熱処理、ろ過、ミネラルの添加など人の手を加えた加工水。

日本でもミネラルウォーターが普及

かつては水を買うことなど考えられなかった日本において、ミネラルウォーターは、どのように私たちに浸透してきたのでしょうか。

1884年（明治17年）、兵庫県で二酸化炭素を含む湧水が瓶詰めにされ、旧海軍御用達「三ツ矢・平野水」として発売されたのが、日本の最初のミネラルウォーターでした。しかしこれはほとんど売れず、その後、甘みと香りを加えて、おなじみの「三ツ矢サイダー」が登場します。

第二次世界大戦後、1950年代後半からの高度経済成長期に、生活の洋式化からウイスキーを中心とする洋酒類の需要が飛躍的に高まり、これに伴い、水割りのためのミネラルウォーターの需要も増大しました。

1986年下期に食品衛生法が改正されてからは、フランス産ミネラルウォーターが大量に輸入されるようになり、おいしい水、健康によい水への関心も高まります。

また、10年に1回程度発生するといわれた異常渇水が、84年、86年、87年、90年、94年と、全国的に頻発するようになり、日常生活も脅かされる事態となり、94年には、一部にミネラルウォーターを購入して飲料水を確保する傾向が見られました。このようなことも、ミネラルウォーターの需要を拡大させる一因となったようです。

そのような流れと、水道水問題がクローズアップされたこと、健康への意識から、かつては「水を買うなど贅沢なこと」という風潮のあった日本でも、「水は買うもの」という概念が定着しました。

１９８９年、農林水産省が設定したミネラルウォーター類（容器入り飲用水）の品質表示ガイドラインにおいては、ミネラルウォーター類の品目について原水の種類、処理方法によって、以下の４種類に区分されています。

(1) ナチュラルウォーター

特定の水源から採水された地下水を原水とし、沈殿、濾過、加熱殺菌以外の物理的・化学的処理を行わないもの。

(2) ナチュラルミネラルウォーター

ナチュラルウォーターのうち、地下で滞留または移動中に地層中の無機塩類が溶解したものであって、沈殿、濾過、加熱殺菌以外の物理的・化学的処理を行っていないもの（天然の二酸化炭素が溶解し、発泡性を有する地下水を含む）を原水としたもの。

(3) ミネラルウォーター

ナチュラルミネラルウォーターを原水とし、沈殿、濾過、加熱殺菌以外に複数の原水の混合、ミネラル分の微調整、曝気などを行ったもの。

（4）ボトルドウォーター

地下水以外の原水（蒸留水、純水、水道水、表流水など）を使用したものであり、また地下水を原水としたものであっても、その処理工程において大きく本来成分を変化させる処理、たとえばミネラル調整の範囲を超えた無機塩類の添加、あるいは除去などを行ったもの。ナチュラルウォーター、ナチュラルミネラルウォーター及びミネラルウォーター以外のもので、蒸留水や水道水などの飲用水を容器に詰めたものをいい、ここに海洋深層水も含まれます。

このようなミネラルウォーターの需要が増加する一方、採水地においては、過剰な地下水の採取を問題視する動きもあります。近年、日本の良質な水を輸出するため、経済的に疲弊している林業事業者から、国外の企業が、大規模に森林（水源林を含む）を購入していることが明らかになっています。日本には規制する法令等が未整備であることから、大量の採水が行われることにより、国土の荒廃を招くことが危惧されています。

長い歳月を経て生まれるナチュラルウォーターは、失ったが最後、新たに得ることの難しい、自然の恵みです。水源を大切に守っていくことも、私たちに突きつけられている重要な課題です。

自然が生み出した霊水

さて、こうした、自然の恩恵でしか生み出されない天然の水の中でも、とりたてて味のよい「名水」と呼ばれるものがあります。さらには生体に起きている症状を治してしまうような、奇跡ともいえる不思議な力を持った水も見つかっています。これらは宗教的な背景を持つものもあることから、「霊水」と呼ばれています。

世界における奇跡の水

歴史の古い「ルルドの泉」の霊水については、一度はその名を耳にされたことがあるのではないでしょうか。

ルルドは、フランスとスペインの国境であるピレネー山脈のふもとの小さな村です。

1858年、村の14歳の少女ベルナデッタが、郊外のマッサビエルの洞窟付近で薪拾いをしていると、聖母マリアが現れ、「洞窟内にある『霊泉』を、世界中の難病・奇病の人に分け与えよ」と霊言したといいます。泉に覚えのないベルナデッタが困惑していると、聖母マリアが指差した洞窟の岩の下から水が湧き出で、それは清水となって飲めるようになり、やがて泉となりました。

この泉の水を飲んだ多くの人が、実際に病や怪我の治癒を体験していることから、ルルドは、年間500万人の巡礼者が訪れるカトリック最大の聖地となりました。特に、歩行障害には多くの奇跡が起きていて、行きに使ったものが帰りには不要になったことから奉納される「松葉づえ」の処理に困るほどだったとの話もあります。

この泉の効能については、世界的に著名な医学者の多くが認めるところです。


メキシコのトラコテも、人口数千人の小さな村。ここでも、住民のヘイス・チャヒン氏が所有する牧場の井戸から「不思議な力を持つ水」が湧き出ています。

1991年、裏山で愛犬が怪我で歩けなくなっているのを見つけたチャヒン氏が、近くの水場で水を飲ませました。ぐったりしていた愛犬が、その水を懸命に飲んだ後、突然、体を起こして何事もなかったように歩き出した――これが、奇跡の水発見のエピソードです。

その後、人のさまざまな体調不良にも改善が見られることから、希望者に水を分けていったところ、腰痛、糖尿病、アレルギー、アトピー、喘息、B型肝炎、癌など、さまざまな病気が快方に向かい、口コミで数百万の人々が水を求めて訪れるようになりました。

ウルグアイのモンテビデオ総合病院では、この水が臨床に用いられ、その効果はすでに実証されています。病院の発表では、患者3600人余に1日2～3リットルの水を与えたところ、うち29人は病気の進行を止められなかったものの、残りの患者は医師の診断においても、80％以上の改善率が見られたとのことです。

日本は霊水の宝庫

日本にも、奇跡の水と呼ばれるものが各地に存在します。

たとえば岡山県新見地方、哲多町。ここには阿哲山という鉱山がありました。かつてここで働いていた鉱夫たちが、そこの水を飲むとみるみる健康になる、という話が伝わり、日本中からさまざまな病を持った人々が訪れています。

富山県中新川郡上市町黒川の山深い谷の洞窟にも、「穴の谷（あなんたん）の霊水」と呼ばれる水が湧き出ています。穴の谷は、昔から修行に訪れる者が多かったことから「行者穴」とも呼ばれ、1人の尼が、ご霊水であるとお告げを受けたのをきっかけに、その霊験が広がりました。

三重県奥伊勢香肌峡、台高山脈の鍾乳洞から湧き出た水は、健康促進の効果で地元の人にも有名で、湧き水の汲み場は行列ができるほどだといわれています。

大分県の北西、日田市の地下1000Mにも達する深井戸からも、有名な水が湧き出ています。ウナギの養殖のために10本ほどの井戸を掘ったところ、そのうちの1つの井戸水で育てたウナギだけが、特別丈夫で、太く大きいことから注目され、この水で病を克服した人も多いとのことです。

日本には、これら以外にも「生体によいはたらきをする」水が、全国各地に湧き出ています。さまざまな効能を持った各地の温泉の中には、さらに「霊泉」と呼ばれ、古くは有名な武将たちが刀傷を癒したと伝説の残るものもあります。私たちがこの国で受けている水の恩恵は、驚くほど豊かなのです。

医師に見放された病状を回復させることもある――これらの水は、どうしてそのような奇跡を起こす力を持つのでしょうか。

学者たちはこれらの水の成分を分析し、その作用を生み出している特徴を、研究によって探っていきました。

霊水の正体を探る

ルルドの水は、中部ピレネー山脈の雪解け水が地下へと浸み込み、石灰層を長い歳月をかけて通過しながら鉱物の元素を吸収しており、天然のイオン化されたカルシウムやマグネシウム、ゲルマニウムを豊富に含んでいることがわかっています。

トラコテの水についても、科学的な分析が行われました。

アメリカ・ナショナルテスティング研究所の水質調査では、この水にかなり高濃度のミネラルが含まれていることがわかりました。

たとえば水道水と比較しても、カルシウムは１４８倍、マグネシウムは２３７倍、鉄は12倍の含有量があったとのこと。

しかし、「ミネラル分が多いだけなら、トラコテの水に限らず井戸水ならありうることであり、それが病状改善を起こす理由とは考えにくい」というのが、同研究所の結論でした。

確かに、世界の名水を分析、そこに含まれる物質と同じものを水に溶解させれば、成分的には霊水のコピーは比較的簡単に作ることができます。

しかし、成分をコピーしただけの水では、霊水のようなはたらきは起きないことから、研究所の結論通り、成分以外の何かが関係していることが予測できます。

ルルドの水については、アルカリケイ酸塩と炭酸塩によってpHが7未満となっている弱アルカリ性の水であることが確認され、また構造に特徴があることもわかりました。

液体状の水の中では、水分子各々が単独で存在しているわけではなく、5個1組、もしくは6個1組のグループで存在し、それぞれ水素結合により五角、あるいは六角の環状構造をつくっているという考えがあります（図1）。

通常の水が五員環構造なのに対し、ルルドの水は六員環になっていることで、体内を水が移動しやすいということです。

良い水＝六員環構造であるというのは、韓国科学技術院・全武植（ジョンムシュク）教授の説です。がん患者などの患部には、六員環構造に比べて生理活性の低い五員環構造の水が見られ、これを治療するには六員環構造を多く含んだ水を利用すればよい、というユニークな説です。

図1　左：六員環　右：五員環

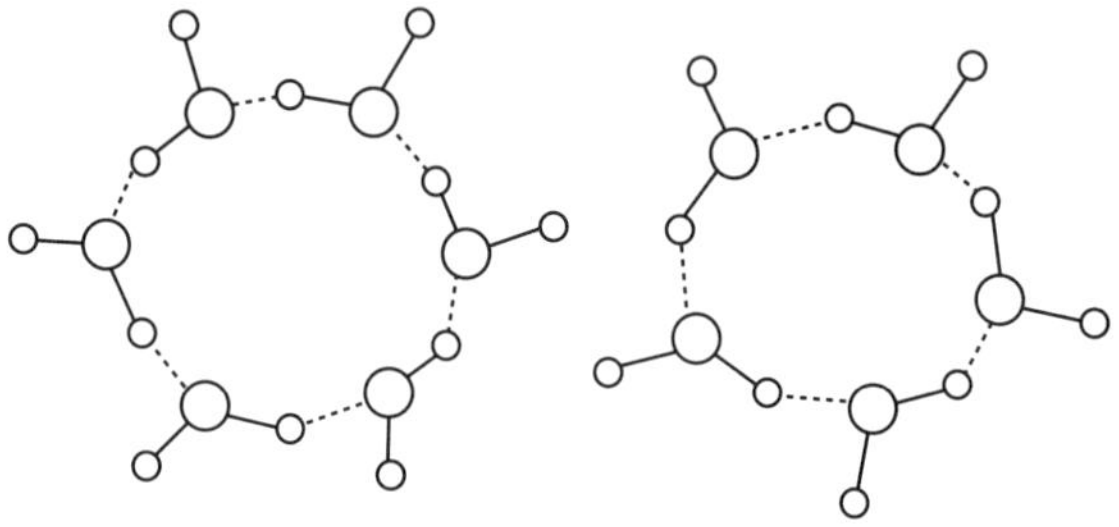

図２　NMRによる水の分析結果

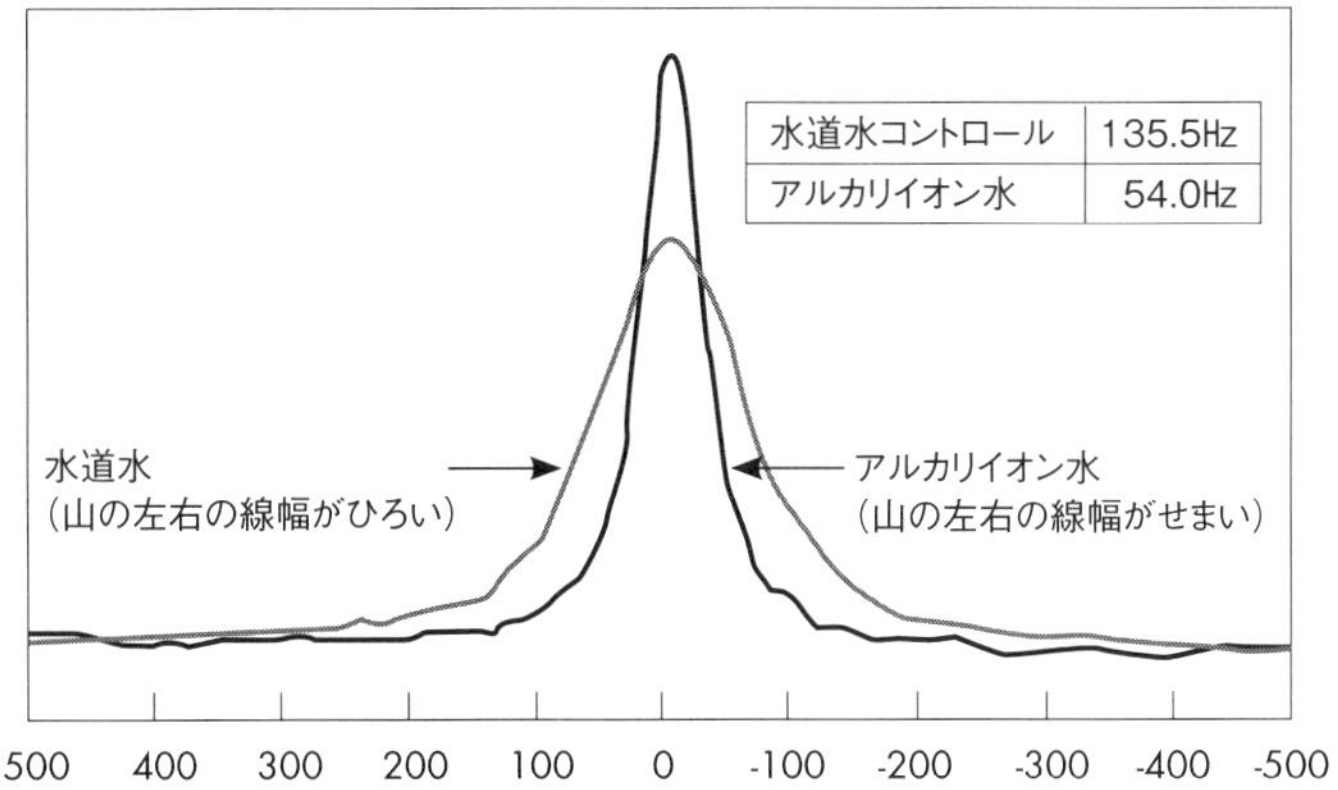

全教授によると、温度が低いほど「六員環として構造化された水」の比率が高くなり、寒い地方の水や雪解け水に多く見られるそうです。ルルドやフンザも、雪解け水や氷河の水が源水です。

また、水分子を六員環に構造化するには、磁気エネルギーなども有効で、電解質を豊富に含む、電気分解水も六員環の水だということです（電気分解水については後述）。

水分子の水素結合による構造の形に着目した説もあれば、その結合の大きさ（クラスター）に着目した説もあります。

「核磁気共鳴（NMR）」という特殊な計測器を用いて、水が分子集団として動いている速さを見ると、水の集合体の大きさをある程度知ることができます。

「核磁気共鳴」は、物質の分子レベルでの状態が観察可能で、結果をグラフにすると図2のような山形ができます。

松下和弘氏の説[注1]によるとこの山の左右の線幅が狭く、高くそびえ立った形を示すほど、水分子の集合体の大きさ自体小さいと考えられ、水道水はどちらかというと大きいものが一般的だということになります。

反対に温泉や井戸水、地下水、霊水と呼ばれる水は、分子集合の小さい水が多いといわれ、これらは細胞レベルで人体にやさしく有効に働き、生命活動をより活性化させる性質を持っていることがわかってきました。

水は、パワーのある「運び屋」です。体内の異物や代謝物をできるだけはやく体から排出するには、運び屋である水を、適量体内に取り込むことが必要です。

分子集合の小さな水は、小さな細胞組織に浸透しやすく、腸壁から速やかに吸収されて、速やかに体の各部の組織に達し、速やかに代謝を促した後、速やかに排泄に向かうとされているのです。

水は従来、無色・無味・無臭であり、中性で一定不変な物性を持つ、安定した物質であると考えられてきました。ところが奇跡の水などが発見されるなどして、その研究が進むにつれ、水は単なる分子式「H_2O」で表される物質ではなく、その構造によって、物性も違ってくると考えられるようになりました。

水が薬のような働きをする――それは非科学ではなく、未科学の分野の範疇なのかもしれません。

しかしこのように、さまざまな奇跡を起こす水の秘密を紐解き、目的や用途に応じて、最適な水を自在にデザインできれば、人類の健康にとって大きなメリットとなり、医療費の削減などにも寄与することになるでしょう。

註1　水の ^{17}O-NMR スペクトルの高さの半分の幅が狭いほど水のクラスターは小さく、クラスターが小さいほど、おいしく健康によい水だとする説。

水に機能を持たせた「活性水」

活性水とは、物理化学的な方法で水を処理することによって、一般的に通常の水と比べて優れた殺菌力や洗浄能力、成長促進作用など、その他、何らかの点において高い活性や機能を付与した水のこと、またはこの種の高い活性や機能を持った水を総称した意味で用いられています。

機能水と呼ばれる場合もありますが、活性水と機能水の定義の違いは、まだ明確ではありません。厳密には機能のない活性水はない、と考えられることから、ここでは「活性水」という名称で紹介します。

活性水の種類と特徴

活性水として実用化されているものは、次のように分類されます。

①電解水（アルカリイオン水、酸性水、強酸化水、強還元水）
②マイクロバブル水

③天然石処理水
④セラミックス処理水
⑤ミネラル添加水
⑥磁気処理水
⑦情報水（波動水、πウォーター）
⑧その他の処理方法による活性水（純水、オゾン水、超臨界水、海洋深層水）

それぞれの水の特徴を見ていきましょう。

①電解水

「電解水」は、水道水や希薄な食塩水、希塩酸、カルシウムイオンを含む水など、電気分解して得られる水溶液の総称です。

電解水を作る装置は、「水電気分解器」「アルカリイオン整水器」「イオン整水器」など、さまざまな名前で呼ばれます。これら電解槽の型式、電解条件、原水、添加する塩の種類・濃度などによって、各種の電解水が生成されます。しかし電気エネルギーを与えて、陽極に「衛生管理に使用されるもの（酸性水）」と、陰極に「飲用に用いられるもの（アルカリイオン水）」を作り出す、という点では同じです。

電気分解によってアルカリイオン水と酸性イオン水を生成する方法は、昭和初期より実験が繰り返されていました。原理・製造法が明らかであり、飲用、殺菌、消毒など、その使用目的も明確であることから、１９６５年、バッチ処理（貯留型電気分解）タイプの「水電気分解器」が、当時の厚生省より医療用物質生成器として認可を受け、その販売が始まりました。

厚生労働省により、アルカリイオン水の飲用による制酸、胃酸過多、胃腸内異常発酵、消化不良、慢性下痢に対する効能が認可されています。基礎臨床試験による胃腸疾患に対する効能の検証が進み、毎日飲用する場合には、pH範囲としては10を超えないことが望ましい、とされています。また、酸性イオン水の肌に対する収れん作用のアストリンゼント効果も認められており、飲用、調理用、美容などに広く利用されています。

＊生成原理等の詳細については、第7章「水の電気分解」をご参照ください。

②マイクロバブル水

マイクロバブルとは微細な気泡のことであり、ＩＳＯ規格においては、マイクロバブルは直径1～

１００マイクロメートルの気泡と定義されており、通常の気泡とは、異なった性質が現れます。人間の毛の太さ（直径）は約70マイクロメートルだということを考えると、とても小さい泡だということが想像できます。このマイクロバブルが集合すると、液体が白く濁っているように見えます。

発生方式は、大きく分けて以下の４つに分類されます。

・エジェクター方式

エジェクターに加圧された液体を送り、エジェクター内部に発生する無数の「剥離流」により自吸されるガスを微粒化して気泡を生成する手法。

・キャビテーション方式

キャビテーション構造を有する発生器に加圧された液体を送り、構造部で発生するキャビテーション現象（空洞現象）を利用し、液体に含まれる溶存ガスを析出させて気泡を生成する手法。

・旋回流方式

筒状の構造を有する発生器に偏心方向から加圧された液体を送り、円筒中心部に形成される「気柱」により空気を自吸させ、吐出する際の速度差で生じるせん断力により気泡を生成する手法。

・**加圧溶解法**

圧力下で気体を強制的に溶解させ、減圧（大気開放）により気泡を析出させる手法。

特に、工学博士・大成博文氏が開発した、高速旋回させた気液二相流に不安定を与え、渦崩壊を引き起こすことで気泡を微細化させる方法により、安定して大量の泡を発生させることが可能になりました。

マイクロバブル技術は、多岐に渡って応用が可能です。河川・湖沼・内湾など閉鎖性水域における水質の浄化、水産における赤潮からの救済・養殖魚等の食味向上や成長促進に始まり、入浴による血流の促進や、半導体・機械部品・メガネ等の洗浄用途による工程の短縮やコスト節減、排水処理、タンカーの抵抗軽減など、私たちの健康から水産業・工業、環境改善に至るまで、すでにさまざまな分野で使用されています。

〈特徴〉

実験で、pH7.5の弱アルカリの水道水にマイクロバブルを発生させたところ、時間とともにpHの値は増加（水素イオン濃度が下降）し、約1時間後に7.9程度に落ち着きました。水のアルカリ化は、すでに電気分解方式でも実現していますが、この方法でも可能となり、またそれに伴い、酸化還元電位も減少し

図3　マイクロバブル水pHの変化

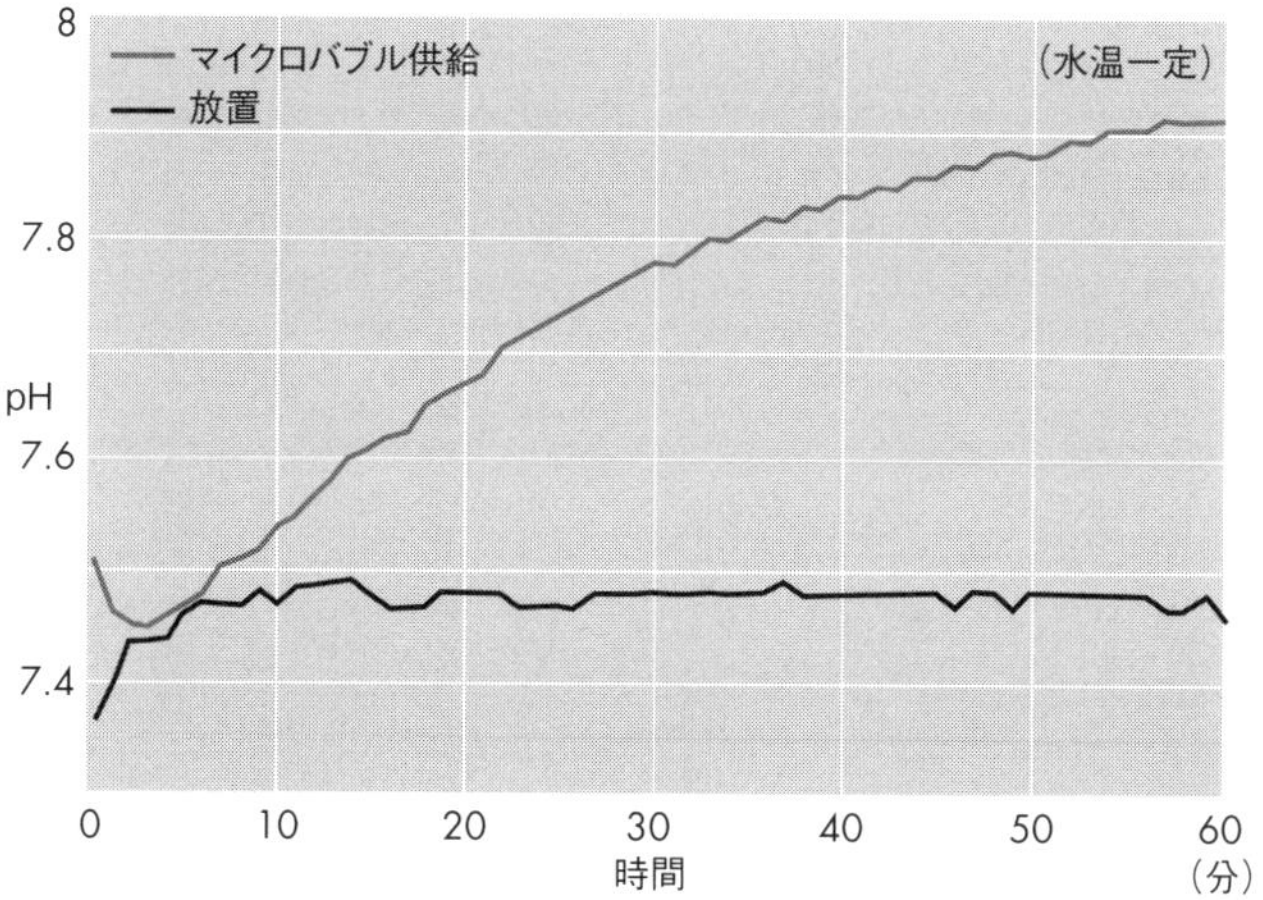

ました(図3)。

しかし、pH6.8の純水の中で同様にマイクロバブルを発生させると、今度はpH5.5へとすぐに減少、一定値に安定するという結果となりました。実験において、液体の種類や空気自吸量、ポンプ流量などさまざまな条件によって、生成されるマイクロバブル水の性質も異なることから、さらなる本質的な解明が必要とされています。

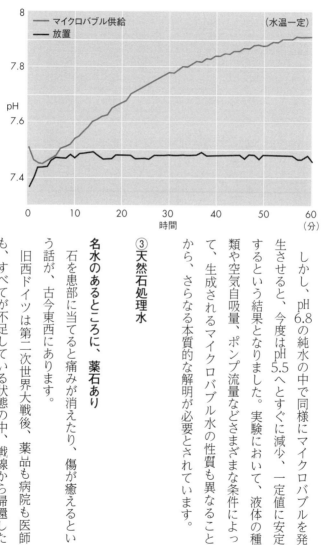

③天然石処理水

名水のあるところに、薬石あり

石を患部に当てると痛みが消えたり、傷が癒えるという話が、古今東西にあります。

旧西ドイツは第二次世界大戦後、薬品も病院も医師も、すべてが不足している状態の中、戦線から帰還した200万人にも及ぶ傷病兵を抱えました。その対応に苦慮した結果、採用したのが「薬石」でした。

旧チェコスロバキアやオーストリアの国境近辺には温泉地帯があり、そこには希有元素を含む鉱物が組み合わさってできた薬石が無限に埋もれていたのです。これを使用して湯治場をつくり、兵士たちに温泉治療を施した結果、大勢の傷病兵たちが瞬く間に復活、ドイツの国家再建に必要な人的資源となりました。ドイツ経済の驚くべきスピード復興の裏には、このような薬石の活躍があったのです。

日本においても、効果効能のある温泉が各地にあります。温泉地帯付近には、希有元素鉱物が潜在することが地質学的にも裏付けられており、名水の湧き出る鉱脈には、薬石に値する石があると考えられます。

薬石が水に与える変化

こうした鉱床から発見された薬石に触れると、水はどう変化するのでしょうか。

水の分子集団について前述しましたが、水は中性に近いほど、この分子集団が大きく、酸性かアルカリ性に傾くほど小さくなります。電気分解や、水に微弱エネルギーを与える、ビタミンCの錠剤を1粒添加する、水そのものを攪拌する、揺するなどの方法でも同様に、分子集団は小さくなります。

そしてこれは薬石や磁鉄鉱石などの天然鉱石や、それらを含んだセラミックなどを水に浸すことでも起こります。

特に天然石やセラミックから発せられる、4~14ミクロンの電磁波あるいは遠赤外線、育成光線が、水分子を励起、振動状態にさせ、水分子同士の水素結合が切断されます。つまり、クラスターの小さい水になります。

かつては日本のどこの家庭でも、台所には大きな瓶（かめ）があって、そこに水を蓄えていたものでした。天然鉱石を含んだセラミックである水瓶は、水をおいしく長持ちさせると、昔の人は知っていたのかもしれません。

薬石には、他の石と決定的に違う成分が含まれています。

可溶性の「珪酸（けいさん）」という成分で、これが水に溶け出ると、他のミネラル成分も溶け始めるという、不思議な作用が見られるのです。この成分によって、薬石はミネラル豊富な水を育むことができるのかもしれません。

薬石が産出される山は、1億~3億年前に海底に沈んでいた部分が隆起したものだ、という説があります。その時代は生命の起源であり、海水はいわば命の羊水のような役割を果たしたという学者もいるほどで、この不思議な作用にも頷けるというものでしょう。

さらに珪酸のはたらきで溶け出すミネラルは、思わぬ浄化作用を持つことで知られます。たとえば海や河川、湖沼が酸化されて汚れた際に、薬石を投じると、カルシウムをはじめとしたミネラルなどの有効成分が溶け出し、これを中和するのです。

日本における薬石

日本では、この珪酸を含んだ、数々の薬石とされる石が採掘されています。

◎「宙石《そらせき》」

宙石は、山梨県を産地とする薬石の1つです。日本で最も古いといわれる古生層の地層から産出される、千枚岩を母岩とした断層粘土の集合体からなる鉱石です。

この地層から湧き出る温泉は、その昔、武田信玄軍の傷病兵を癒すのに使われた「武田の秘湯」。地元ではこのあたりの石を「信玄石」と呼び、薬石として尊んできました。

約3億年前に珪層が、水や熱、圧力などの物理的作用と化学作用によって変化して生まれた堆積岩で、1つの岩石の中に異質の岩石がサンドイッチ状に挟まれ、また異質の岩石と微妙に化合しているのが特徴です。

組成は石英、長石、斜長石が主体で、方解石、絹雲母、黄鉄鉱、チタン石、磁鉄鉱、硫磁鉄鋼、石墨、緑泥石や粘土鉱物として、イライト、クロライトが主に認められます。これらの石は多くの希有元素を含有しており、2万5千もの成分で構成されていますが、そのうちいくつかの希有物質の含有量が極めて多いという、珍しい成分構成をしています。

多孔質である上、その穴が連続多孔質といって抜けているため、吸着吸収した有害物で目詰まりが起きることもありません。

この石に水道水を注いでしばらく置けば、ミネラルが溶け出し、水のpHをアルカリに、また水中の有害物質を吸着・無害にしてくれます。お風呂に入れれば遠赤外線効果もあり、「武田の秘湯」さながら、さまざまな薬効が生まれます。飲用や、浴用に用いることで、便秘や皮膚病が改善したり、中には肥満が解消したという人もいるということです。

◎「医王石」

富山の薬売りが薬石として、全国に広めた医王石。石川と富山の県境にある日本一の豪雪地、白山山系・医王山から採掘されることから、この名がつきました。この石は医王山の海抜1千メートル付近で採掘されますが、地質学的に見ると、このあたりの地層は2億5千万年前は海底だったということです。

医王山は、海底の堆積物が地殻変動で噴出してできた山なので、医王石には、生命を育んだ古代の海の恵みが、当時の噴火の「超高温」で閉じ込められているのでしょう。

長石類と緑泥岩、角閃石、雲母などの珪酸塩鉱物に、海水や海の生物などを起源とする9種類のミネラルが含まれており、また人体に有益な微量の放射性物質を持ちます。

可溶性の珪酸が約33％も含まれている、つまり珪酸が1／3を占めていることから、ほかのミネラルがそれだけ溶け出しやすいという性質があります。

◎「オバタイト」

変わった名前の石ですが、これは日本で初めて「希有元素」の可能性を示し、既有元素鉱物の発見につながる第一ヒントを世に与えた化学者・小畑利勝氏の名に由来しています。既有元素を多く含有した巨晶花崗岩といわれるもので、各種ミネラルをバランスよく含んでいます。

産出される駒鉱山は、新潟、群馬、福島、三県の県境にある駒ヶ岳の山中にあり、道中には薬効に優れた秘湯として知られる「お駒の湯」という湯治場があります。

この地方には、「抱き石」と呼ばれる臼状の石があり、これを痛むところに当てると痛みが取れたり、お産が楽になったりした、という伝説があります。実際、オバタイト鉱石のごく小さな1粒を痛む箇所に当てるだけで、症状が緩和するというような現象が起きています。希有元素の活性によって、人間の体内を流れる電気と交流して、自律神経を調整したり、さまざまな細胞器官のはたらきを正常にしていると考えられます。

この石の最たる特長は、どんな水を注いでもぴったりpH7.4に整えるということでしょう。たとえばpH4の酸性水と、pH8.5のアルカリ水、いずれにもオバタイトを入れ、24時間後にpHがどう変化するかを実験すると、結果はどちらもぴったりpH7.4を示しました。

このpH7.4～7.5は、健康な状態の人間の体液が示す値です。

さらに不思議なことに、昭和44年7月にオバタイト鉱石を浸した水道水を、20年後の平成元年7月に水質検査したところ、細菌類がひとつも検出されず、まったく腐敗していなかったというデータがあります（財団法人日本環境衛生センター調べ）。

これら薬石に含まれる珪酸には、六価クロム、鉛など有害重金属や溶解有機物を吸着・除去する、あるいは炭酸ガスや硫化水素、アンモニアなどを取り除く作用があるため、水質向上のみならず、見た目の透明度を高めるはたらきもあります。そのため、薬石は排水浄化処理や酸性土壌の中和にも活躍しています。

◎「ゼオライト」

驚きの浄化力を持つ鉱石

鉱石の中でも、ずば抜けた浄化作用を持つのが、「ゼオライト」です。

ゼオライトは、数千万年前に起こった大規模な海底火山活動により大量の凝灰岩が堆積し、地下で圧力や地熱などを受けて変化した、珪酸アルミニウムが主体の多孔質鉱石です。粘土鉱物の一種として1756年に発見されました。規則的なチャンネル（管状細孔）とキャビティ（空洞）を有し、火にかけると中に含まれる水分が湯気を立て、沸騰しているように見えることから、ゼオライト（ギリシャ語で沸騰する石の意）、日本語で沸石（ふっせき）と名がつきました。

我が国でも天然の鉱物資源であるゼオライトが、北海道南西部から日本海側一帯にかけて分布しており、大別するとクリノプチロライトとモルデナイトの2種類が産出されています。世界で認定された52種類の天然ゼオライトの中でも、「出雲産モルデン沸石（モルデナイト）」は特に品質が高いことで知られます。ゼオライトは資源の少ない日本において、世界に誇れる重要な資源と位置付けられているのです。

結晶の空洞構造が大変精緻であるため、その結晶にある空洞は、分子レベルの微細さ（オングストローム単位［1億分の1㎝］）と、正確な大きさを持っているため、吸着する分子やイオンを選択的に分けることが可能です。たとえば空気中の窒素と酸素の分離用の分子ふるい（モレキュラーシーブ）としても実用的な優れた機能を発揮します。

吸着材やイオン交換材、触媒としても広く工業的に採用されており、特に、下水などに含まれ、湖沼などのアオコの発生原因になっている水中のアンモニア性窒素などをよく吸着・除去することから、水

図４　ゼオライトによるセシウムの吸着率の時間経過における変化

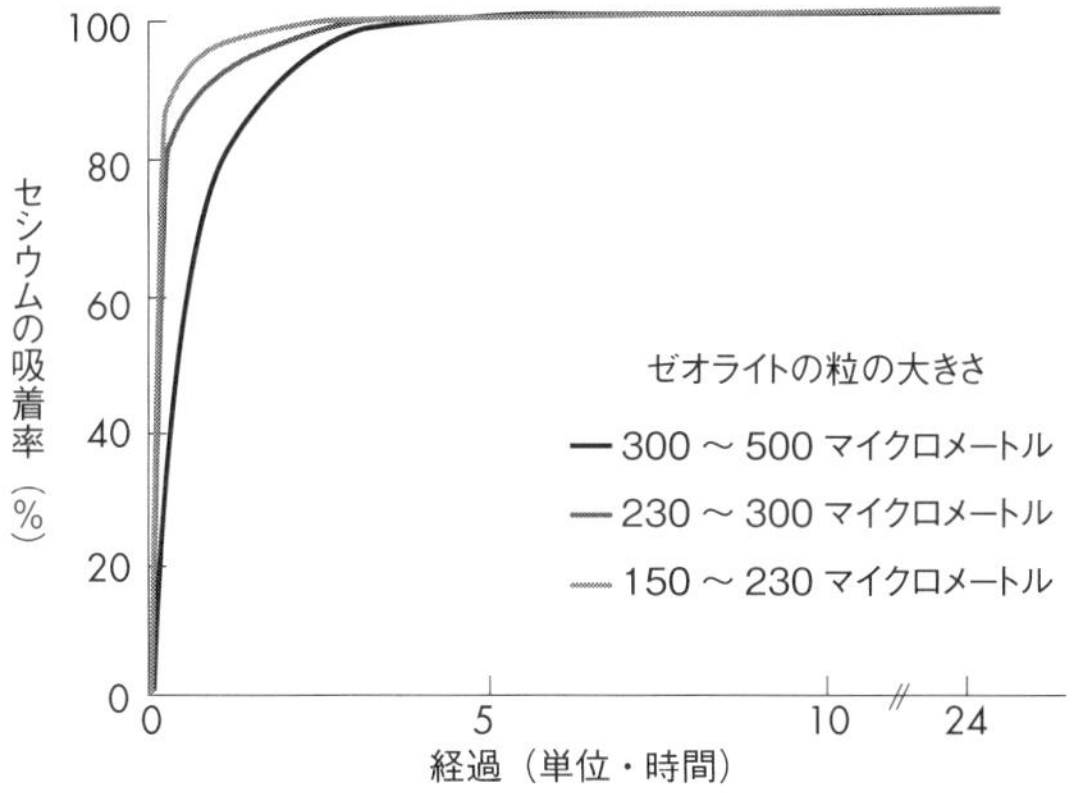

質改善材としても用いられ、身近なところでは浄水器や猫のトイレの猫砂などに活用されています。

科学者も認める放射性物質の吸着能力

日本がこの素材に一気に注目するきっかけとなったのは、３・11の未曾有の大震災の後の、原子力発電所の事故でした。ゼオライトの放射性物質に対する吸着能力に期待が集まったのです。ゼオライトは、その多孔質の中にセシウムを取り込むため、放射線の値を大幅に下げることができます（図４）。

１９８６年のチェルノブイリ原子力発電所の事故の際、セシウム１３７やストロンチウム90など、大量に放出された放射性物質を吸着するために、40万トンものゼオライトが散布されました。

またアメリカでは、ゼオライトを含む岩盤で構成されているユッカ山が、核廃棄物の貯蔵場所として使用されています。この貯蔵庫には７万５０００トンもの核廃棄物が持ち込まれていますが、ゼオライトの放射性物質吸着効果により、外部

図５ 消化管内でのイオン交換と吸着作用の仕組み

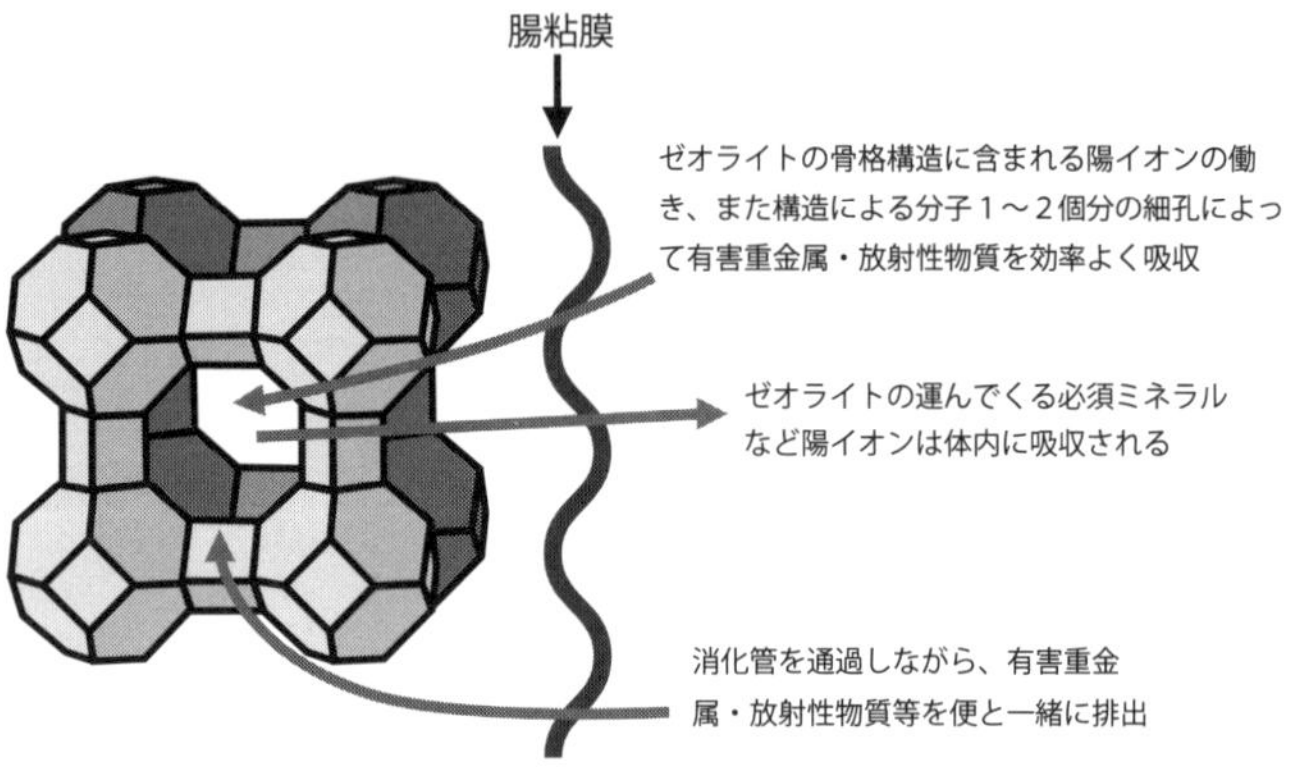

腸粘膜
ゼオライトの骨格構造に含まれる陽イオンの働き、また構造による分子１〜２個分の細孔によって有害重金属・放射性物質を効率よく吸収
ゼオライトの運んでくる必須ミネラルなど陽イオンは体内に吸収される
消化管を通過しながら、有害重金属・放射性物質等を便と一緒に排出

環境への放射能漏れは心配されていません。

このような事例から、放射能専門家たちの間で、放射性物質の吸着にゼオライトが役立つことは周知の事実とされており、福島第一原発の汚染水の処理についても、専門家の間でゼオライトによる吸着処理が提案されました。

実際に、原発周辺の汚染水浄化のために、ゼオライトを詰めた土嚢が海中に投じられ、吸着作用が確認されています。

日本原子力学会の研究チームの発表によると、放射性セシウムを含む海水１００mlに10gのゼオライトを入れたところ、5時間で約9割のセシウムが吸着されたとのことでした。

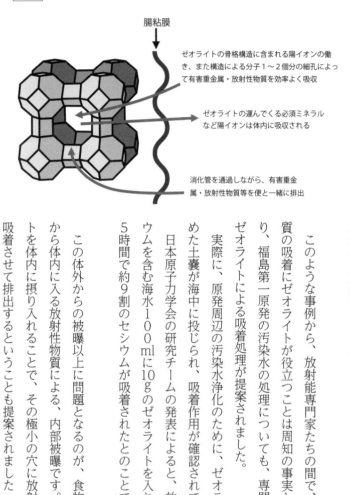

この体外からの被曝以上に問題となるのが、食物や飲用水から体内に入る放射性物質による、内部被曝です。ゼオライトを体内に摂り入れることで、その極小の穴に放射性物質を吸着させて排出するということも提案されました（図５）。

ゼオライトを与えた家畜と、与えない家畜による比較実験では、放射性物質の排出がゼオライトによって促進されていることが確認されています。

不純物の吸着といえば、炭素がその能力を持つことで知られ、昔からある、玄米や梅干しなどの黒焼きを食べる健康法には、炭化した食材によるデトックスも目的にあったのではないでしょうか。

この炭素と比べて、ゼオライトは約60倍もの表面積を持っています。大きさ0.4〜1.3ナノメートル（1ナノメートル＝10億分の1メートル）の極小の孔を持つゼオライトは、1gの比表面積が350平方メートルにも達します。表面積の大きさがその排出能力に反映されるとすれば、ここに放射性物質を吸着させるわけですから、炭の何十倍もの能力があると考えられるのです。

ゼオライトをナノ粒子レベルに砕き、平均粒子を3マイクロメーター（3000ナノ）のサイズまで細かくすることで、さらに吸着能力を高め、水に溶解させたゼオライト溶液は、震災後の需要に伴い、大きな注目を集めました。

ゼオライト溶液を解析

このゼオライト溶液には、水としてどんな特性が生まれるのか、特殊な機械を用いて解析が行われました。

次の解析は、水の分析に「集団」と「脈動」という概念を導入、動的微乾燥光学微鏡観察、並びに水の分析器「アクアアナライザ」で誘電分極の原理を用い、世界に先駆けて水集団の新たな振動領域（500

写真1

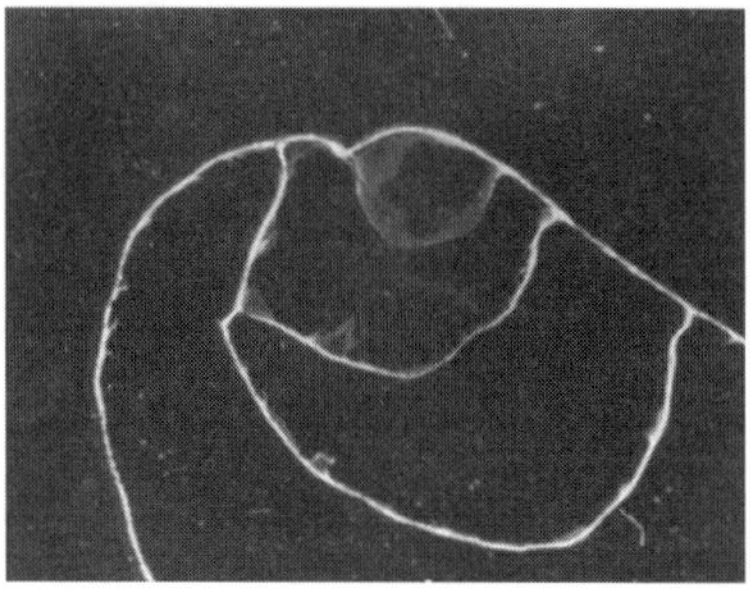

写真2

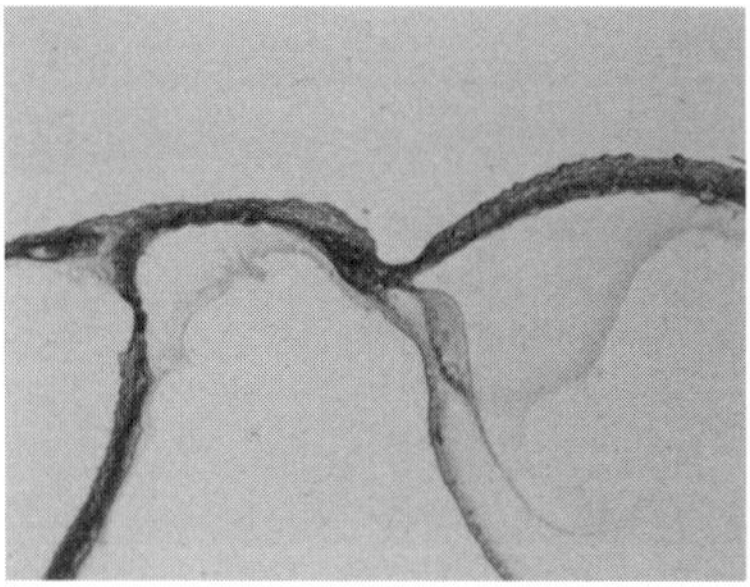

※写真2は実体顕微鏡の上方からの反射用照明かのトラブルで、光学顕微鏡と同じ下部からの透過照明のみとなり、沈積模様が白黒反転している。

～4000kHz）を明らかにした中島敏樹氏によるものです。

以下、中島敏樹氏のレポートを要約します。

実体顕微鏡写真から読み取れること
（撮影：平成24年5月15日）

1．実体顕微鏡観察　ゼオライト溶液の実体顕微鏡写真
（写真1・2）

実体顕微鏡写真の検証

実体顕微鏡写真は倍率4～60倍程度の倍率で覗いた反射光学顕微鏡写真です。スライドガラスに被検体水を0.1～0.2cc滴下して微乾燥し、溶質の沈積模様を観察しています。

実体顕微鏡写真から溶液の大まかな性質が見えます。微乾燥光学顕微鏡写真では、溶質が織り成す沈積模様から、溶液のマクロな性格を見ることができ、コロイド粒子の集合塊状

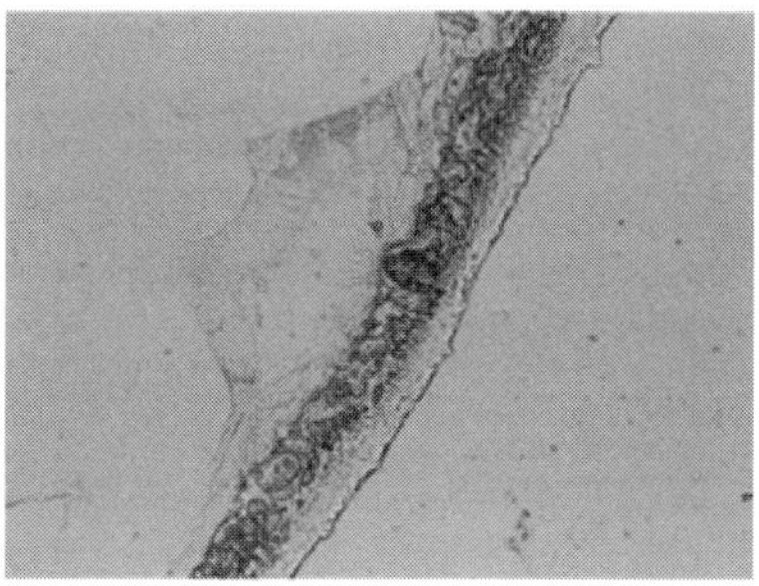

微乾燥光学顕微鏡写真 2　ゼトックス ×200 倍

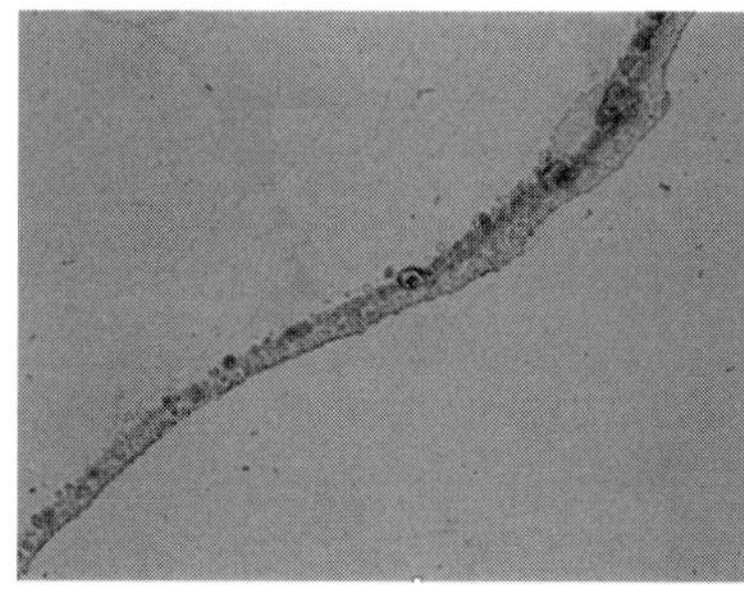

微乾燥光学顕微鏡写真 1 ゼトックス ×100 倍

態、電荷力、水との共存・共棲性、秩序性など主として界面科学の特殊性を読み取ることができます。

ゼオライト溶液はコロイド粒子性が勝っており、最外殻辺縁部に沈積模様が帯線状に存在、最終乾燥地点は周辺部に薄膜模様がうっすらと存在し、イオン性物質がコロイド性物質よりも、かなり劣勢です。

2. 微乾燥光学顕微鏡観察（微乾燥光学顕微鏡写真1～4）

微乾燥光学顕微鏡写真では、溶液のマクロな性格を溶質が織り成す沈積模様で見ることができます。コロイド粒子の集合塊状態、電荷力、水との共存・共棲性、秩序性など、主として界面科学の特殊性を読み取ることができます。

溶液の微乾燥時においては、液粒の加熱による蒸散、凝集収束、振動、表面張力、スライド面との親和力、溶液の熱伝達速度と、さまざまな対流の関連など、複雑多岐な力が作用し、さらには気液界面に発生する界面分極による電気泳動の

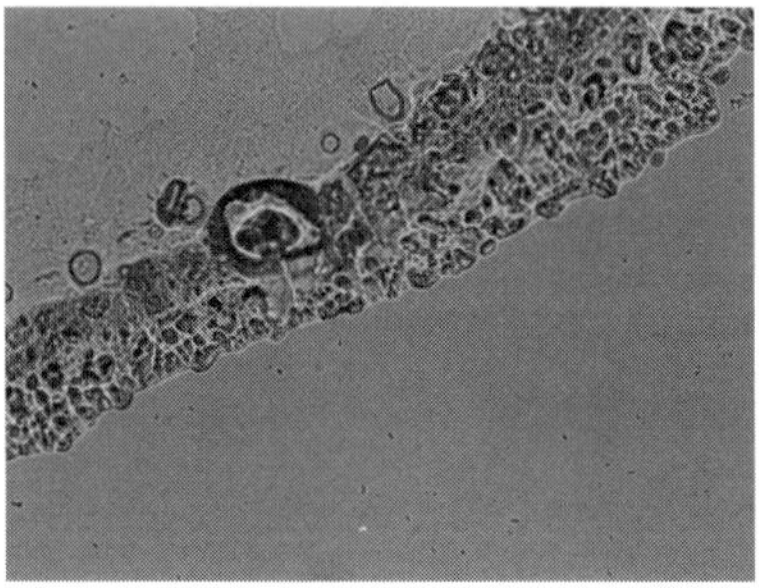

微乾燥光学顕微鏡写真3ゼトックス ×400 倍

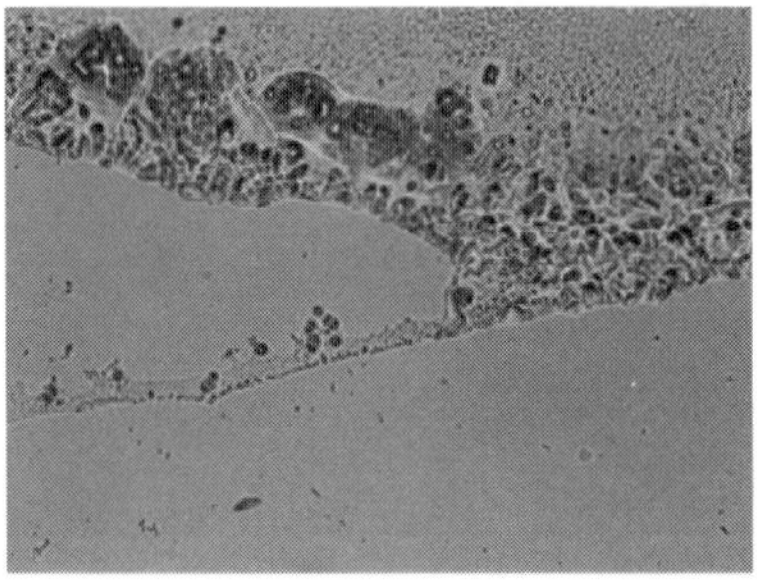

微乾燥光学顕微鏡写真4 ゼトックス ×400 倍

影響等、水の動きと溶質の界面絡みの相互作用の結果としての沈積模様、すなわち〝物質性〟と〝振動〟の相乗効果がスライドガラス上に象形表現されると考察できます。

ゼオライト溶液の写真1~4には、帯線内のやや大きい緑色系の模様が外側に点在し、所々大きな集合塊模様が見えます。内側には微細な粒子模様が帯状に見えます。珪酸塩コロイド粒子にカルシウムイオンが付着している影響が、やや強い水です。

3. アクアアナライザ分析結果（図6）

ゼオライト溶液は原水に比べ、波形立ち上がり位置が100kHz程度高周波域に遷移、最大波高も高く、高周波域に波形が大きく存在しています。

特徴的なのは、時系列変化の大きさです。単純な炭酸イオンや、炭酸カルシウム、あるいは残留塩素の影響をはるかに

図 6　アクアナライザ分析結果

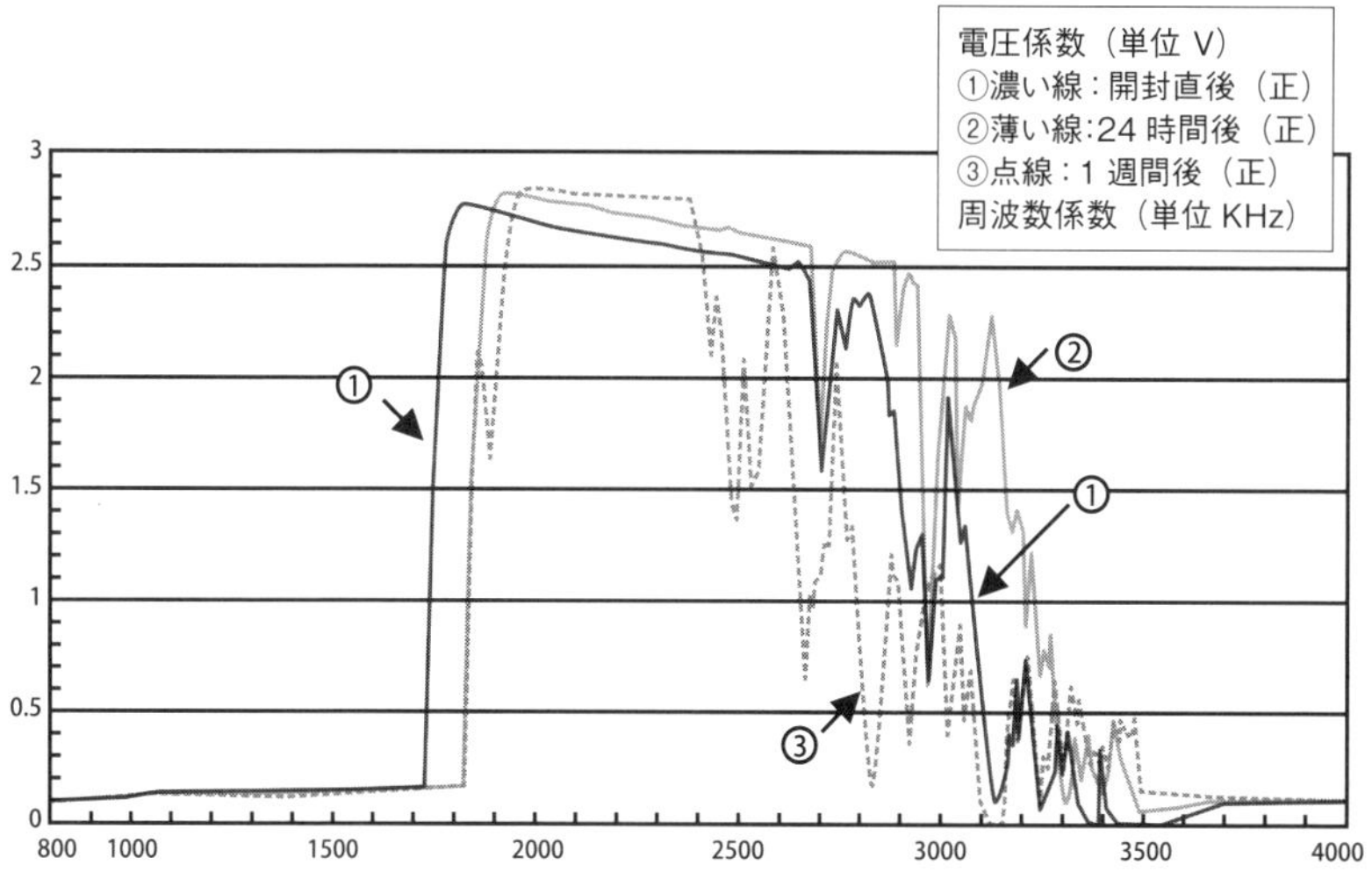

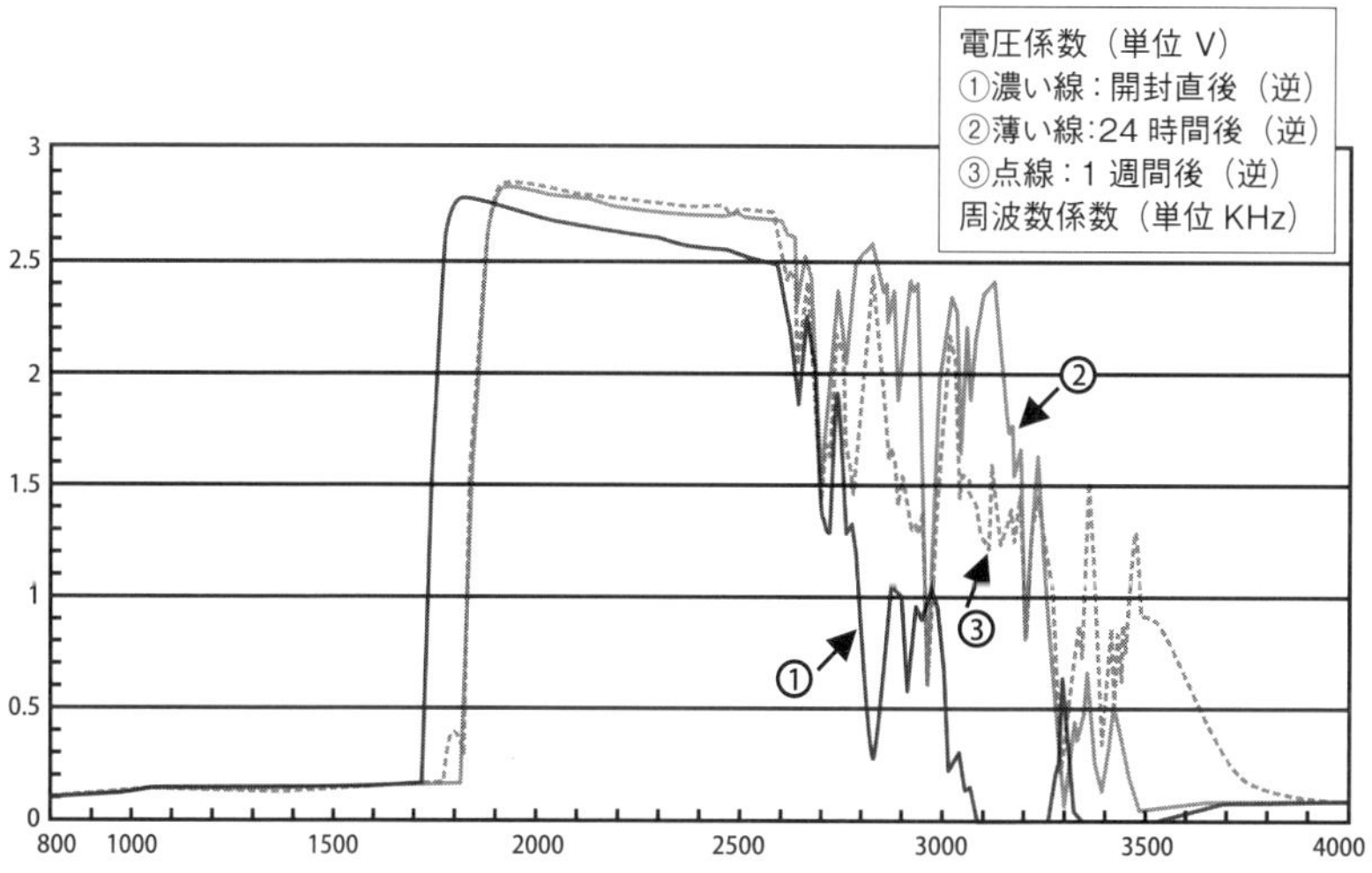

超えた変化です。開封直後に比べ、24時間後の波形は立ち上がり位置が150kHzばかり高周波域に遷移、最大波高も高く、2500kHz以降の高周波域の波形の存在感もかなり目立っています。1週間後の波形は最大波高がかなり高くなっていますが、2300kHz以降の高周波域の波形が大きく凹凸変化をしながらも、3200~3500kHzでしっかりと存在感を示しています。1週間位で触媒機能は最高潮に達しているといえます。ゼオライト溶液は溶質の化学的な変化が伸展し、気化を伴う微細気泡の影響を受け、活性化し、触媒能を伸展させています。激しい活性を伴う媒体のようです。

④セラミックス処理水

「セラミックス」による水の活性化も、よく用いられる技術です。

セラミックスは、狭義では陶磁器のことをいいますが、広義には無機物を加熱処理して焼き固めた焼結体、窯業（ようぎょう）製品を総称します。ガラスやコンクリート、セメントなども、すべてセラミックスです。

セラミックスを使って水を活性化する方法は、大きく分けて2種類があります。

1つは水にセラミックスを入れて数時間置き、活性化する方法と、もう1つはセラミックスを内蔵した活水器を水道の蛇口や水道管に取り付け、そこに水を通す方法です。水道管に取り付ける方法は、工事が必要なため大掛かりになりますが、家中すべての蛇口から活性水が出せる、というメリットがあります。

セラミックスは、複数の薬石の配合をはじめ、その原料、焼成方法等でさまざまな工夫ができるため、水の溶存酸素・溶存水素の量を増加させる、酸化還元電位を下げる（体の酸化を防ぐ）、アルカリ性に近づけるなど、複数の特性を水に持たせることも可能です。塩素の害の軽減、水の浄化能力の向上、動植物の健康・生育増進、錆び防止などの性質を持つ水が、ランニングコストもかからず半永久的に作れるような技術もあり、家庭から農・工業の分野まで幅広く採用されています。

またこうしたセラミックスの粉末は、建物の床や壁材に混ぜるなどの方法で、建材に含まれる化学物質の影響を軽減させたり、空気に含まれる水分子の質を向上させたりといった目的にも応用されています。

⑤ミネラル添加水

ミネラルを取り込みやすい形に

これまでの話で、天然の水には必ずミネラルが含まれていることがわかりました。

本来、英語で「ミネラル」というと、鉱石そのもののことをいい、鉱石を形成する元素は「エレメント」と、明確に区別されています。

しかし日本では、人体を元素レベルまで分解した際の、炭素（C）・水素（H）・酸素（O）・窒素（N）の4つで占められる全体の約96％、その残り4％にあたる元素の総称として「ミネラル」が用いられています。

この4％において、カルシウムは1.5～2.2％、リンは1％前後と続き、あとは小数点以下の微量なものです。しかしこのように微量ながらも、ミネラルは体を構成する重要な成分で、たんぱく質、脂質、炭水化物、ビタミンと並び、5大栄養素の1つとして重視されているのです。

しかし、ミネラルは吸収されにくいものです。水に含まれるミネラルであれば、水に溶けている時点でイオン化されているので取り込みやすいのでは、と考えがちですが、事はそう簡単ではありません。単に水に溶けただけでは、かなり大きな集合結晶の状態で、これでは細胞を通過して吸収されることは、ほとんどないといってよいでしょう。

ミネラルウォーターというと、「カルシウムがいくら、マグネシウムがいくら含まれている」と、とかくミネラル含有量ばかりが注目されがちですが、体が吸収するためには「どんな状態で含有されているか」が、重要です。

結論として、口から摂取するカルシウムは「単分子」の状態でなければ、吸収が難しいということが

図7　単分子と他との大きさの違い

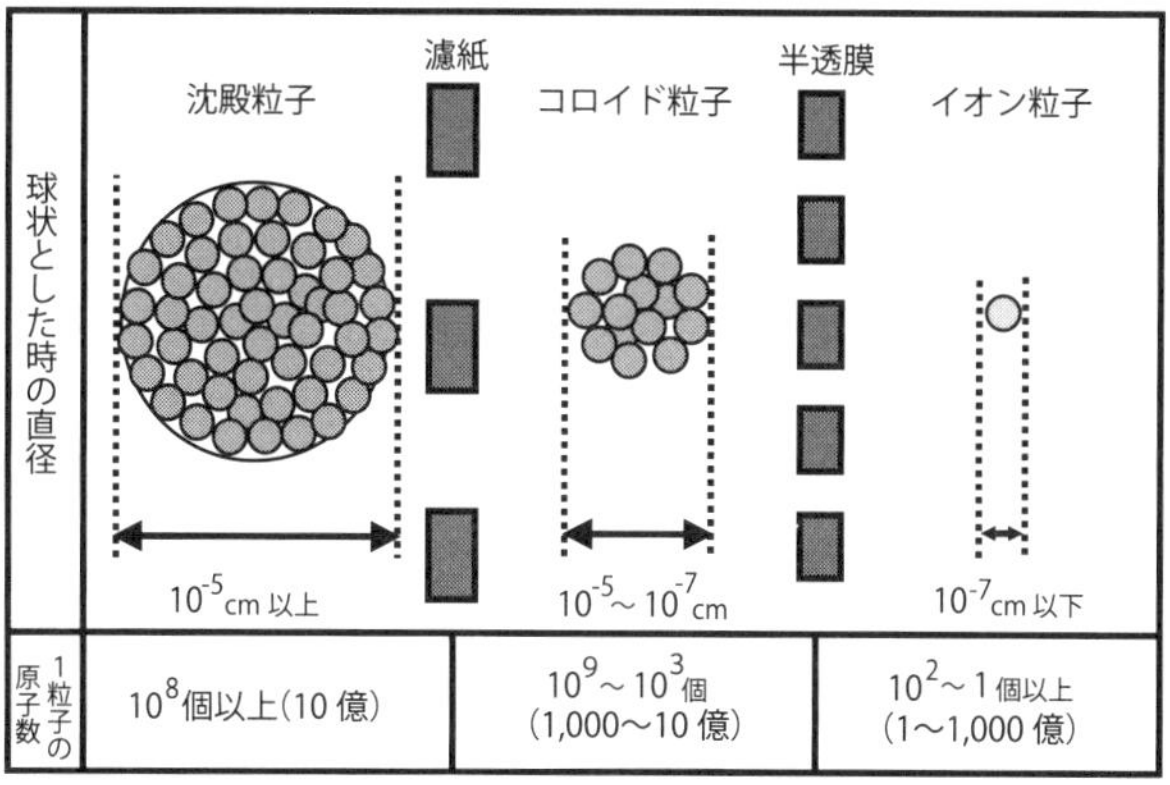

わかっています（図7）。

このような事情から、岩石類の中に閉じ込められたミネラル成分を強酸で処理して溶かし出すことで、ミネラルを単分子化、吸収されやすい形にしたミネラル濃縮液を、「ロックウォーター」と総称します。その大きな特長は、まず水が活性化されること、そして吸収されやすい多種類の微量ミネラルが健康の維持、改善に役立つこと。

そして多くの機能性を持ち、広い範囲で応用が効くこと。これについてはすでに水耕栽培、稲・畑作、養殖、鑑賞魚、排水処理、24時間風呂などへの利用が始まっています。

硫酸で溶出したロックウォーター

ロックウォーターには複数の製品がありますが、その「元祖」は、シーマロックスという名称の製品です。

シーマロックスの原料は、福島県阿武隈山系から産出される腐食花崗岩、特に黒雲母の風化体である蛭石《ひる》から、硫酸によってミネラル諸元素を溶解溶出した完全な無機液です。

原料に黒雲母が選ばれた理由は、通常の天然鉱物に比べて、その含有ミネラルの種類の多さが突出しているからです。構成ミネラル分は変わらず、溶出の作業が容易かつ量も多いことから、風化体の蛭石が用いられました。

多種類のミネラル分を溶出したこのロックウォーターは、水に添加した場合、①殺菌作用 ②脱臭作用 ③凝集作用 ④植物の成長促進作用 ⑤連作障害防止作用など、極めて興味深い現象を起こすことが発見されました。

また、生体に対しては優れた止血作用や生傷治癒作用があり、さらにアトピーや生活習慣病その他に対する効果が報告されています。

これらの効果の発現機構として、シーマロックスの添加による各種ミネラル成分の作用とともに、微量の活性酸素および水の集合分子の大きさを含む構造変化が、寄与していると考えられています。

クエン酸で溶出したニューロックウォーター

シーマロックスなどのようにミネラルは、鉱物から硫酸で溶出する方法が主流で、そのミネラル添加水飲用によって、さまざまな健康効果がもたらされました。

しかし「硫酸」が持つイメージから、飲用とすることに抵抗や不安を生じさせるという課題も残っていたのです。

近年、その溶出の工程に、食品である「クエン酸」「フルボ酸」を使う技術が生まれたことで、その不安も払拭されたばかりか、多種類の微量元素溶出に成功しています。

七沢研究所がこの方法を用いて、大分県佐伯市宇目原産「日瑠売石《ひるめいし》」から溶出したミネラル溶液「ミネラルさん」も、約50種類の微量元素を含みます。

「日瑠売石」は、この地方で世界最大級の巨大カルデラを誕生させた地球エネルギーによって、1万年の時をかけて熱変性を受けた「エネルギー鉱石」です。

「日瑠売石」の構成鉱物調査では、石英を主体に、曹長石や雲母の1種であるアナイトの他、微量のパラ珪灰石を含有していることがわかっています。またこの鉱石の大きな特長として、マグネシウム、カルシウム、カリウムといった主要元素はもちろんのこと、必須微量元素の種類が極めて豊富な化学組成が明らかになっています。

現在、自然界に存在する元素は89種。「日瑠売石」はそのうちの58種類の元素を含有しています。

糖尿病の改善に関連するバナジウム、そして、問題の活性酸素除去酵素であるＳＯＤ酵素の活性化に大きく作用するマンガン、銅、亜鉛、さらには生物の成長因子に関係するコバルト、生体内で極微量ながら他の元素と共存し生体維持に関わるといわれるチタンなど、一般の岩石では見られない微量金属元素や、さらには地球の始源的組成とされる希土類元素を多種含有しています。

生命維持に欠かせないミネラル

栄養素としてのミネラルについて、もう少しお話しましょう。

人、動植物の生命維持に必要な必須ミネラルは、7種類あります。カルシウム、マグネシウム、ナトリウム、カリウムの4つがプラスイオンで、塩素、硫黄、リンの3つはマイナスイオンです。

このほかに、プラスイオン・マイナスイオン合わせて15種類の微量ミネラルがあり、必須ミネラル7種類と合わせて22種類が、生命維持に欠くことのできない、酸化、還元、中和、合成などを体内で営んでいます。

体内で「酵素」が働くにも、ミネラルが必須です。

生命を維持するエネルギーを作ったり、皮膚や臓器の新陳代謝を行ったり、体内で起こる化学反応のすべてが酵素なくしては行われません。酵素は家づくりにたとえると、「大工」の役割をしており、栄養という建材があっても、それを使う大工が働かなくては、建材は転がったままで、家は建ちません。

酵素の活性が低下すると、化学反応を起こすのに通常の10の9乗～20乗倍も時間がかかるといわれています。つまり酵素に活性があれば1分で完了する反応が、不活性になると、最低でも10億分（約1900年）もかかり、その反応は起きないのと同じ、ということになってしまいます。そして酵素の半数以上が、その活性に「ミネラル」を要するのです。

日本人の慢性的なミネラル不足

1954年ノーベル化学賞、1962年ノーベル平和賞を受賞したライナス・ポーリング（1901年～1994年）博士は、「どんな病気も、すべて例外なくミネラル不足に帰する」と唱えていますが、残念なことに日本人は、国土の事情により、総じてミネラル不足の状態です。

薬石は、カルシウムをはじめとする、ミネラルの多い海底が隆起した地層から産出されるという話をしましたが、こうした山は日本では例外的なものです。日本の多くの土壌は、火山活動の結果、灰が降り積もってできたものなので、大陸に比べ、水も土壌もミネラル含有量が極めて少なく、そこで育つ植物も、それを食んで育つ家畜たちも、それらを食する私たちも、やはりミネラルは不足してしまいます。

そんな日本で、さらに作物の含有ミネラルの減少が確認されています。

科学技術庁が調査・発表している2015年度の日本食品標準成分表データでは、1950年から2015年度までの主要野菜の鉄分を比較しています（図8）。

図８ 単分子と他との大きさの違い

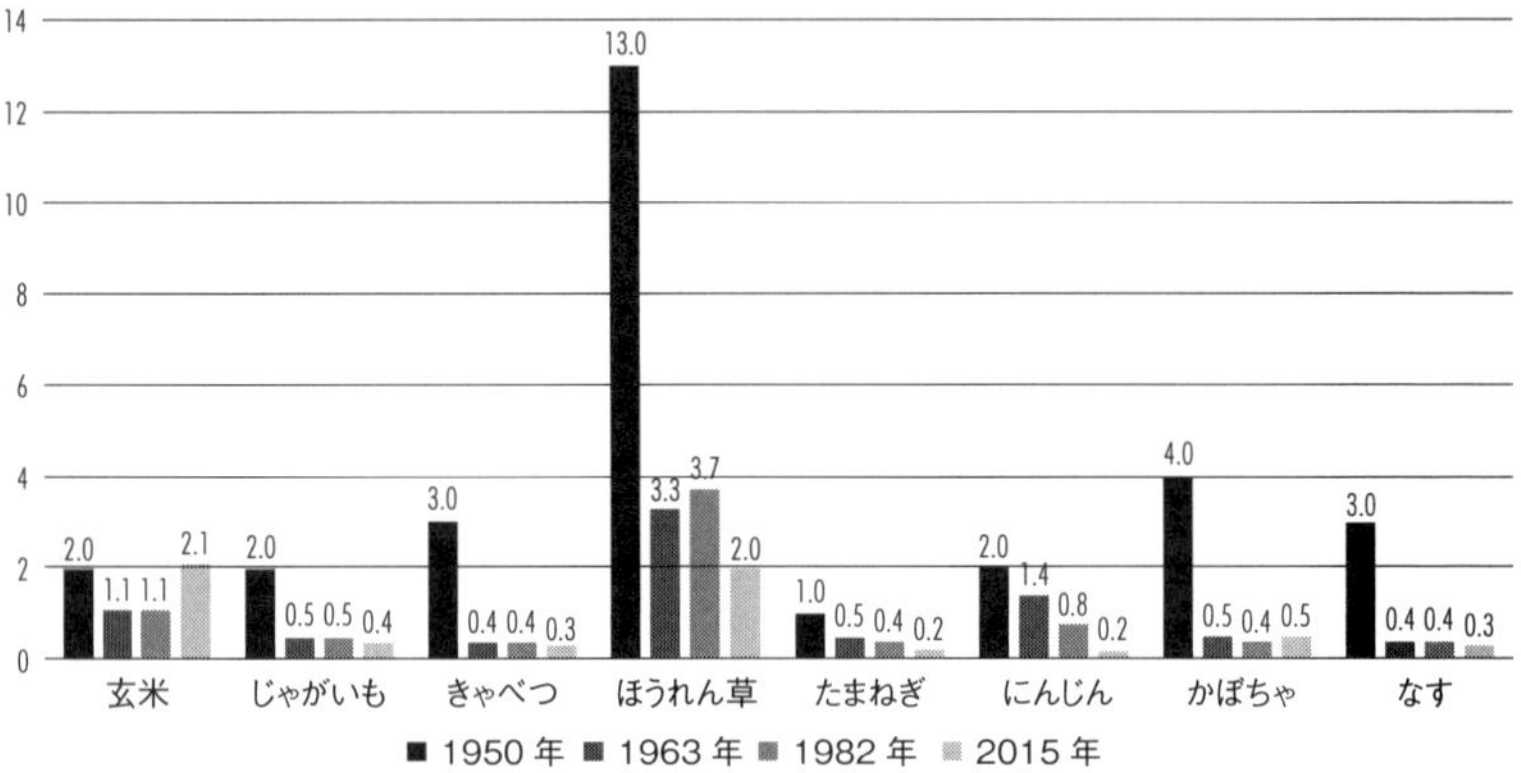

１９５０年には13mg／１００gあったほうれん草の鉄分が、２０１５年には2.0mg／１００gと、約6分の1以下に、かぼちゃやナスも、軒並み10分の1前後に減少しています。

冷蔵庫に保存しておいた野菜が、時間が経って、ドロドロに腐ってしまったという体験はないでしょうか。昔は、古くなった野菜は干からびてしまうことはあっても、このように腐ることはありませんでした。この原因も、細胞を作るミネラルの不足にあると考えられているのです。

戦後70年の間に、農作物の収量を増やすために大量に使った窒素・リン酸・カリウム等の肥料で土壌が枯渇、さらに農薬の多用によって、土中のバクテリアや微生物のバランスが大きく崩れました。そのため、作物は十分なミネラルを吸収できなくなってしまったのです。

ミネラル不足の飼料を与えられた家畜もミネラル不足のため、病気にかかりやすく、私たち人間も、食品から十分なミネラルを摂ることができなくなるという、「負の食物連鎖」が起きています。

「ロックウォーター」を添加した水は、このように不足しがちなミネラルを日常的に効率よく補う意味でも、大いに役立つ活性水だといえるでしょう。

⑥磁気処理水

永久磁石のN極とS極の間を、ある流速以上で水を通すと、一種のエネルギー変換が行われ、結果として水自体と水中の溶解物質の内部エネルギーが増加します。すると水の浸透性がよくなり、植物の成長を速めたり、腐食を遅らせたり、水垢の付着を防いだりと、いろいろと興味深い現象が生じることが知られています。

強い電場や磁場の中にイオンを含んだ水を通過させたり、水中に電流を流したりすることで、水の汚れの状態が変化したり、水の分子構造が変化して「水の物性」が変わることは、13世紀ごろから研究されていたようです。

水を磁気処理することで、一種のエネルギー交換が行われ、その結果、水自体と水中の溶解物質の内部エネルギーが増加し、数々の物理的変化をもたらすという2つの作用が起こります。

こうした現象を「MHD現象」、つまり「起電力の発生」によるものと初めて立証したのは、1832年、イギリスのマイケル・ファラデー（1791～1867年）でした。私たちが理科で習った「ファラデーの法則」の発見者です。彼は、テムズ川の水流から電気エネルギーを取り出すことに成功したのでした。
磁気処理によって水の中に浮遊している「懸濁物質」に物性変化が見られることから、1945年、ベルギー人のT・フェルメイレンが、湯垢削減に対する水の磁気処理利用について特許を取得、工業分野への利用も始まりました。特にロシアを中心に水の硬度の高い地域において、水垢や鉄サビの防止に広く使われ、磁気処理水製造の実用化製品が販売されています。

磁気処理水とは?

1965年、インド・ボンベイ科学アカデミーのジョージ博士が、「水の物理的特性に与える磁場の効果」と題する論文を発表しています。その内容の骨子は、「向かい合った磁極の間に水を通すことにより、水に物性変化を起こし、表面張力の減少、pHのアルカリ側への移行、ヒドロニウムイオン濃度の現象などを測定したところ、この変化が認められ、また10日以上にわたって持続することがわかった」というものでした。
ジョージ博士はその論文で、水素イオンである「ヒドロニウムイオン」の濃度変化について触れています。磁気処理によってこのイオンが配管表面に吸着されることで、腐食物質を遮断し、サビを抑えるのです。

赤サビは、鉄サビなどを含むミックススケール(水垢)から発生するので、それを除去することによりサビを防ぎ、さらには黒サビ（マグネタイト）を増加させることでも、配管を長持ちさせます。

赤サビ（オキシ水酸化鉄 6FeO（OH））は、電子（e-）の供給を受けると、酸素（O_2）と水分子（H_2O）が切り離されて還元され、細かい結晶で体積が10分の1以下の、硬い「黒サビ（マグネタイトの皮膜／Fe_3O_4）」へと変わるため、赤サビそのものが消えていきます。

そのサビやすさから「腐る金属」として嫌われていた鉄でしたが、黒サビの発見がこれを救いました。人工的に黒サビを鉄に付着させ、鋤や鍬、鉄瓶や鍋などの鉄製品のサビを防止することが可能になったのです。日本の古い建築に見られる和釘にも、黒サビによって赤サビの発生を抑える技術が用いられています。

日本でも近年、ビルやマンションの水道管の水垢防止や赤水対策に、また海水を冷媒や熱源に利用しているところでは、貝類をはじめとする海洋生物の取水管への付着防止に利用されるようになりました。

このジョージ博士の論文によって、磁気処理水の実用化が一挙に進み、水の中に含まれる「懸濁物質」の物性変化だけでなく、「水そのもの」も表面張力の減少、pHのアルカリ側への移行など、生体によい状態へと変質されることが立証されたのです。

その後、各国において次々に実用化装置が考案され、現代まで引き続き販売されているものも多くあります。

磁気処理水を利用した効果としては、次のような事例もあります。

・井戸水使用による鉄粉の詰まり解消
・アトピー性皮膚炎の解消
・家畜のさまざまな症状の寛解、畜舎のアンモニア臭の改善
・農薬の使用による手荒れの改善
・苗や植物の根の生育促進
・雑菌の増幅抑制、有用菌の繁殖促進など

1977年に、ロシアのヴェ・イ・クラッセンが著した『水の磁気処理』は、データにばらつきはあるものの、多方面への磁気処理の応用結果がまとめられており、磁気処理についてバイブル的な存在となり、5年後の1982年に増補された第2版は、日本にも紹介されました。

また1986年には、K.W.Buschらが、水の磁気処理について詳細な基礎的検討を行っています。磁石の間を電解質を含む水が通ることにより、電磁誘導による起電力が発生し、電気が流れることが突き止められました。このことから磁気処理をすることで、間を通る水に電気分解が生じていると考えられます。

磁気処理装置のもっとも注目すべき点は、化学薬品を使用せずに、化学薬品を用いた場合と同様か、

あるいはそれ以上の効果が期待できることです。環境を汚染する心配もなく、さらに外部からエネルギーを供給する必要もないので、ランニングコストのかからない、省エネルギー・省資源型であることが重宝されています。

⑦情報水

水に記憶された微細なエネルギーや情報により、水に特定の機能を持たせる情報水。第5章の「新しい水の科学」では、水は情報を記憶するという性質をテーマにお伝えいたしました。ここでは、日本において比較的早い段階から普及されている情報水を2種類紹介いたします。

π《パイ》ウォーター

πウォーターは、1964年に元名古屋大学農学部の山下昭治博士が開発した代表的な活性水です。分析機器で検出できないほど、超微量な濃度の2価3価鉄塩が水の特性を大きく変えていることから、情報水に分類されます。

山下博士は、植物の花成現象の観察から、花が芽をつけ花となる遺伝的情報は、水が関与しているのではないかと考えました。植物の生育実験により、水中に存在する微量の2価3価鉄塩が記憶媒体として働き、生命情報を伝えていることを見出しました。これが生命を育む生体水であり、この生体に特有な水をπウォーターと名づけました。
山下博士は、水には一般水と生体水との2種類があり、一般水は文字通りわれわれの身近な生活環境に見られる水道水や河川、湖沼の水であり、生体水とは生命のある動植物の中に存在する水であると定義しています。一般水と生体水とは同じ水であっても、その物性や動植物などに対する生理活性効果は大きく異なることから、水は中性で一定不変の物質であるという、従来の定説を否定しています。πウォーターは生体水であり、山下博士は、これを人工的に合成することに初めて成功した人です。

2価3価鉄塩とその塩を担持する脂質の複合体が脂質濃度で2×10^{-12} molのとき、もっとも大きな効果を発揮するといいます。それに加えて、10^{-6}と10^{-18} molのときにも効能のピークが存在します。2×10^{-12} molの濃度は現存の分析機器では検出不能なほど超微量な濃度です。山下博士は、植物の生育実験・動物の飼育実験を通して、これらの原理や濃度を発見しました。

πウォーターの大きな特徴の1つは、非イオン水であることです。つまりイオン化しない水（あるいはイオン化傾向の弱い水）です。すなわち、化学反応や酸化還元反応をしない（してもきわめて弱い）水といわれます。それを示す実験の例を説明します。

2つの水槽を用意し、塩素を抜いた水道水を入れた水槽をAとし、πウォーターのみを入れた水槽をBとしました。両方の水槽に青酸カリ溶液を混ぜた上で、水槽にメダカを入れると、Aの水槽では5分以内にすべてのメダカが死滅し、Bの水槽では元気に泳ぎ回っていたことが確認されています。

πウォーターの中では、青酸カリを入れてもイオン化しないので、毒にならずにメダカは直接青酸カリの毒性に影響されずに済んだというわけです。

πウォーターの物性の計測例として、NMRにより①水クラスターが小さい、②表面張力が小さい、③蒸発速度が遅い、④強い還元作用がある、などが報告されています。

共鳴磁場水、波動水

米国カリフォルニア州を本拠とする、バイオスペクトロニクス研究所のQuinnとZanierは、「ロッドウォーター」と名付けた生理活性機能を持つ水を開発しました。

Zanierによれば、無機であれ有機であれ、すべての分子は各々固有の共鳴構造を持ち、各物質の持っている固有の電場、磁場あるいはほかのエネルギー場を、ほかの物質に転写することが可能であるといいます。このフィールドの転写という目的にもっとも適した物質が水であり、たとえば、ベンゼンの共鳴場を水に転写すれば、ベンゼンによく似た働きをする水をつくることができるといいます。Zanierの理論に基づき、Quinnが１９８６年に製造方法を確立したといわれています。

そののち、同じカリフォルニアに住むL.H.Lorenzen Jr.がこの水の紹介と理論を発展させ、「共鳴磁場水」を開発し、日本においては、江本勝氏によって紹介されました。

その後、江本勝氏は、ＭＲＡ（共鳴磁場分析器）と名付けられたいわゆる、波動測定器を用いて、人間の生体情報の乱れを測定し、その乱れを修正する情報を水に転写した「波動水」を作成しました。

波動機器の普及と共に、「波動水」による多くの健康状態の回復が報告されるようになりました。日本において、「情報水」「波動水」と呼ばれるものの多くは、この流れを組んでいます。

⑧その他の処理方法による機能水

これまで見てきた方法以外にも、水の機能を飛躍的に高めるものが存在します。そのいくつかをご紹介しましょう。

純水

溶解、あるいは混入している不純物を、限りなく除去し、原材料の持つ繊細な味と香りを引き出すために、清涼飲料水や茶系飲料の原料水として使われるのが、「純水」です。

製法により大別すると、「イオン交換」と「蒸留」による2種類の純水があります。

「イオン交換」は、イオン交換樹脂を通して、「蒸留」は加熱・蒸発によって、主として溶解している電解質を除去したものです。その純度は、電気伝導率の測定によって評価が可能です。

「理論純水」といって、純度100％の超高純度水を表す名称もありますが、このような水は自然界には存在せず、また人工的に作ることもできません。仮に作ることができても、容器に入れれば容器からの溶出汚染が、大気に触れれば空気成分その他の溶解汚染があり、100％の純度を保つことは現状、不可能と考えられています。「理論純水」は、あくまでも机上のアイディアルな水だということになります。

この理論純水に、限りなく近い高純度の水を、「超純水」と呼びます。理論純水（純粋な水）の電気抵抗率は18.24MΩ・cmであるのに対し、「純水」と呼ばれる基準の水が電気抵抗率0.5～10MΩ・cm、超純水は約15MΩ・cm（25℃）以上と、理論純水にかなり近い数値になります。電解質はもちろんのこと、有機物、生菌、微粒子、シリカ、溶存気体なども除去の対象になってきます。

超純水という言葉や概念は、半導体産業の進展とともに生まれ、育ってきました。半導体の製造工程では、何らかの処理を行ったあとにはかならず水で洗浄してから、次の工程に移ります。その場合に、洗剤を使用すると多かれ少なかれこれが残留し、製品の性能に悪影響を及ぼすため、純度の高い水を使って洗浄する方法が採用されたのです。

純度の高い水は、いろいろな化合物をよく溶解する優れた溶媒であり、水に溶けているものを除去すればするほど、ハングリーな状態となって、いろいろなものをより溶解しやすくなります。半導体集積回路の1個あたりに組み込まれた素子の数（集積度レベル）によって、純粋に要求される純度が設定されています。

オゾン水

水道水の塩素殺菌による問題点のところで、ヨーロッパではコスト的に「オゾン処理」が可能であることに触れました。

世界で初めて行ったのはオランダですが、すでにヨーロッパでは当たり前になっています。

オゾンとは、O_3の分子式で表される酸素の同素体、微青色で特有の臭気がある気体で、大気上層部にオゾン層として存在しています。太陽からの有害な紫外線を吸収する作用や、強い酸化力があります。特に水に溶けたオゾンは、強力な酸化作用を発揮し、どんな菌でも全滅させるほどの殺菌力があり、その力は塩素の数倍から約10倍ほどといわれます。

化学薬品を使わず、安全で効果の高い処理方法ですが、オゾン発生機、反応槽、排オゾン処理装置などが必要で、これらは非常に高価なこと、安価な塩素に比べ、電力などのランニングコストがはるかに高いこと、そして法律で水道水の塩素殺菌が義務付けられていることから、日本ではヨーロッパに比べて導入が遅れています。

しかし東京都では、通常の浄水処理に加え、オゾンの強力な酸化力と生物活性炭による吸着機能を活用した「高度浄水」を導入、これにより取り除けなかった水の中に残る微量なトリハロメタンや匂い、有機物などをほぼ完全に除去することが可能になりました。

平成元年に金町浄水場において、高度浄水施設の整備に着手して以来、利根川水系の浄水場に順次、導入を進めてきた結果、平成25年10月には利根川水系の浄水場すべてに導入を達成しています。

上水では導入が進みにくいオゾンですが、有機物の分解による排水の脱色、悪臭成分分解に優れた力を発揮するため、下水処理や、し尿処理においては、全国300か所以上の処理場で採用されています。最近は、オゾンを超純水に溶解させた「オゾン水」が、半導体関連産業で製品・半製品や配管の洗浄水として使用されています。工業的には、使用場所において、空気あるいは酸素を水分除去後に無声放電させる「オゾナイザー」で製造するのが、一般的なようです。

オゾンは容易に酸素に分解するので残留性が非常に少ないという利点があり、食品や調理器具などの殺菌にも、水道水等に溶解させたオゾン水が利用されています。

超臨界水

液体であって同時に気体でもある。液体と気体の両方の特徴を兼ね備えた水が、「超臨界水」です。水にかける温度と圧力を上げていくことで、374℃・22MPaに達すると、液体と気体の境界線がなくなる臨界点となり、水の状態では存在できなくなり、それは「高密度の流体」と呼ぶべきものになります。この境界を超えた高密度の水を、「超臨界水（Super Critical Water 略してSCW）」と総称しているのです。

この水の特徴は、油と混ざり合うことです。水は本来極性溶媒なので、塩類はよく溶解しますが、極性のない油は溶解しません。また、空気も水にはほとんど溶けません。

しかし超臨界水になると、極性がなくなり、油がよく溶けるようになる一方で、塩類がほとんど溶けなくなります。また、気体の特徴も持つため、空気もよく混ざるようになるのです。猛毒のダイオキシン、勇気塩素系溶剤、そのほか火のつかないどんな有機物とも混じり合い、最終的には無害な二酸化炭素、水、無機塩などに変えてしまいます。この無害化のメカニズムこそ、超臨界水の最大の特徴といってよいでしょう。

塩素が持つ有機物、有機塩素系化合物は、焼却も困難なほど安定した「非分解性」のものが多く、ことにＰＣＢや発がん性のあるトリクレンなどは、不燃油扱いとなっているほどです。そんな不燃性物質も「超臨界水」と混じり合うと、その加水分解反応によって、見事なまでに小さな分子に分解されます。物質によっては数秒で分解され、ＰＣＢのような強力な有機塩素化合物ですら、1分以内に塩素がはぎとられ、無害分子に分解されてしまうのです（図9）。

さらに超臨界水に酸素を加えると、有機物の細かい残骸までもが、さらに小さな炭酸ガスや水にまで酸化分解されることが判明しています。

焼却の、処理しきれない煤塵などが大気を汚すという弱点も、この超臨界水による処理で解消されます。深刻な環境問題の原因となるダイオキシンやＰＣＢ、サリンやＶＸガスなどの科学兵器の処理法と

図9　超臨界水の活用例

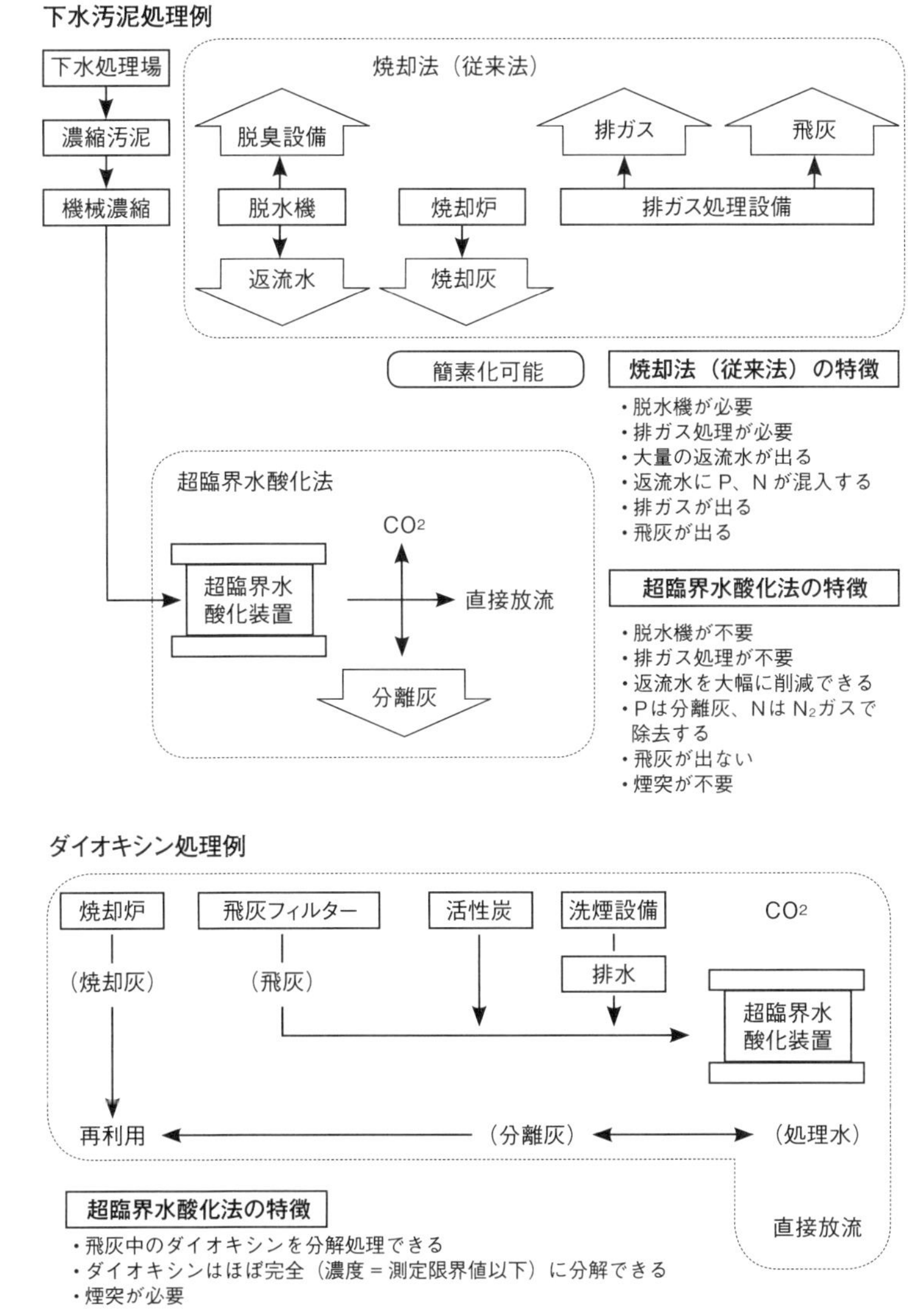

下水汚泥処理例
下水処理場
濃縮汚泥
機械濃縮
焼却法（従来法）
脱臭設備
脱水機
返流水
焼却炉
焼却灰
排ガス
飛灰
排ガス処理設備
簡素化可能
焼却法（従来法）の特徴
・脱水機が必要
・排ガス処理が必要
・大量の返流水が出る
・返流水にP、Nが混入する
・排ガスが出る
・飛灰が出る
超臨界水酸化法
CO2
超臨界水酸化装置
直接放流
分離灰
超臨界水酸化法の特徴
・脱水機が不要
・排ガス処理が不要
・返流水を大幅に削減できる
・Pは分離灰、NはN2ガスで除去する
・飛灰が出ない
・煙突が不要
ダイオキシン処理例
焼却炉
（焼却灰）
飛灰フィルター
（飛灰）
活性炭
洗煙設備
排水
CO2
超臨界水酸化装置
再利用
（分離灰）
（処理水）
直接放流
超臨界水酸化法の特徴
・飛灰中のダイオキシンを分解処理できる
・ダイオキシンはほぼ完全（濃度＝測定限界値以下）に分解できる
・煙突が必要

して、大きな期待が寄せられている活性水です。

海洋深層水

海洋学でいう深層水は、海面下、千数百メートル以下から4000メートルの間の海水のことをいいます。これだけの幅があるのは、緯度によっても季節によっても深さが変わるからです。

高知県海洋深層水研究所を拠点とし、日本で海洋深層水の研究が開始されたのは、昭和60年初頭でした。この研究所のある室戸岬東岸は、海岸線からすぐ急傾斜の山々がそびえ立ち、その地形はそのまま海底まで続いています。なだらかに水深100メートルまで続きますが、そこから一気に崖のように深くなって、その先は水深1000メートルに達しているので、海洋深層水の取水地としては理想的環境といえるでしょう。

海洋深層水の特徴として、現在、次のことがわかっています。

・低温安定性…室戸岬沿岸の表層水は16~28℃の範囲で変動しているのに対し、深層水は常に約9.5℃で安定している。
・富栄養生…窒素やリン、ケイ酸などの無機栄養塩に富み、室戸岬の場合、沿岸表層水と比較して10~30倍の濃度がある。

・清浄性…陸水を通じて流れ込む細菌類や大気からの化学物質などに汚染されない。海洋性細菌についても表層と比べ、非常に少ない。
・熟成性…水圧30気圧下で長い年月をかけて形成されており、性質が非常に安定している。
・ミネラル特性…必須微量元素をはじめ、さまざまなミネラルがバランスよく含まれ、海洋深層水特有の溶存状態になる元素の存在も明らかになりつつある。

水産分野での応用はもちろん、食品、美容、医薬品などへの利用も実用段階での研究開発が行われています。

別天水

宮中祭祀で使われた水を現代のテクノロジーで再現

ここまでは、健康維持や環境改善、農・水産・工業利用を目的とした活性水を中心に紹介してきました。

次に、その昔、日本の宮中祭祀において使用された神聖なる水を、現代のテクノロジーで再現、進化させた、別天水を紹介いたします。

一章でも触れたように、「神祇令」によれば、新帝の即位にあたり、中臣氏が「天神之寿詞《あまつかみのよごと》」を奏上する規定がありました。

「天神之寿詞」の内容は秘伝であったらしく、『延喜式』の「祝詞式」にも収録されていません。

しかし幸いなことに、藤原頼長の日記『台記』の別記に、康治元年（１１４２年）の近衛天皇の大嘗祭の時のものが「中臣寿詞」として筆録されたおかげで、今日、その輪郭を知ることができます。

そこには「皇御孫尊《すめみまのみこと》の御膳都水《みけつみず》は、宇都志國の水に天都水を加えて奉らむと申せ」とあります。

「宇都志國の水」とは、大地の恵みにより得られた水のことを、

「天都水」とは、天皇による祝詞が吹き込まれた水であることを指します。

「宇都志國の水」と「天都水」、いわば位相の差のある「二つの水合わせ」がここには示されていて、このことが「中臣の水の呪儀」における核心部分であるともいえるでしょう。

これらの文献を元に、七沢研究所では古くから日本で行われてきたこの「水創り」に関する中身を研究し、新たに開発したテクノロジーを用いて現代における新たな水を創造しました。

現代のテクノロジーで「地の水」と「天の水」を統合

「宇都志國の水」とは、大地の恵みにより得られた水、とあります。

ミネラルが豊富な地下水を、「地球の響き（シューマン波）」と共振させる工程により、大地の恵みに

よって得られる「宇都志國の水」の現代版が完成します。

シューマン波とは、地球と電離層の間に存在する、約7.8Hzの波長を持つ電磁波です。

この周波数帯は、我々がリラックスした状態の脳波と近似していることで注目されています。地球の長い歴史の中で、人間を含むすべての生物は、この振動の中で進化を遂げてきたのです（図10）。

特殊な装置を使ってこのシューマン波を水に与えると、その低周波電磁波が水分子の水素結合に吸収され、その結合角度が104・5度から108度に変化するのです。

この108度という角度は、ちょうど正五角形の1つの内角と同じですから、この状態の水分子が5個集まると、正五角形に結合し、水分子は非常に微細で安定した結晶構造を形成します。

正五角形に結合した水分子が集まると、12枚の正五角形の面を持った、正十二面体が形成されます。

この正十二面体の水分子が水素結合によって立体的に結合、その中に水以外の物質が包み込まれてできる結晶のことを、「クラスレートハイドレート（原子レベルの立体構造）」と呼びます。

立体構造の内部には、原子レベルの空洞「マイクロキャビティ」が生まれます（図11）。

図 10　シューマン共振波

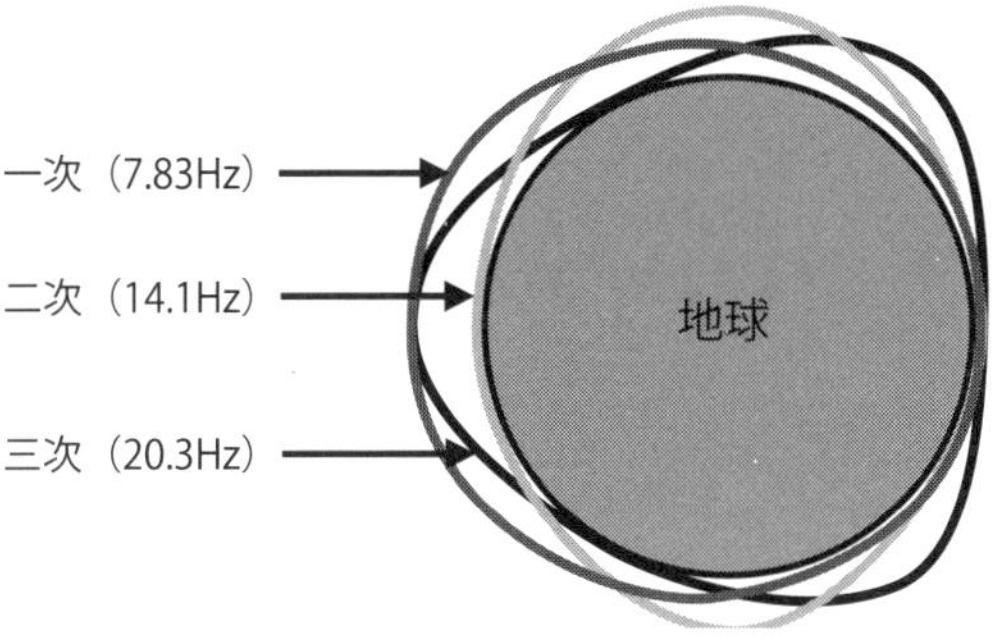

出典：ウィキペディア

図 11　シューマン波によるクラスレートハイドレート形成のプロセス

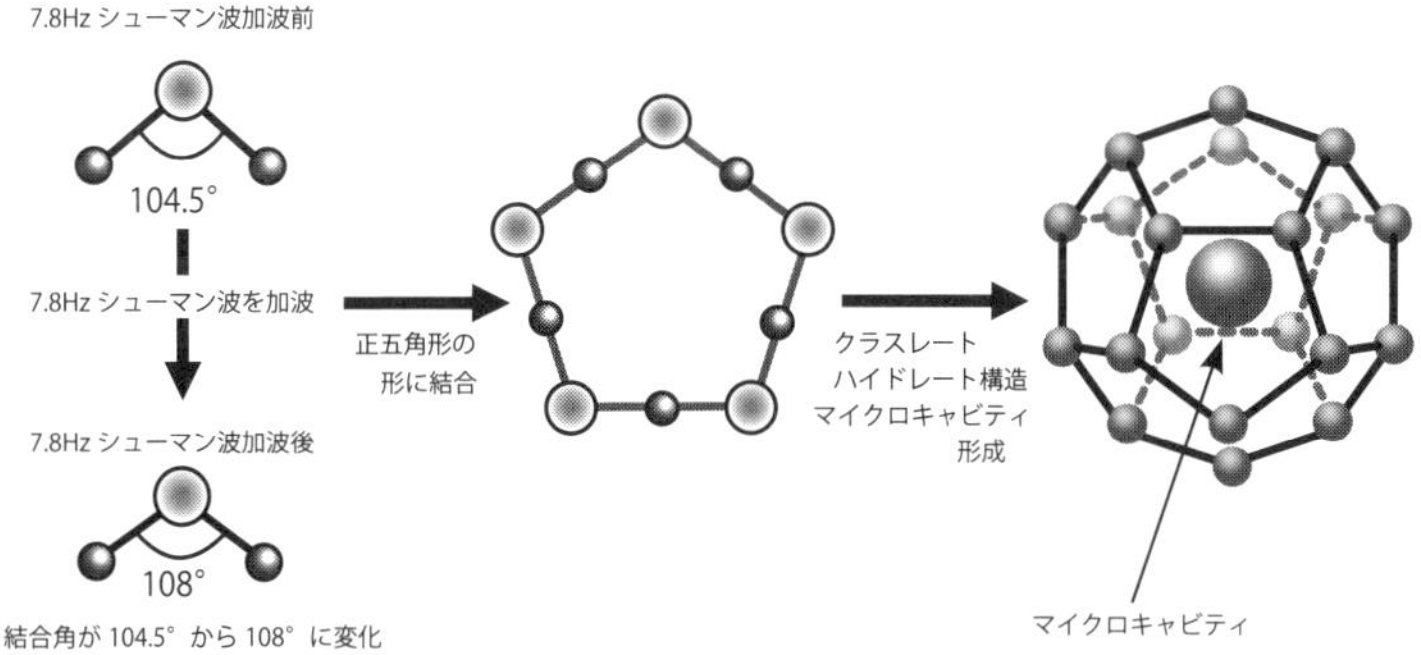

マイクロキャビティは原子・分子1個がようやく入るくらい、半径2.6オングストローム（0.1ナノメートル）の球体が内接する大きさです。エネルギー的に活性化された分子、イオン、栄養物質や薬品などの有効成分を取り込むことが可能で、さらに電磁気的なエネルギーが相殺されるため、それらの物質は、状態を保ったまま長期間保存されることになります。クラスレートハイドレート構造の水分子は、さまざまな物質や情報が安定的に保持されるという、通常の水とは異なる物理的特性（誘電率、電気伝導率、粘性係数、赤外線・紫外線における光学的特性など）を持ちます。

ウクライナ、キエフ大学のヴォロジミール・イヴァノピッチ・ヴィソツキー博士[註1]はクラスレートハイドレート構造の水の研究の第一人者であり、こうした水の性質として、

・通常の水より3倍速く細胞に浸透する
・病原性微生物や乾癬異変細胞の増殖を抑制する
・がん細胞の成長を抑制する
・免疫力を細胞レベルで増強させる

などの結果を実験によって検証されています。

一方で、天皇による祝詞の吹き込まれた水である「天都水《あまつ》」の現代版の工程においては、七沢研究所が開発した言語周波数発信機（ロゴストロン）を用いて、水に大量の言語情報を記憶させます。

白川伯王家に伝わる、鬱滞を祓い清める力がもっとも強いといわれる「大祓」を含んだ、4つの祝詞からなる祓詞《はらいことば》をはじめとした膨大な言語情報が、この装置によって水に加波されてきます。

原水に含まれたミネラルとシューマン波によるクラスレートハイドレート構造は、『宇都志國の水』の要素を持ち、祓いのための祝詞を含むさまざまな言語情報を与えられ、保持させた状態は「天都水」の要素を持ちます。

これらの位相の異なる水を合わせることにより、意志と現実創造を結ぶ、まさに現代の「御膳都水《みけつみず》」が誕生します。

そしてこの水は、

天之御中主神《あめのみなかぬしのかみ》
高御産巣日神《たかみむすひのかみ》

神産巣日神《かみむすひのかみ》
宇摩志阿斯訶比古遅神《うましあしかびひこぢのかみ》
天之常立神《あめのとこたちのかみ》

と、天津神の中でも別格である五神の総称〝別天津神《ことあまつかみ》〟にちなんで、「別天水《べってんすい》」と名付けられました。

「別天水」は、「〝別天津神〟のエネルギー」、つまりは、国民の安寧などの公の意志を具現化させるエネルギーを最大限に引き出すことを目的としています。

自然水から活性水、機能水へと進化してきた水を、さらに言語情報を備えた水へと前進させた別天水は、水による人類の意識進化を促し、新たな領域を切り開こうとしています。

最新の研究成果：タキオンの概念装置による水の物性変化

タキオンの概念を取り入れた装置を開発し、その装置により発信された言語エネルギーを水に加波することにより、水の物理特性がどのように変化したか、その測定結果の1つとして、〈ラマン散乱スペクトル〉による計測結果（図12）を以下に示します。

図12　各サンプル試料水の平均スペクトル重ね書き

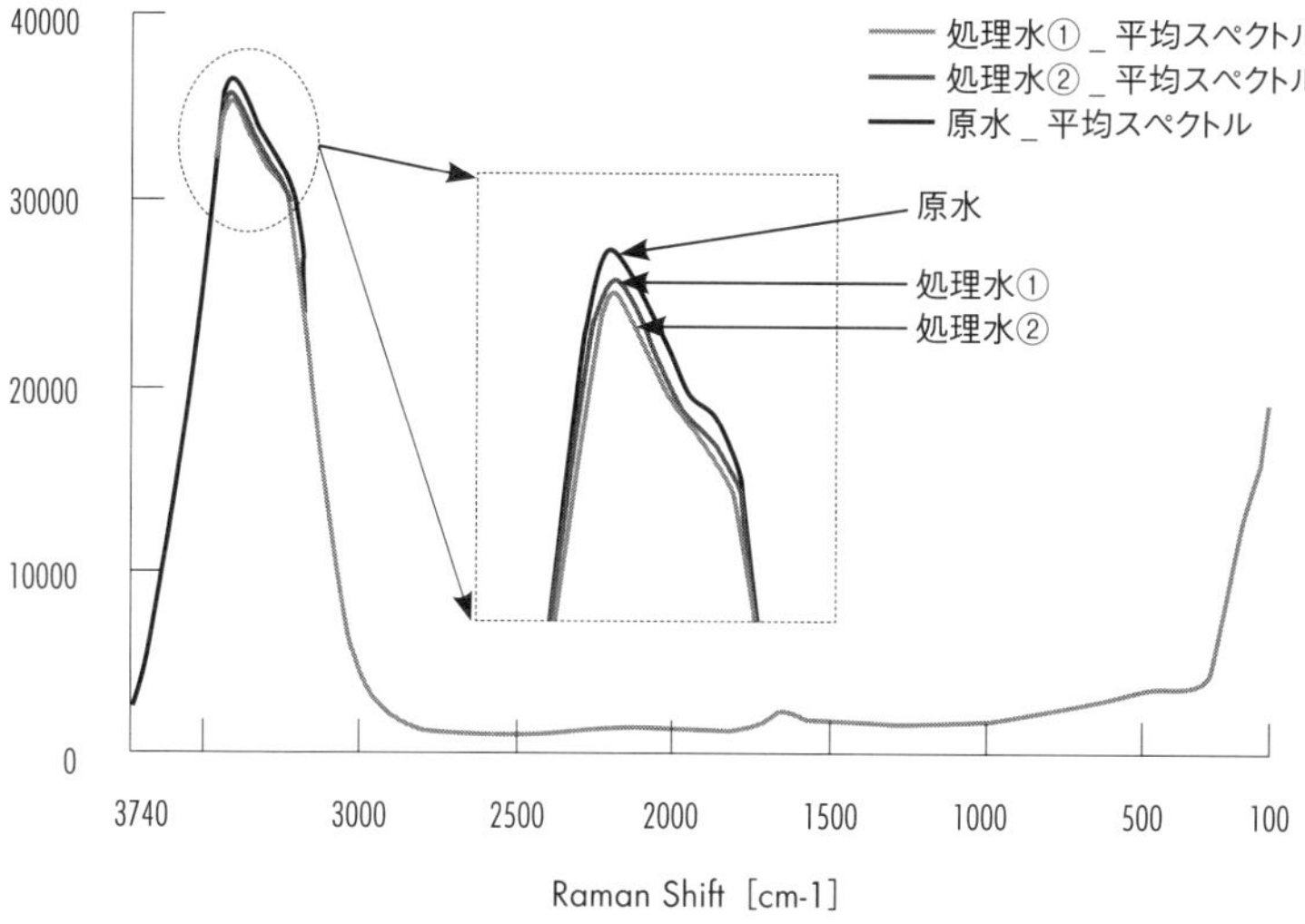

計測結果によると、原水に比較して、メビウスコイル、タキオンコイルの順にスペクトルの減少傾向が見られる、すなわち、水の構造化がより進んでいることが伺えます。

1．測定条件

測定試料：
・原水
・処理水1（メビウスコイル照射水）
・処理水2（タキオンコイル照射水）
目的：ラマン散乱スペクトルの比較
測定方法：NRS-5000型　レーザラマン分光光度計

2．測定結果

・原水、処理水ともに複数回測定を行い、再現性を確認した。

・再現測定の結果、水のO-H伸縮振動に由来する3400cm-1、3250cm-1間で原水に比べ処理水にスペクトルの減少傾向が認められる。

・スペクトルの減少傾向は処理水1より処理水2の方が大きい。

3．コメント

・処理水では、原水に比べてO-Hの伸縮振動に基づくラマンスペクトルの明確な減少が認められた。水の構造化、つまりO-H伸縮振動が抑制されていることが見てとれる。

註1　ヴォロジミール・イヴァノビッチ・ヴィソツキー博士（Dr.Volodimir Ivanovich Vysotskii）。1946年生まれ。1969年キエフ大学 放射線物理学部卒業。エベンキスキー管区ソビエト陸軍士官生として勤務。下級研究員、上級研究員を経て、量子物理学科 助教授、理論物理学科 助教授、理論物理学科 教授ののち同学科 主任教授となる。研究分野は、①微生物培養菌による同位体の元素転換現象、②活性水（MRETウォーター）の特性に関する生物物理学的研究、③非定常的量子系の相関状態における低エネルギー核反応の研究、④バブル・キャビテーションによるX線生成に関する研究、⑤超重核元素の生成に関する研究。著書に『生体系における同位体の元素転換と核融合』、『活性水の生物物理学序説』、『活性水の応用生物物理学』。

参考資料

〈正と負の時空のW・ティラー・アインシュタイン・モデル〉

エーテル領域（負の時空間）を表す、周波数領域の科学モデルとして『バイブレーショナル・メディスン』を著したリチャード・ガーバーが、〈正と負の時空のW・ティラー・アインシュタイン・モデル〉（以下〈正と負の時空モデル〉とする）を提唱しています。以下に、その一部を引用します。

「もし、エーテル体と同じようにアストラル体が実在するならば、その存在や高次元レベルの現象にはいかなる説明が可能なのだろうか。西洋の科学者はエーテル体やアストラル体の存在を説明するような数学的モデルが、現在の電磁気学理論の中から生み出されることはありえないと考えている。しかし、その問題を綿密に調べた一群の研究者がいる。その1人がW・ティラー博士である。博士はスタンフォード大学の材料科学研究所の前所長であった。W・ティラー博士は科学の枠組みを壊さないようにしながら現在の科学理論を適用することによって、ある種の微細エネルギー的現象を説明しようとしてきた」と、述べています。

リチャード・ガーバーが提唱する〈正と負の時空モデル〉は、その視点をアインシュタインの方程式に基礎をおき、W・ティラー博士が提唱する「正負の時空間モデル」を参照して創りあげたものです。そして、この（図13）は、光速における物質とエネルギーの指数関数的な関係を表現しています。グラ

図15 正・負の空間における、W・ティラー／アインシュタイン・モデル

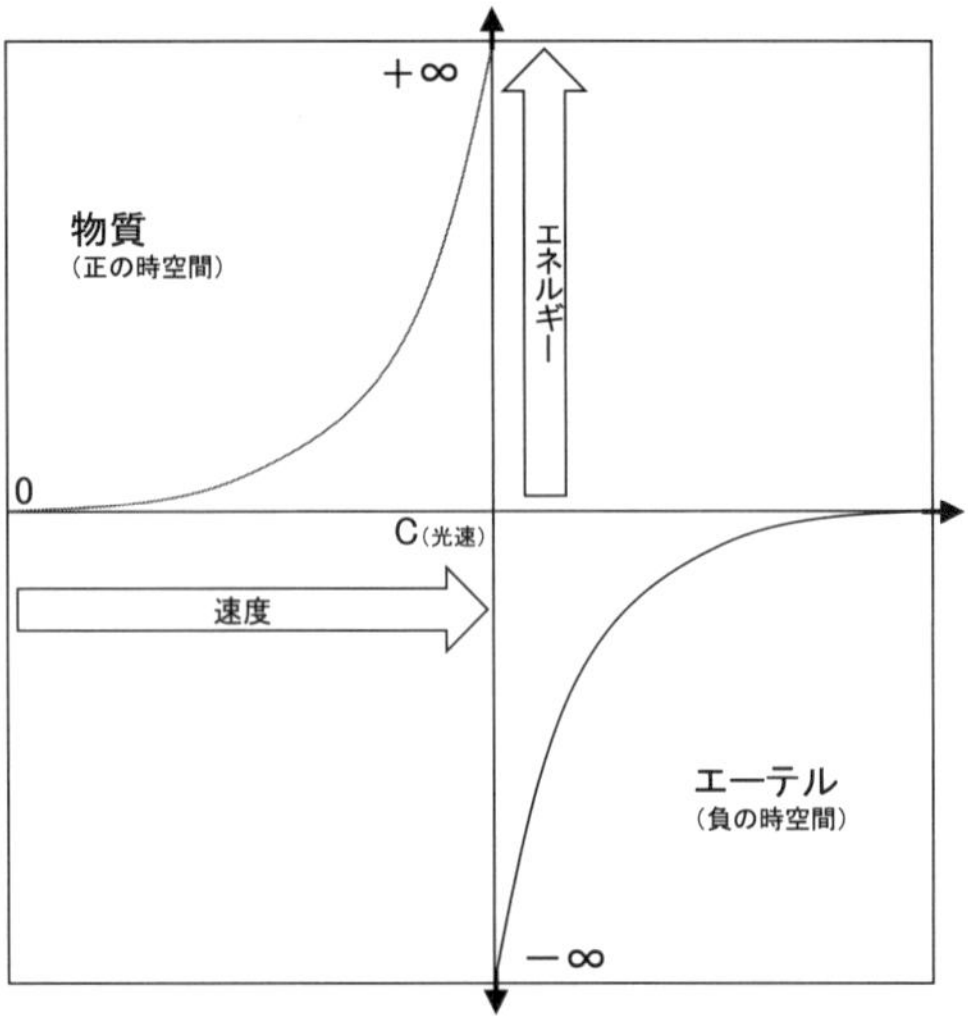

フ上で光速をあらわす軸Cの反対側にもう1つの反転した鏡像のような曲線があることが確認できるでしょうか。W・ティラー博士は、光速の左側に位置する領域を「正の時空」と呼びました。これは「物質時空の宇宙」として知られたものです。正の時空の物質は光速以下の速度でしか存在することができません。軸Cの右側のひっくり返った曲線は光速を超えた速度にあたり「負の時空」をあらわしています。この負の時空、そして超光速で運動する粒子の世界は、現代の物理学者にはなじみのない世界です。ところが、W・ティラー博士をはじめとする一群の物理学者たちは、「タキオン」という理論的に超光速でしか存在しえない粒子の存在を提唱しています。

また、「負の時空」の物質は負のエントロピー、つまりエルヴィン・シュレーディンガーが提唱したネゲントロピーの性質を示し、生命体はエントロピーの増大の法則に逆らうように、エントロピーの

低い状態が保たれているといわれています。生命体は、原料とエネルギーを取り入れて、自らそれらを複雑な構造学的、あるいは生理学的部分へと転換するため、生命力は負のエントロピーに関係を持っているとされています。

前述のエーテル体は、自己組織化したホログラフィックなエネルギーの鋳型であり、この鋳型は負のエントロピーの性質を持つと考えられています。エーテル体は物質的身体の細胞系に作用して空間的な秩序の形成を促します。微細な生命エネルギーが示している負のエントロピー的性質とエーテル体の鋳型は、少なくともＷ・ティラーが提唱する「負の時空」に属する物質の必要条件を満たしているといわれています。〈正と負の時空モデル〉によって、物質宇宙の事象や物質とエーテル質との相互作用について、また、エーテル基質の世界について研究するための数学的な手がかりを得たといえるのです。そして、このモデルが、アインシュタインの相対論方程式から導き出せる、とリチャード・ガーバーは主張しています。

アストラル体の微細な世界もまた負の時空の中に存在していて、光より速いスピードで振動し、エーテル体と同様の、ある種の磁気的な性質を持つと考えられています。Ｗ・ティラー博士の研究では、アストラルエネルギーは、光速の10の10乗から10の20乗の間の超光速度で運動するのではないかと考えられています。

〈正と負の時空モデル〉は、エーテル体やアストラル体の振る舞いを解釈するための、重要な興味深い特性を持っていると考えられています。

第七章

ウォーターデザイン

～水と未来～

久保田昌治

水を知り、水の力をデザインする

「水は重要だ」、と言われている割には、実際にはあまり重要視されていないのではないか、というのが、筆者の率直な実感である。もし、本当に重要と考えるなら、少なくとも、義務教育の中に水の話があってもよさそうに思われるが、それがないのが現状である。実際には高校でも大学でも、まともな水の話がないのである。我々は、水については自ら進んで勉強しない限り、赤子の状態なのが実際の姿である。

例えば、我が国で販売されているミネラルウォーターは、ざっと数えても６００種類以上はあると思われるが、その内のどのミネラルウォーターが今の自分に適しているのか考える、あるいは判断するための、基礎知識を持ち合わせていないのである。このことは、浄水器を選ぶに当たっても、同様である。水はあまりにも身近なもののために、すっかり分かったつもりになっている面が、極めて強いのである。

本書の書名でもある「ウォーターデザイン」とは、Water Design Technology を意味し、目的に最適な水をデザインする、またデザイン出来るようにする技術を意味する。それと同時に、デザイン出来るようにしようという考えであり、意志であり、概念でもある。その根底には、薬漬け、化学薬品漬けの現状が、人体に対し、薬害・環境に対し、土壌汚染・環境汚染、ひいては地球環境問題につながる現状に鑑み、水で出来ることは水でやって行こうという考え、思想であり、行動を意味する。

水はもともと、いろいろなものを溶かす溶媒としての機能を始め、熱の貯蔵媒体であり、伝達媒体でもあり、さらには意識エネルギーの記憶媒体である等々の多くの機能を持っている。これらの機能を高めることはもちろんのこと、さらに新たな機能を持たせることが出来れば、水だけでかなりのことが出来るようになってくる。その結果、有害な化学薬品の使用量を減らすことが可能になり、生体に対してはもちろんのこと、環境に対しても、極めて望ましいことになる。また、水が主体であれば、副作用や環境への悪影響の懸念も、なくすることが出来る。このことは特に、地球環境問題がクローズアップしてきた現代において、極めて重要なことである。

溶媒としての水に注目

20世紀における公害問題は、今から考えれば、あくまでもローカルな問題であった。それに対し、現在直面している地球環境問題は、人類の活動に伴う排出物や廃棄物量が、地球が本来持っている浄化能力を超えてきたことを意味している。したがって、この問題をクリア出来ないことは、地球上で人類が生存出来なくなることを意味しており、極めて深刻な問題なのである。

一般的に水と言えば、何かが溶解したり分散したりした、水溶液を意味する。決して、不純物をほとんど含まない高純度の水、すなわち純水や超純水を意味しない。自然界では、雨は蒸留水であり、純水である。近年は大気汚染などにより、純水の雨が汚染されているのが、実状である。いずれにせよ、その雨が何処に降るかにより、その後の運命が変わってくる。我が国のような火山列島では、シリカ成分の多い軟水が主流になる。一方、海底が隆起した大陸では、カルシウム成分が多い土壌のため、硬水が主流になってくる。

我々は、これまで水と言えば、水中に溶けている溶質に注目し、溶かしている溶媒にはあまり関心を持ってこなかった面がある。しかし、水の機能や働きを考えた場合、溶質に劣らず重要な働きや役割を果たしているのは、溶媒の水である。

我が国の代表的な飲料水である、水道水の場合の全溶解成分量は、約90㎎/ℓである。この溶解成分を全て食塩（NaCl）とすると、大体、水分子3万個に対し、ナトリウムイオン（Na^+）1個、あるいは塩化物イオン（Cl^-）1個といった割合になる。すなわち、水中を歩きに歩いて、歩き疲れたころにやっと、Na^+やCl^-に巡り合う、という感じである。水の活性化では、水中の溶質とともに、溶媒の水そのものも活性化することになる。

ウォーターデザインは、水の活性化が中心技術になるが、目的に適した機能を持たせるために、必要に応じ、特定の物質の添加や除去などの操作も行う。

ここでは、ウォーターデザインの1例として、電解水を取り上げるとともに、今後のウォーターデザインの開発ヒントを述べ、将来展望とする。

水の活性化とは

水の活性化

水の活性化は、主として水に、熱エネルギー以外のエネルギーを与えることにより、行う。具体的には左記のような、電気エネルギーを中心に、各種エネルギーを単独、または数種のエネルギーを併用して、活性化する場合もある。

水の活性化法

1　電気処理法
2　磁気処理法
3　電磁場処理法
4　音波・超音波処理法
5　機械処理法

6　天然石・セラミックス処理法
7　情報転写法
8　その他

活性水の殺菌力・洗浄力

実際には、特別な場合以外は、常温での熱エネルギーが常に加わっており、それに、熱エネルギー以外のエネルギーを付加することになる。このように、熱エネルギー以外のエネルギーの付加により活性化された水を、「活性水」とか、「機能水」と呼んでいる。

具体的には、例えば水を強電解すると、陽極では、強力な殺菌力を持つ強電解酸性酸化水（以後、SO水）、陰極では、優れた洗浄力を持つ強電解アルカリ性還元水（以後、SR水）が得られる。しかも、両強電解水とも、極めて安全である。一般的にはSO水もSR水も、ともに活性水と言い、特に機能にウエイトを置いた時には、機能水と言われたりしている。このような活性水であり機能水の、代表的な用途分野は表1の通りである。

表1　活性水の用途

分類	用途
農業	①発芽と成長促進　②冷害、干ばつなどの耐候性の増大　③農産物の味覚・品質改善　④収穫量の増大　⑤鮮度保持　⑥農薬の使用量低減
水産業	①養殖漁業の歩留まり向上　②病気の解消と肉質改善　③成長促進　④鮮度保持
酪農、養豚、養鶏	①乳牛の病気の解消、健康保持　②品質改善と搾乳量の増加　③病気の解消と肉質の改善　④鮮度保持　⑤成長促進
食品産業	①加工食品の味と品質の改善　②醸造発行期間の短縮と品質改善　③生鮮食品の鮮度保持
一般産業	①洗浄効果増大による洗剤使用量の低減　②ボイラー、熱交換器、温水器のスケール防止　③フロン、エタンの代替
半導体産業	①ウエハー洗浄　② RCA 洗浄の代替
医療産業	①止血剤　②創傷治療剤　③殺菌・消毒剤　④生活習慣病の予防と治療
健康産業	①体力増進　②免疫向上
化粧品産業	①化粧水　②化粧品製造用水
水処理	①殺菌効果による殺菌剤使用量の低減　②家庭排水、産業排水の浄化作用促進　③ビル、マンションの給水管のスケール防止や赤水防止　④水道水のカビ、藻などによる臭気の除去　⑤プール水の殺菌処理と浄化、水質改善
その他	①家庭やオフィスの洗剤代替　②洗車

活性水はエネルギーが高い

活性水や機能水で重要なことは、活性化する前の原水では効果・効能がなく、活性化した活性水で初めて、各種効果・効能が現れたといった場合、活性化に伴い原水が変化したという証拠がないと、なかなか納得されず、また、説得力もないということである。少なくとも、活性化に伴い、原水が変化したという証拠があれば、活性化処理に伴い、水が変化した結果、そのような効果・効能が出てきた、ということが言える。例え、現状で変化した因子で、効果・効能を上手く説明出来なくても、である。

活性化に伴う原水の変化を求める方

法としては、各種の方法がある。水の基本的な物性値である、pH、導電率、ORP、表面張力、誘電率、粘度測定に始まり、紫外線吸収スペクトル、赤外線吸収スペクトル、ラマンスペクトル、NMRスペクトル、ESRスペクトルなどの方法である。

水の電気分解では、水に対する電気エネルギーの作用効果は大きく、水の変化も大きく、pHを始め、原水と活性化処理水の差を把握するのは、極めて容易である。これに対し、電気エネルギー以外のエネルギーでの活性化では、与えるエネルギーが小さいこともあり、水の変化も小さく、一般的に、原水と処理水の差を掴むことは容易ではないのが、通常である。

ところで、この種の活性水の評価で重要なことは、エネルギーの高い、「エネルギー水」である、ということである。

ペットボトルを2本用意し、一方に熱いお湯を入れ、もう一方に常温の水を入れ、近づけて置く。そうすると、時間の経過とともに、熱いお湯の温度が下がり、常温のボトル水の水温が上昇してくる。物質分析では、Aボトル中にはあるが、Bボトル中にはない成分は、両者を混合しない限り、Aボトル中の成分は、Bボトル中の水からは検出されない。

これに対し、エネルギー水では、近づけて置くだけで、エネルギーが伝播する可能性がある。したがって、評価分析や評価測定に当たっては、原水と活性化処理水を近くに置いたり、一緒に梱包して送ったりすることは、望ましくない。本来なら差があるものが、差がない、という測定結果に成りかねないからである。

さらに、測定に当たっては先ず、原水を測定し、次に、処理水を測定するという順序で行う。我々はこれまで、水中の溶解成分など、物質分析には慣れてきているが、ここで取り上げるエネルギー水の分析や、測定の経験はほとんどなく、新しい分析分野としての認識が必要である。

活性水には寿命がある

ところで、このように活性化処理して生成した活性水の寿命には、限界があるのが一般的である。すなわち、活性水は時間の経過とともに、元の水に戻る性質がある。これが、活性水の長所であるとともに、短所でもある。化学薬品を使用した場合、化学薬品がいつまでも残るために、副作用が生じたり、公害問題が発生したりする。このように活性水には寿命がある以上、アルカリイオン水を始めとした、活性水は生成後、なるべく早く利用するのが望ましい。

したがって、このような活性水の持つ機能を維持するには、その活性化法によるエネルギーを、水に与え続ける必要がある。

具体例を挙げると、通常、配管に水を流していると、配管に水垢が付着してくる。鉄系の配管では、赤錆が出てくる。これらの除去や付着防止対策として、配管の外側に、永久磁石を取り付ける磁気処理法や、パイプに銅線を巻き、それに電磁波を送る、ウォーターウォッチャー（ＷＷ）という方法がある。

あるいは洗濯時に、洗濯物と一緒に、合成樹脂製のリングを入れる。こうして洗濯すると、通常の汚れであれば、洗剤なしで洗濯物がきれいに仕上がる。この場合、洗濯機の機械的な攪拌エネルギーを、与え続けていることが条件である。

水の電気分解

温度変化がないと水は変化をしないのか？

水を、熱エネルギーで酸素と水素に分解することは、実際問題として不可能である。ある化学反応が進行するためには、熱力学的には、次の式（1）で示す、ギブスの自由エネルギー変化ΔGが、マイナス、すなわち、$\Delta G < 0$になることが、不可欠である。

$$\Delta G^0 = \Delta H^0 - T\Delta S^0 \qquad (1)$$

ここで、ΔHは、その反応のエンタルピー変化、ΔSは、エントロピー変化、Tは、温度である。水について、25℃でΔGを求めてみると、$\Delta G = 237$kJ/molになる。したがって常温では、水は、絶対に酸素と水素に分解しないことになる。では、どの位の温度から分解の可能性が出てくるのか？

$\Delta G = 0$とおいて、温度を求めてみると、T＝1750K、すなわち、1477℃以上でないと、熱エ

表2　水の解離平衡

（圧力の単位：atm）

反応	H2O ⇄ H2+1/2O2
Kp〔atm $\frac{1}{2}$〕	
T〔K〕	pH2pO2 1/2 / pH2O
298	8.92 × 10-41
400	5.76 × 10-30
600	2.34 × 10-19
800	5.12 × 10-14
1000	8.73 × 10-11
1200	1.28 × 10-8
1400	4.58 × 10-7
2000	2.96 × 10-4
3000	4.73 × 10-2

ネルギーでは、水は酸素と水素には分かれない。表2に示す水の熱解離平衡定数を用いて解離度を求めてみると、表3になる。すなわち、2500Kまで昇温しても、水分子100個の内、3個強くらいしか分解しないのである。

ところが、図1に示す通常の2室型電解槽を用い、直流電気で2Vも加えると、図2に示すように、容易に水の電気分解反応が起こり、水は酸素と水素に分解され、陰極側に飲用のアルカリイオン水が生成する。

各種エネルギーの中で、熱エネルギーが我々の常識である。室温では絶対に起こらない水の分解反応が、電気エネルギーを用いると、極めて容易に起こる。我々は現在、水の電気分解反応を、あたかも当然のことのように思っている面がある。しかし、熱エネルギーの常識で考えたら、室温で水の分解反応が起こるということは、信じられないことなのである。このように、異種のエネルギーを利用することにより、信じられないようなことが起こるのである。

現在、放射性元素の半減期を変えることは、実用的には不可能と考えられている。しかし、果してそうだろうか？

アルカリイオン水と水素

ところで、アルカリイオン水は、我が国では60年の歴史があり厚生労働省がアルカリイオン整水器を医用器具として認定してからだけでも、50年になる。

図１　2室型電解槽

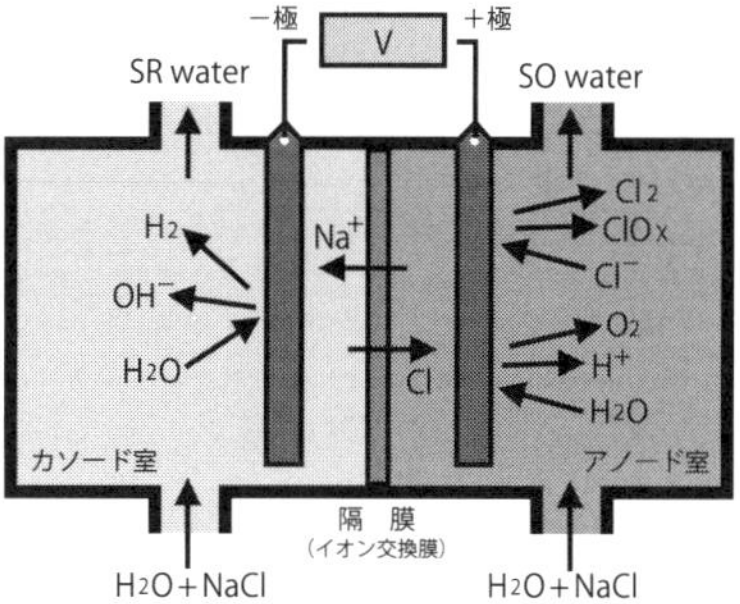

表３　水の熱解離

絶対温度（K）	解離（%）
1200	0.000745
1500	0.0197
2000	0.504
2500	3.38
3000	11.1

$H_2O \rightarrow H_2 + \frac{1}{2}O_2$

図２　水の電気分解の電圧と電流の一例

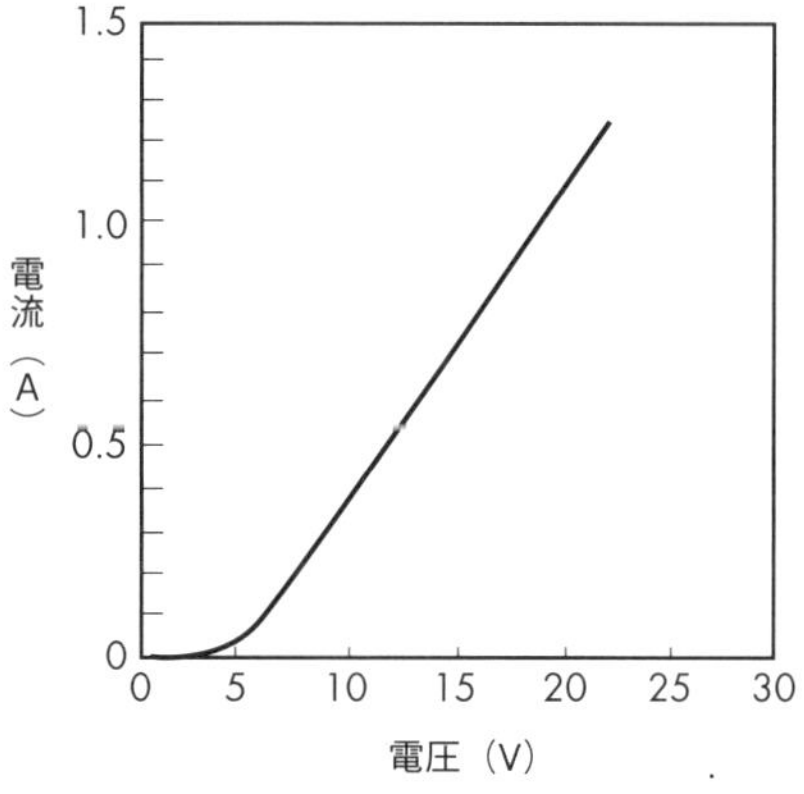

アルカリイオン水についてはこれまで、各種の効果・効能が言われてきているが、アルカリイオン水中の、何が効果・効能の基になっているのか、はっきりしなかった。しかし最近になり、アルカリイオン水中の水素が、効果・効能の主要成分であると集約されてきた。水を電気分解するには、通常直流電気を使用するが、アルカリイオン水を生成するには、図1に示すように、陽極と陰極の間に隔膜を設けて行う。

アルカリイオン水は、陰極に生成する、陰極水である。電極での反応式は、次のようになる。

陽極 ： $2H_2O = 4H^+ + O_2 + 4e$

$2Cl^- = Cl_2 + 2e$

陰極 ： $2H_2O + 2e = 2OH^- + H_2$

アルカリイオン水の電解水レベルは、次のようになる。代表的な生成水の分析結果の1例を、表4にまとめた。

陰極水　pH　9～10　ORP　－400～－500mV（vs. Ag/AgCl）

陽極水　pH　3～4　ORP　250～350mV（vs. Ag/AgCl）

表4　電解水の水質分析データ

分析項目	流　量〔l/min〕	pH	導電率〔μS/cm〕	全硬度〔mg/l〕	Caイオン〔mg/l〕	Mgイオン〔mg/l〕	鉄〔mg/l〕	塩化物イオン〔mg/l〕	硫酸イオン〔mg/l〕
原水	3	7.2	136	61.0	14.2	6.5	19.9	0.09	27.7
アルカリ水	1.5	10.3	185	75.0	17.4	8	13.8	0.06	18.9
酸性水	1.5	3.7	170	45.0	10.8	4.9	26.3	0.12	34.6

〔測定条件〕流量：毎分3.0l　水圧：1.5kg/㎠　水温：21.3℃

表4から、陰極で生成するアルカリイオン水中のミネラル成分の濃度が、原水より増加している。その分、陽極水中のミネラル成分濃度が減少している。一方、導電率は原水に比べ、陽極水も陰極水も、ともに向上している。これはpHが変化していることが主要因と考えられるが、水に電気エネルギーを加えると、（2）のように、水の電離反応が下の式に進むことと関係していると推測される。

$$H_2O \rightleftharpoons H^+ + OH^- \qquad (2)$$

この電離反応は、自然界では、熱エネルギーによって起っている。図3のように、純水の温度とpHの関係を示すpH7が中性で、7より小さければ酸性、7より大きければアルカリ性というのは、あくまでも25℃でのことである。水温が25℃より高くなれば、（2）の電離反応は下に進み、中性点は、7より小さくなる。また、水温が25℃より低くなれば、（2）の反応は上に進み、中性点は7より大きくなる。このように

図3　純水の温度とpHの関係

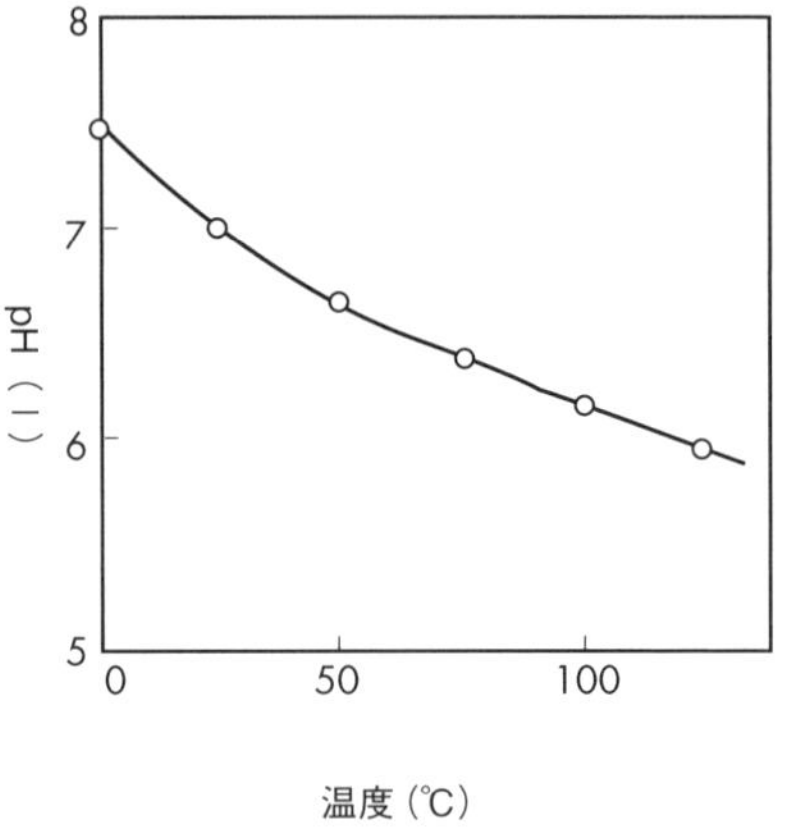

温度により、中性点は移動する。

中性とは、水素イオン濃度［H^+］と水酸化物イオン濃度［OH^-］が等しい状態であることから、理論的にはpH3でも、あるいはpH12でも、中性ということがあり得る。しかし、同じ中性でも、イオン濃度が異なる関係上、水の物性に何らかの変化が生じてくる可能性がある。実際に例えば、アルカリイオン水を飲むと、オシッコがよく出ることは、広く知られている。

2室型電解槽を用いた強電解水

2室型電解槽を用い、原水に食塩などの電解質を0.1％添加して電気を通り易くして電気分解すると、強電解水が生成する。生成した代表的な強電解水の仕様を表6に、主な用途を表7にまとめた。弱電解水のアルカリイオン水に比べ、pHもORPも高いレベルになっていることが分かる。

表6　電解水の水質分析データ

	陽極水（強化酸化水）	陰極水（強還元水）
pH ORP(mV vs. Ag/AgCl)	<2.7 >1000	>11 <-800
主反応	$2H_2O \rightarrow 4H^+ + O_2 + 4e$ $2Cl^- \rightarrow Cl_2 + 2e$ $Cl_2 + H_2O \rightarrow HClO + HCl$ （〔O〕 $+O_2 \rightarrow O_3$）	$2H_2O^+$ $2e \rightarrow 2OH^- + H_2$
主成分	H^+ Cl_2、HClO、O_2（O_3）	OH^- H_2
作用効果	酸化力大 酸化分解 殺菌 脱臭	還元力　還元分解 浸透性　けん化 抗酸化性 特に脂溶性物質 洗浄　抽出

表7　強電解水の用途

	強酸化水	強還元水	備考
1．農業	○	○	交互に葉面散布　根元に還元水
2．医療	◎	○	消毒及び治療
3．工業	○	○	フロン・エタンの代替、電子部品・精密機器部品の洗浄用、液晶や半導体の製造工程の洗浄など
4．食品	○	○	食品自体の消毒、食品製造工程や製造
5．美容	○	◎	美容還元水
6．その他			
風呂	○	○	美容還元風呂、治療酸化風呂
洗濯機		○	洗剤未使用又は低減
洗剤		○	界面活性剤を使わない洗剤　OA機器などの表面クリーニングほか

強電解酸性酸化水の殺菌例

表8、表9、表10に示すように、各種細菌やウイルスに対し強力な殺菌力があることが分かる。この殺菌の基は次亜塩素酸であり、その酸化力による菌やウイルスの酸化分解である。抗生物質が効かない黄色ブドウ球菌の耐性菌であるＭＲＳＡも、容易に殺菌できる。現在多用されている消毒剤の次亜塩素酸ナトリウムに比べ、少なくとも10倍、菌の種類によっては１００倍から１０００倍以上の殺菌力を持っている。しかも酸化分解で菌を殺菌する関係上抗生物質と異なり、耐性菌が出現し難い特長がある。実際に電子顕微鏡で観察すると爆発状態で殺菌されている。

表８　強酸化水および各種試験水の種々の栄養型細菌に対する殺菌効果

	反応0時間における菌数（CFU/ml）	試験水中の生残菌数（CFU/ml）				
		強酸化水 １０秒	次亜塩素酸ナトリウム １０秒	0.0025N 塩酸 １０秒	水道水 １分	0.1 塩化ベンザルコニウム 10秒
試験菌株						
黄色ブドウ球菌（通常）	1.6 × 106	＜10	＜10	1.0 × 10 6	2.3 × 10 6	＜10
黄色ブドウ球菌（MRSA）	9.5 × 105	＜10	＜10	5.2 × 10 5	4.2 × 10 5	＜10
大腸菌	1.7 × 106	＜10	＜10	7.5 × 10 3	1.4 × 10 6	＜10
ネズミチフス菌	2.7 × 106	＜10	＜10	1.3 × 10 6	3.1 × 10 6	＜10
腸炎ビブリオ菌	9.8 × 105	＜10	＜10	＜10	8.8 × 10 3	＜10
緑膿菌	1.9 × 106	＜10	＜10	7.8 × 10 5	1.5 × 10 5	＜10
緑膿菌（院内感染）消毒液が効かない	2.5 × 106	＜10	＜10	2.6 × 10 6	2.6 × 10 6	2.6 × 10 6 *
日和見感染	2.2 × 106	＜10	60	1.2 × 10 6	2.2 × 10 6	1.8 × 10 2
カビ菌	9.5 × 105	＜10	40	7.6 × 10 5	9.4 × 10 5	80
食中毒菌（芽胞がある）	5.2 × 105	＜10	＜10	＜10	5.0 × 10 5	＜10
食中毒菌（環境中に多い・芽胞が複雑）	5.5 × 105	＜10	＜10	＜10	5.2 × 10 5	＜10
試験水の性状						
残留塩素濃度（ppm）		10	40	検出されず	0.2	検出されず
酸化還元電位（mV）		1,073-1,122	728-788	721	724	511
水素イオン濃度		2.13-2.28	6.26-8.02	2.50	6.73	5.87

25℃での反応時間
出典：大西克成（徳島大学医学部細菌学講座）、コロナ工業（株）　＊反応時間５分

表 9　強電解酸性水の殺菌力

初発菌数、約2万から800万の細菌が殺菌されるまでの時間
（財）食品安全センターでのシャーレ試験結果

試験菌種	菌による作用	強酸性電解水 pH2.6 1,100mV	酸性水 HCL pH2.6	次亜塩素酸ソーダ 10ppm	塩化ベンザルコニウム 100ppm
Escherichia coil 大腸菌	食中毒	30 秒以内	24 時間	30 秒以内	30 秒以内
Salmonella typhimurium サルモネラ菌	食中毒	30 秒以内	24 時間	30 秒以内	30 秒以内
Pseudomonas aeruginosa 緑膿菌	院内感染 眼疾患　下痢	30 秒以内	24 時間	30 秒以内	殺菌されず
Bacillus cereus セレウス菌	食中毒	2 分	殺菌されず	殺菌されず	30 秒以内
Staphylococcus aureus 黄色ブドウ球菌	食中毒	30 秒以内	24 時間	30 秒以内	30 秒以内
Staphylococcus aureus (MRSA)	院内感染	30 秒以内	24 時間	30 秒以内	30 秒以内
Vibrio parahaemolitica 腸炎ビブリオ菌	食中毒	30 秒以内	30 秒以内	30 秒以内	30 秒以内
Rhodotorula sp. 赤色酵母	水まわりの赤色着色菌	30 秒以内	殺菌されず	2 分	
Candida albicans カンジダ菌	カンジダ症 粘膜に炎症	30 秒以内	殺菌されず	5 分	10 分
Cladosporium 黒カビ菌	風呂場の黒カビアレルギー性	30 秒以内	殺菌されず	5 分	
Trichophy mentagrophytes 水虫菌の一種	水虫	30 秒以内	殺菌されず	5 分	
Mycobacterium tuberculosis 結核菌	院内感染	2 分	殺菌されず	殺菌されず	殺菌されず
hepatitis B virus B 型肝炎ウイルス	院内感染	30 秒以内	殺菌されず	殺菌されず	殺菌されず
human immunodeficiency v. エイズウイルス	院内感染	30 秒以内			
Escherichia coil<0-157> 大腸菌 O-157	食中毒	30 秒以内			

引用
日本大学歯学部保存学教室歯周学講座
東北大学歯学部口腔細菌学講座　清水義信
東北大学歯学部歯科保存学第二講座　奥田禮一
神戸大学歯学部付属病院中央検査部　中央手術部
衛生試験報告書98.62 吉川　弓
大阪医科大学衛生物学教室

表 10　強電解酸性水の殺菌能力

微生物・ウィルス	強酸性電解水	次亜塩素酸ナトリウム
Staphylococcus aureus 黄色ブドウ球菌	< 5秒	< 5秒
MRSA (メチシル酸性黄色ブドウ球菌)	< 5秒	< 5秒
Pseudomonas aeruginosa 緑膿菌	< 5秒	< 5秒
Escherichia coil 大腸菌	< 5秒	< 5秒
Salmonella sp サルモネラ菌	< 5秒	< 5秒
その他の栄養型病原細菌	< 5秒	< 5秒
Bacillus cereus セレウス菌	< 5分	< 5分
Mycobacterium tuberculosis 結核菌	< 2.5分	< 30分
その他の抗酸菌	< 1~2.5分	< 2.5~30分
Candida albican カンジダ菌	< 15秒	< 15秒
Trichophyton rubrum (トリコフィトン)	< 1分	< 1分
その他の真菌	< 5~60秒	< 5秒~5分
エンテロウィルス	< 5秒	< 5秒
ヘルペスウィルス	< 5秒	< 5秒
インフルエンザウィルス	< 5秒	< 5秒

強酸性電解水の殺菌ポテンシャル
105−6の菌またはウィルスを0.1mlの強酸性電解水（有効塩素40ppm）と次亜塩素酸ナトリウム（有効塩素1000ppm, ミルトン）が殺菌または不活性化に要する時間
（強電解水企業協議会編「強酸性電解水使用マニュアル」より引用）

強電解水の安全性

表 11　安全性

※安全性試験
財団法人　化学品検査協会　化学品安全センター日田研究所において行った安全性試験よりの抜粋を下に記す。
適用 GLP：「医薬品の安全試験の実施に関する基準に付いて」（薬発第 313 号）「医薬品 GLP 及び査察に関する規定の改正について」（薬発第 870 号）

試験名	結果
ラットにおける単回経口投与毒性試験（超酸化水）	一般状態、体重推移、剖検 ※毒性無し
ラットにおける単回経口投与毒性試験（超還元水）	一般状態、体重推移、剖検 ※毒性無し
ウサギにおける眼刺激性試験（超酸化水）	AFNOR（1982）の評価基準にて無刺激物
ウサギにおける 5 日間皮膚累積刺激性試験（超酸化水）	非擦過傷部、擦過傷部、とも皮膚反応は認められず、皮膚累積刺激性はないものと推察された。一方対照物質の注射用蒸留水にも認められなかった。
ラットにおける 7 日間反復経口投与毒性試験（超酸化水）	死亡はなく、一般状態、体重推移、摂餌量、剖検においても、影響は見られず、毒性徴候は何もみられなかった。

強電解酸性酸化水はpHが低くＯＲＰが高い。一方強電解アルカリ性還元水はpHが高くＯＲＰが低い。それにも関わらず表11に示すように両者とも極めて安全性が高いのである。

さらに通常の消毒剤のエチルアルコールや次亜塩素酸ナトリウムを手指の消毒に使用すればするほど手指が荒れてくる。これに対し強電解水では使用すればするほど手指がスベスベしてくる性質がある。

3室型電解による強電解水と殺菌例

図4　3室型電解槽

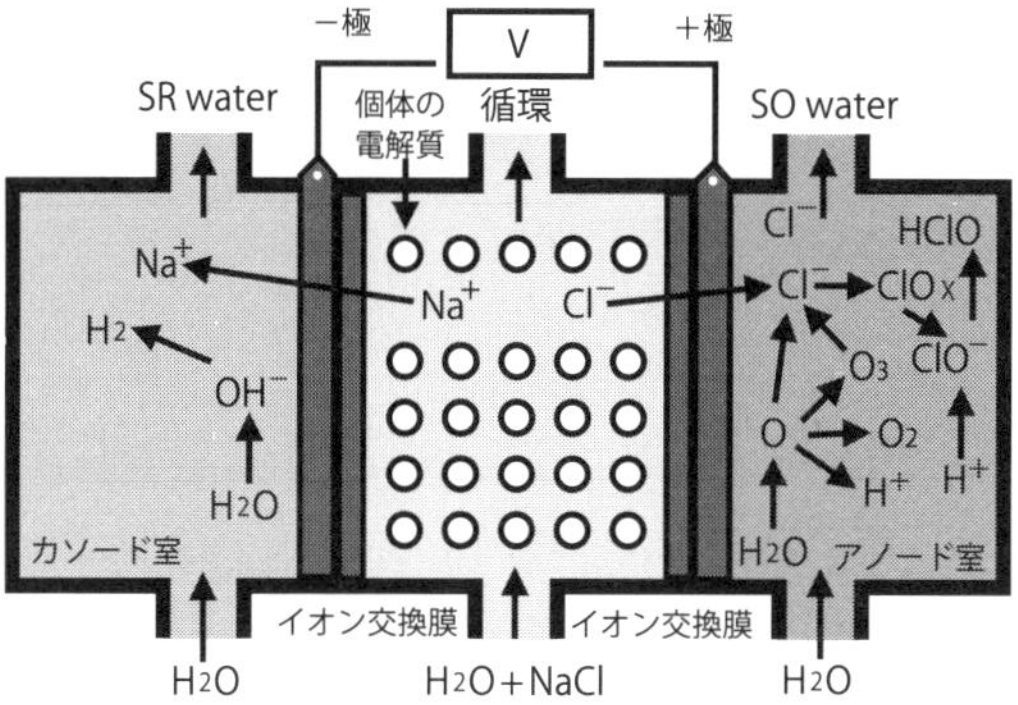

図4が示すように、3室型電解槽には陽極室と陰極室の間に中間室を設けている。3室型電解槽を用いた場合、この中間室に食塩などの電解質を入れるが、原水には入れないで強電解水を生成することが出来る。その結果、純度の高い陽極水および陰極水が得られる。2室型電解槽で生成した強電解水中の食塩濃度は約1000ppm、これに対し3室型電解槽の場合、流れた電流に相当量の塩分が溶出してくるが、その濃度は10ppm程度である。このように3室型電解槽を用いると純水はもちろんのこと、超純水のような高純度の水でも容易に電気分解が出来る。

3室型電解槽を用いた場合の強電解酸性酸化水の殺菌例を表12に示す。

表 12　3室型電解槽による強電解水の殺菌能

殺菌効力試験【北里研究所　単位：CFU/ml】

酸化水（pH2.5）					
試験菌	試料水	番号	接種菌数	作用時間	菌数
Escherichia coli ATCC 8729 （大腸菌）	対照（蒸留水）	1	3.7×10^5	30秒	2.7×10^5
		2			3.0×10^5
	EMA-WATER	1			< 10
		2			< 10
Serratia marcescen IFO 12648 （霊菌）	対照（蒸留水）	1	4.8×10^5	30秒	6.4×10^5
		2			5.8×10^5
	EMA-WATER	1			< 10
		2			< 10
Pseudomonas aeruginosa IFO 12648 （緑膿菌）	対照（蒸留水）	1	3.1×10^5	30秒	5.7×10^5
		2			4.0×10^5
	EMA-WATER	1			< 10
		2			< 10
Staphylococcus aureus IFO 12648 （黄色ブドウ球菌）	対照（蒸留水）	1	2.5×10^5	30秒	4.1×10^5
		2			4.1×10^5
	EMA-WATER	1			< 10
		2			< 10
Enterococcus faecalis IFO 12648 （バンコマイシン耐性腸球菌）	対照（蒸留水）	1	1.9×10^5	30秒	no data
		2			2.9×10^5
	EMA-WATER	1			< 10
		2			< 10
Bacillus subtilis ATCC 9372 （枯草菌芽胞）	対照（蒸留水）	1	8.7×10^4	10分	3.4×10^4
		2			1.7×10^4
	EMA-WATER	1			6.8×10^2
		2			1.1×10^2
Mycobacterium bovis RIMD 1314006 BCG株 （牛結核菌）	対照（蒸留水）	1	3.8×10^5	10分	3.8×10^5
		2			4.0×10^5
	EMA-WATER	1			< 10
		2			< 10

高酸化水（pH7.4）					
試験菌	試料水	番号	接種菌数	作用時間	菌数
Escherichia coli ATCC 8729 （大腸菌）	対照（蒸留水）	1	5.2×10^5	30 秒	4.5×10^5
		2			7.6×10^5
	EMA-WATER	1			< 10
		2			< 10
Serratia marcescen IFO 12648 （霊菌）	対照（蒸留水）	1	1.1×10^6	30 秒	1.2×10^6
		2			1.0×10^6
	EMA-WATER	1			< 10
		2			< 10
Pseudomonas aeruginosa IFO 12648 （緑膿菌）	対照（蒸留水）	1	1.0×10^5	30 秒	1.7×10^5
		2			1.2×10^5
	EMA-WATER	1			< 10
		2			< 10
Staphylococcus aureus IFO 12648 （黄色ブドウ球菌）	対照（蒸留水）	1	2.8×10^5	30 秒	3.8×10^5
		2			4.1×10^5
	EMA-WATER	1			< 10
		2			< 10
Enterococcus faecalis IFO 12648 （バンコマイシン耐性腸球菌）	対照（蒸留水）	1	4.1×10^5	30 秒	9.4×10^5
		2			8.9×10^5
	EMA-WATER	1			< 10
		2			< 10
Bacillus subtilis ATCC 9372 （枯草菌芽胞）	対照（蒸留水）	1	5.1×10^4	10 分	6.3×10^4
		2			4.3×10^4
	EMA-WATER	1			< 10
		2			< 10
Mycobacterium bovis RIMD 1314006 BCG 株 （牛結核菌）	対照（蒸留水）	1	4.3×10^5	10 分	3.0×10^5
		2			3.6×10^5
	EMA-WATER	1			8.0×10
		2			4.0×10

2室型電解槽で生成した強電解酸性水と3室型電解槽で生成した強電解酸性水の殺菌力、その他の機能や効能には大きな差はないが、幾つかの違いはある。3室型電解槽で生成した強電解水の純度が高いことと次の反応において2室型電解槽の場合、原水に食塩を添加する関係上、強電解水中の Cl^- の濃度が高くなるため次の反応が左へ片寄ってくる。そのため塩素の割合が大きくなってくる。

$$Cl_2 \ + \ H_2O \ = \ HClO \ + \ H^+ \ + \ Cl^- \qquad (3)$$

3室型電解槽で生成した強電解水は純度が高く不純物が少ないこと、さらに塩素の割合が低いことなどから、強電解水の寿命が長い。同じ有効塩素濃度でも、塩素の臭気が小さい。さらに塩分濃度が低い結果　その分腐食性も低い。また人体、特にアトピー性皮膚炎の人が使用しても、沁みたりはしない特徴がある。さらに純度が高いことから化粧水など化粧品を始め強電解水の用途も広くなってくる。

それから電解陰極水は通常はアルカリ性還元水であるが、3室型電解槽を用いると中性還元水や酸性還元水を造ることも可能である。

強電解水を生成するに当たり2室型電解槽と3室型電解槽の大きな違いは、2室型電解槽の場合は原水に食塩などの電解質を0.1％ほど添加しないと強電解水を生成することが出来ない。これに対し3室型電解槽を用いると原水に電解質などを添加しないで純水を電気分解することができる。ただし中間室には電解質を用いる。

図5　3室型電解層による強電解水の殺菌能

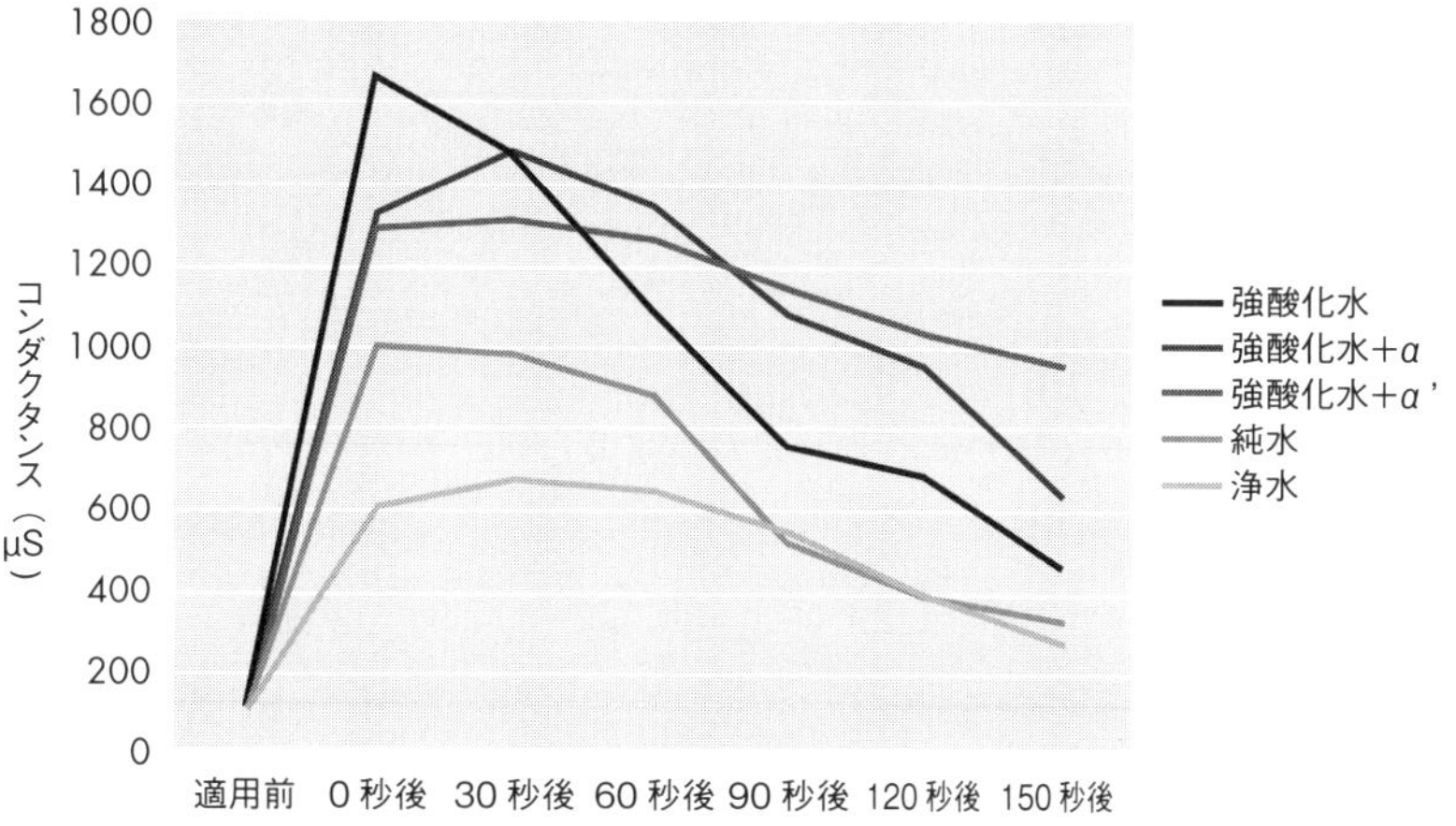

この3室型電解槽の特長を利用してpH12の強電解水を造り、ナトリウムイオン濃度を求める。一方純水に試薬の水酸化ナトリウムを溶かしpH12の水溶液を造り、この水溶液中のナトリウムイオン濃度を求める。両者を比較すると、強電解水中のナトリウムイオン濃度は、純水に水酸化ナトリウムを溶かしたpH12の水溶液の場合の約3分の1の濃度で同じpHを示すことが分かった。このことから、弱電解のアルカリイオン水のところでも述べたように、（2）式の水の電離反応が大きく寄与していると考えざるを得ない。このことが、pH2.5の強電解酸性酸化水で塩酸が関わる強酸性にもかかわらず、酸っぱくもなく目に入れても沁みもしない大きな理由になっているのではないかと推測される。このことから、電解水の場合のpH値は、あくまでも見掛けのpHであると考えられる。

さらに、強電解水の皮膚への浸透性および保湿性を、皮膚抵抗を、測定することにより求めた結果を図5に示す。各種試験水を皮膚に滴下後の、横軸が時間で縦軸がコンダクタンスである。グラフの傾斜が浸透速度で、ピーク後は保湿性を意味する。原水の純水に比べ強酸化水では浸透速度が向上し、かつ保湿性も良くなるという結果が得られた。強酸化水＋α および強酸化水＋α'はそれぞれ保湿性を向上するために、強電解水に特定成分を添加した場合の結果である。ここで、浸透性や保湿性は水の構造と密接な関係があることから水を電気分解する、いわゆる活性化することにより水の構造変化も生じていると推測される。

最近の注目すべき水の活性化法、及び活性水について

〝微弱〟電磁波を照射し活性化した水が注目を集める

最近、微弱な電磁波を照射し活性化した水が、いろいろと興味深い効果効能を示すことが明らかになり、世界的に注目されている。その元は、２００２年のI. Smirnov 氏の米国特許ELECTROMAGNETIC RADIATION SHIELDING MATERIAL AND DEVICEを基に米国のＧＩＡ社が装置を製造し、i-H_2O（アイ・ウォーター）等の名称で販売したことによる。その後、ＭＲＥＴアクティベーター等の名称の同種の装置も販売されている。ＭＲＥＴとはMolecular Resonance Effect Technology の略称であり、分子共振作用技術を意味する。

このＭＲＥＴアクティベーターにより生成したＭＲＥＴウォーターについては、キエフ大学のＶ・Ｉ・ヴィソツキー教授とモスクワ大学のＡ・Ａ・コルニロバ上級研究員が長期にわたり地道に科学的研究を行い、活性化に伴う原水の変化を把握するとともに、ＭＲＥＴウォーターの応用についての実証実験を広範囲に行い、その成果を２００９年に単行本『活性水の応用生物物理学』にまとめている。我が国で

はこの著書の翻訳本が、2017年に高下一徹氏により『MRETウォーター・サイエンス』の物理化学編と生物学編の名称で、2分冊で出版された。

具体的には、シューマン共振波長と言われる7・83Hzの電磁波を水に30~60分間照射して活性化すると、水のH—O—Hの結合角104.5°が108°になるという。108°になると水分子が5個集まり正五角形の5員環を形成できるようになり、さらにこの正五角形の5員環12個を持つ正十二面体が形成される。このように水分子が正十二面体の形に結合した構造は、クラスレート・ハイドレートと言われている。MRETアクティベーターにより活性化されクラスレート・ハイドレート構造になった水が、原水とは異なる物理化学的物性を示し各種興味深い作用効果をもたらすという。

実際にマウスにがん細胞を接種した比較実験では、MRET活性水を飲ませたマウスが明らかに生存率が高くなる。また、活性化処理時間により生存率が異なってくる。さらにMRETウォーターが植物の生長を速めたり、この水の飲用が人体に対し、また各種疾病に対し有用な作用効果・効能があることが報告されている。

ところで7・83Hzは、我々がリラックスしている時に発する脳波のα波の波長でもある。この波長の一致はたまたまとは言えないことがいろいろと考えられ、大変興味深いところである。

一方、金魚鉢に10Hz程度の電磁波を照射すると、泳いでいた金魚が引っ繰り返るだけでなく、実験していた人が吐いたりすることがあるという報告がある。ここで重要なことは、我々はこれまで、エネルギーが大きければ大きいほど作用効果も大きいと、頭から信じて来ている面がある。しかし、少なくとも人体に関しては、10Hz程度の極めて低いエネルギーでも、あるいは低いエネルギーだからこそ、大きな影響を与えたり受けたりすることがあるという事実である。

これまでアルカリイオン水を始め、多くの活性水や機能水が研究開発され実用化も進んでいる。しかし、MRETウォーターのように、初期段階から活性化に伴う原水の変化を科学的にしっかり捉えるとともに、広範囲の応用について研究された活性水であり機能水は、ほとんどなかった。そういう点でも、i-H_2OやMRETウォーターには興味深いものがある。

我が国で早い時期からこの種の活性水に着目し、研究開発を行ってきたのは(株)七沢研究所であり、今後の「別天水」の動向は注目に値する。

洗剤なしでも洗濯物がきれいに仕上がる水

次に興味深いのは、LCR（ランドリークリーンリング）およびACR（アクアクリスタルリング）である。これらはともに、硬質ポリエチレン樹脂製の直径約10㎝、厚さ約3㎝のドーナツ状容器内に特殊な水を封入した水質改善器具、いわゆる活水器である。1990年代に、米国のチャールソン研究所のD・ポーティンガー博士らにより開発されたものである。

その具体的な使用法はＬＣＲの場合、洗濯時にＬＣＲを洗濯機に入れて洗濯すると、洗剤なしで洗濯物がきれいに仕上がる。一方、ＡＣＲをビルやマンションの高架水槽等に入れておくと、水垢の防止や除去効果、さらに鉄系配管では赤錆の防止や赤錆の黒錆化効果が得られる。

洗濯の場合のＬＣＲといい、ビルやマンションの水垢や赤錆対策用のＡＣＲといい、特定の物質が溶出しての効果・効能ではないことから、水がどう変化した結果なのか、そのメカニズムがあまり明らかではなかった。

しかしこれらの効果・効能を説明するには、水は半導体であり水と合成樹脂リンクとの接触により静電気が発生し、その静電気により次の（４）式の水のラジカル解離反応が起こるとすると、

H_2O　→　・H^+　・OH　　　　（４）

ＬＣＲやＡＣＲの作用効果が、上手く説明できる。すなわちヒドロキシルラジカル（・OH）は強力な酸化力を持ち、汚れ成分を酸化分解する。

・OH　＋　e　　→　OH^-　　　　（５）

一方、水素ラジカル（・H）は強力な還元剤であり、赤錆を黒錆化する機能を持っている。

$\cdot H \rightarrow H^{+} + e$　(6)

実際にＬＣＲやＡＣＲを水に入れて攪拌すると、静電気が発生することが明らかになっている。この仮説が正しいとすればまさに攪拌という機械的な、いわゆるメカニカルエネルギーが静電気を発生させ水のラジカル解離反応を生起しているという、興味深い現象が生じていることになる。

最後にＭＲＥＴウォーターとも関連してくると思われるが、今後ゼロ磁場処理活性水の植物や動物、さらに人体への作用効果が、興味深い分野になってくると考えられる。現在ゼロ磁場は主として水処理分野に利用されているが、飲用に伴う生体への作用効果の検討が、重要な課題になってくると予想される。

それと共に、現在は活性水を介しての生体への作用効果であるが、電磁波による活性化などでは直接人体に照射することも可能であり、これまでもそのような装置が開発されたりもしているが、今後さらに進展すると思われる。

ウォーターデザインの将来展望

ウォーターデザインの主要な手法である水の活性化法は主として、熱エネルギー以外のエネルギーを利用する方法である。エネルギーには、熱エネルギー以外に多くの種類のエネルギーがある。例えば我々の念力もエネルギーの1種であり、さらに我々の思い、意志、願い、祈り、ストレスなど広い意味での意識エネルギーにより水が変化することも明らかになりつつある。

今後の水研究でありウォーターデザインの将来を考えた場合、大きく分けて植物・動物を始めとした生命体とそれ以外の自然界に分けることが出来るが、生命体と水との関わりの解明がより重要性を増してきていると考えざるを得ないのである。その理由は、生体内で水は生命活動はもちろんのこと健康の維持増進、病気の予防や治療とも密接な関わりを持っていると考えられるからである。それにも関わらず生体内の水の働きについてはほとんど研究されていなく、手付かずの状態が現状である。

我々の体重で最も大きな割合を占めているのは、言うまでもなく水である。幼児で体重の80%、成人で60%、したがって平均で70%は水である。これまで体内の水は血液として栄養物の運搬媒体や老廃物の排出媒体、体温の調節媒体、唾液として食物の咀嚼媒体、目の乾燥防止媒体など、主として溶媒としての役割が中心に考えられてきた。しかし体重の70％も占める大量の水があるということは単なる溶媒としてのみならず、もっともっと重要な働きをしていると考えざるを得ないのである。体内の水が果たしている役割が明らかになれば、ウォーターデザインにより健康の維持増進はもちろんのこと、病気の予防・治療にも大いに貢献できると考えられる。特に我が国の場合は平均寿命と健康寿命の差が10年以上もあり、この差をどう縮めるかは喫緊の課題である。

いずれにせよこの分野は、健康の維持増進や病気の予防や治療とも密接な関係があり今後のウォーターデザインの重要な活動分野である。

生体内の水

すでに述べたように、これまで生体内の水の働きを、主として栄養物の運搬媒体や老廃物の排出媒体、体温や血圧の調節媒体その他、主として溶媒としての働きを中心に捉えてきた。

ところで、生体内の水は大きく分けて3つの層に分類されている。第1層は生体組織と強く結合している結合水、第2層は結合水と自由水の中間的な状態の中間水、第3層は生体組織と結合していない自由水の3層である。このことは、動物の生肉の脱水に伴うNMRスペクトルの変化からも実証されている。ここで結合水は、水・水の結合より水と生体組織との結合が遥かに強く－60℃とか－120℃にならないと凍らないような水であり、我々の生体を守ってくれている水である。

ところで、これまでの体内の水に関する興味深い研究の1つは、全身麻酔に関するキセノンガス（Xe）の作用メカニズムについての、ライナス・ポーリング博士（1901～1994年）の研究である。

現在局部麻酔のメカニズムは、麻酔薬が情報伝達物質と反応し情報伝達を遮断することにより麻酔効果が発揮されると説明されている。しかし全身麻酔の作用機序は、まだ解明されていないという。これに対し新潟大学教授の中田力博士によると、単独で2つのノーベル賞を受賞したライナス・ポーリング博士が、不活性ガスのキセノンの全身麻酔効果は、キセノンが他の物質と反応しないことから、キセノンが情報伝達物質と反応して情報伝達を遮断するというメカニズムでは説明できないこと。さらにキセノンを含むすべての全身麻酔効果のある薬品が水のクラスター形成を安定化し、小さな結晶水和物を造り出すことを見つけたという。このメカニズムによると、全身麻酔薬の大気圧依存性も上手く説明出来ると述べている。これらのことから中田博士は、「人間の意識がある」という状態は、脳内の水分子の存在状態と密接な関係があると推測している。このように、生体内の水の存在状態が、生体に対しいろいろな作用効果を与えている可能性が予想される。

我々は現在、薬は物質である薬品そのものが作用し、効果効能を発揮していると頭から信じている面があるが、実際には薬の持つ化学構造が水に作用し効いている場合もあり得ると考えられる。さらに我々の意識エネルギーが脳内始め体内の水に作用し、肉体にいろいろな作用効果をもたらしている可能性も予想される。

生体内の水に関する興味深い研究の2つ目は、水の通り道と言われる「アクアポリン」の発見である。1992年米国のジョン・ホプキンス大学のピーター・アグレ教授により、人体を構成する37兆個からの各細胞の細胞膜に、水だけを選択的に通すアクアポリンの存在が発見された。これにより2003年、ピーター・アグレ教授はノーベル化学賞を受賞した。我々が飲んだ水は容易に浸透するのはもちろんのこと、涙といい、唾液といい、汗といい、ごく自然に出てくる。涙など感情と同時に出てくる。それが当たり前のことと思っていたが、考えてみると確かに不思議なことではあった。

筆者は以前から、気功師が手かざしで患者を治療し、動けない人が動けるようになったりする現象を見てきたが、その場合の作用効果は、手から放出されるエネルギーが直接患部に作用することもあると思われるが、多くの場合は体内の水ないし患部を取り巻く水に作用し、或いは水を介して作用しているのではないかと考えている。

ストレスが活性酸素の発生源と言われるが…

近年ストレスが活性酸素の発生源と言われている。そして病気の9割は、活性酸素が関係していると言われて久しい。しかし、どうしてストレスで活性酸素が発生するのかについてのメカニズムが全く説明されないで、堂々と言われたり使われたりしている。これは、生体内の水を考えないと説明出来ないと考える。筆者は先にも述べた次の水のラジカル解離反応が、ストレスエネルギーにより起こるのではないかと考えている。

H_2O → ・H^+ ・OH

ここで生成したヒドロキシルラジカル（・OH）は強力な酸化力を持っており、次の反応により、

・OH ＋ e → OH^-

遺伝子やタンパク質、細胞など人体の構成成分から電子を奪い酸化し傷つけるとともに、自らは安定な水酸化物イオンになる。

これまでこの解離反応は、γ線のような強力なエネルギーを持つ電磁波でないと起こらないと言われて来ていた。我々が放射能や放射性元素を恐れるのは、放射性物質が出すγ線が体内の水に作用してこれらの反応が起こるからである。ところで、今から30年以上も前に東北大学の大見研究室で、超音波処理でもこの反応が起こることが明らかになった。筆者は極論すれば、バケツに水を入れて強く攪拌するだけでも、この反応が起こるのではないかと考えている。同じ水を静止しておくと腐る。しかし動かしていると腐らない。これは動かしていると酸素を抱き込むからと説明されてきているが、それだけではないと考える。

かつて静岡県にある浜名湖の水が汚れた時期があった。その時、県が音頭を取り、浜名湖水浄化のコンテストを行った。当時県内のHメーカーが、浜名湖の汚染水をポンプを用いて循環しているだけできれいになってしまったという。すなわちCODやBODが低下した。薬品を一切使用していないのにどうしてかという相談を受けたことがあった。この現象は実に不思議なことではある。しかし水は半導体である。海水レベルでもまだ半導体である。水を動かすと静電気が発生し、その発生した静電気により上記の水の解離反応が生じる可能性がある。ヒドロキシルラジカル（・OH）は強力な酸化力を持っており、有機物や腐敗菌を容易に酸化分解し殺菌する。

昔から、動いている河川水は腐らない。海を満たす海水が腐ったという話を聞いたことがない。自然浄化に寄与しているのは、大気中の酸素と共に静電気の発生により生成する活性酸素、それと自然界に存在する放射性元素のγ線放射による水のラジカル解離により、生成する活性酸素などが寄与しているのではないかと推測される。

悩み事などがあるとどうして食欲がなくなるのか？

いろいろと悩み事があると、気分が晴れず食べる元気が出て来なくなる。食べる元気がある内はまだ本当に悩んでいないのではないか……。食欲と消化酵素は密接な関係がある。酵素はタンパク質である。タンパク質の働きは、タンパク質の構造が重要な働きをしている。その構造をコントロールしているのは酵素を取り囲む水、いわゆる結合水である。水は我々の意識エネルギーの重要な伝達媒体であり、記憶媒体である。もし、悩み事エネルギー、すなわち広い意味での意識エネルギーが消化酵素を取り巻く水、結合水に作用しその構造を変えていれば、消化酵素の働きが弱まる、ないし、なくなれば食欲が出なくなるということがあっても不思議なことではないことになる。もしこの仮説が成り立つのであれば、ウォーターデザインにより食欲のコントロールが可能になり、いろいろな疾病の原因にもなっている肥満対策にもなる。この場合は化学薬品と異なり水のコントロールであり、副作用の可能性は低いと推測される。

人間は死と同時に腐敗が始まる　どうしてか?

人間は死と同時に腐敗が始まる。夏場など翌日にはもう腐敗臭がしてくる。腐敗の元は腐敗菌である。死と同時に腐敗菌が発生するとは考えにくく、元々体内や体外に存在していたものが活動を始めるのである。ラットを用いての実験で、ラットが死亡すると僅かではあるが体重が減る。人間も死と同時に僅かではあるが体重が減るという。この現象は魂が抜けていくからという考えもあるが、魂が計測出来るレベルの質量を持つとは考え難い。

著者はかつて目の前で父の死を迎えた。何となく様子が変だと思ったらガクッと全身をゆすったのが最後だった。サーと血が引き、見る見るうちに死人の相に変わった。苦しんだ様子はほとんど見られなかった。正にあっという間の出来事だった。それにもかかわらず父は汗をかいていた。死と同時にどうして汗をかくのか大変不思議に思った。

ここで死と体内の水との関係を考えてみると、死とは結合水が結合組織から離れ自由水になることではないか……ここで結合水が自由水に移行するため蒸気圧が上昇し、その分汗となって出る。各種細胞やタンパク質などと結合し、体組織を守ってくれていた結合水が組織から離れる結果、腐敗菌が組織をアタックし易くなり腐敗が始まる。死とは結合水が体組織から離れ始める結果なのか、それとも死と同時に結合水が組織から離れ始めるのかどちらかは分からないが……。

この推測が正しいとすれば、この事実を人間を始め動物、さらに植物にウォーターデザインの立場で応用出来れば、興味深い結果や効果が期待できそうに思われる。

女性は男性より長生きする　どうしてか？

我が国では平均寿命で女性は男性より5年から長生きする。これに対し、女性は男性に比べてストレスが少ないからではないかと言われたりしているが、女性が男性に比べストレスが少ないとは考えにくい。いずれにせよはっきりした答えをこれまで耳にしていない。筆者のこれまでの経験からまだ人数が多くないので確定的なことが言えないが、平均して女性の方が男性に比べ10％ほど血流速度が速いのである。確かに女性は生理的に月に1回血液が薄くなる関係上、血流が速くないと生命維持上好ましくない。生命維持に重要な酸素や栄養素さらに老廃物も、ともに血液により運ばれている。さらに血流が速いということは血管の洗浄効果も向上することになる。そういう意味で、ウォーターデザインの立場から血流を上げるにはどうすればよいか？　おそらくアルコール入りの水、例えばビールなどを飲めば血流は向上するであろう。しかしこれでは面白くないのである。飲用でなく自然の状態で血流を向上する方法は、放射線ホルミシスの利用である。放射性岩石であるモナザイトの粉末を含むシーツ上に仰臥して血流を測定してみると、通常のシートに比べ10％から血流が向上する。モナザイト粉末の含有量が増えると血流速度も向上する。手足の冷え性対策としても興味深いところである。

「毒にならないものは薬にもならない」これは真理である？

量が多かったり濃度が高かったりすれば明らかに人体に大きな悪影響を及ぼす毒物が、量が少ない、あるいは濃度が低いと、薬になるものが珍しくないのである。その第1は放射能である。高線量は明らかに人体に良くない。しかし低線量は逆に人体にプラス効果をもたらし、放射線ホルミシスとして知られている。これは分かり易く言えば、人体が本来持っている免疫力を高める作用をするからである。毒物が少量の内はその毒物を無害化しようと免疫力が強まる。しかし毒物の量が多くなると免疫力が対応出来なくなり、そこで人体に対し毒物になる。

その第2はオゾンである。オゾンも濃度が高くなれば有害であることはよく知られている。しかし低濃度ではやはり免疫力を高める。オゾン療法はドイツやキューバを始め外国では有名であるが、我が国の医学界は認めていない。今の西洋医学では如何ともしがたい症状の患者が、オゾン療法で健康体を取り戻すことが珍しくないのである。具体的には、血液を体外に取り出しオゾンガスと接触させてまた体内に戻すという方法で、極めて単純である。以前はドイツなどへ治療ツアーを組んで出掛けたりしていたが、現在では我が国でもオゾン療法を行う医者が増えてきている。健常者でも健康の維持増進のために定期的にオゾン療法を受けるという人もいる（詳細は日本医療・環境オゾン学会へ）。

興味深い天然石の活用（1）天然石の持つエネルギーの活用

ウォーターデザインの立場から興味深いのは、天然石の利用であり活用である。これまで水の活性化等に利用されてきた天然石の代表的なものは麦飯石、医王石、トルマリン、腐食花崗岩、天降石（別名SGE石、日瑠売石）等である。これらの中でも天降石は、興味深い特性を持つ代表的な天然石である。この石の持つ特性の発見は、九州の別府にあるオンリー株式会社の鳥井一之会長であった。宮崎県と大分県の県境の岩山から湧出する水で手を洗うとすべすべすること、飲んでみると美味しいこと、また岩場ではタバコの臭いが消えてしまうことなどから、この岩石に注目し開発に取り組んだという。

天降石はケイ素（Si）、アルミニウム（Al）が主成分のホルンフェルスであり、接触変成岩である。特徴は、砂岩等が熱変性を受けて生成したため緻密で非常に硬く重い。遠赤外線放射率が90～95％という、極めて高い放射率を持っている。また微量ミネラル成分種が多く、かつ含有量が高い。さらにこの天降石で水を処理すると、水の表面張力が低下する傾向が認められる。これまで天降石の特性を生かした商品開発が進められている。例えばオンリー株式会社が開発した、天降石パウダーを固めたセラミックボールを敷き詰めたバス（いわゆる砂風呂に類似のもの）。加温したこのバスに入り浸かると、5分も経たない内に体全体に脈動が始まり、汗と共に体内に溜まった老廃物が溶出する現象が生じる。また43℃以上に加温したこのセラミックボールバスに、がん患者を始め難病に悩み苦しむ人が入り浸かると、快方に向かう人が少なくないという。

興味深い天然石の活用（2）現代人は微量ミネラル不足である

ミネラルの大元は岩石である。岩石が風化したりして溶け出したミネラルが土壌中のミネラルであり、河川水や地下水中のミネラルである。

ところで現代人は、微量ミネラル不足である。それがいろいろな病気の原因になっていると考えられる。我々の活動のエネルギー源や体の構成成分は、我々が食べたり飲んだりしたものや呼吸で取り入れた酸素から得ている。食べたり飲んだり呼吸で取り入れたものがエネルギー源や体の構成成分になるためには先ず消化され、そして吸収される必要がある。消化にしろ吸収にしろ、沢山の工程を経て行われている。実はその各工程に、生体触媒である酵素が関わっている。酵素が正常に働くには、微量ミネラル

表13　ホウレン草中のFe及びビタミンC含有量の変化

（mg/100g）

成分＼年	1950年	1980年	2010年
Fe	13.0	3.7	2.0
ビタミンC	150.0	65.0	35.0

（食品成分表より抜粋）

が不可欠である。ところで物が燃焼するには、少なくとも２００℃からの温度が必要である。ところが我々の体内では、36℃前後の低い温度で燃焼反応が起きている。この燃焼熱が体温の基になっている。このような低温で燃焼反応が起こるのは、生体内では酵素が関係しているからである。我々が野菜や果物を食べるのはカロリーを得るためではなく、ミネラルやビタミンを取るためである。ところで1例として表13に、ホウレン草中の微量ミネラルである鉄（Fe）の含有量の変化を示した。このように60年前のホウレン草に比べ、現在のホウレン草中の鉄含有量は6分の1、7分の1と大きく減少している。ビタミンCも４分の1以下になっている。

同じ土地で化学肥料を使用し多収穫を行うと、主要ミネラルであるカルシウム（Ca）やカリウム（K）は化学肥料で供給出来るが、微量ミネラルは有機肥料でないと無理なのである。そのため収穫に伴い土壌中の微量ミネラルが減少してくる。したがってそこで取れた野菜や果物中の微量ミネラルが減ってくる。その結果そのような野菜や果物を取る我々が、微量ミネラル不足になってくる。

ところで先にも述べたように、ミネラルの大元は岩石である。したがって岩石から酸を用いてミネラルを溶出したミネラル濃縮液―これをロックウォーターと呼称する―ロックウォーターを最初に開発したのはシマニシ科研株式会社の嶋西浅男社長で、１９７７年に腐食花崗岩を原料に用い硫酸溶出により製造し、シーマロックスの商品名で発売された。この商品はミネラルの供給剤として極めて有用である。土壌改良始め工場排水など、微生物処理が難しい2次処理用にも有効かつ有用である。養殖や水耕栽培にも利用されている。また生傷に対し優れた止血作用を示すとともに、傷跡がほとんど分からない状態で治癒するなどの特長がある。ただ硫酸溶出していることと花崗岩を原料に用いている関係上ウラン（U）やトリウム（Th）の含有量が多く、飲用には望ましくない。そんなことから最近原料に接触変性岩の一種であるホルンフェルスを用い、溶出に硫酸を使用しない飲用に適したロックウォーターの「ミネラルさん」が新しく開発された。

我々の体内には、５０００種類もの生体触媒である酵素があると言われている。しかしどの酵素にどういう微量ミネラルが関係しているのか、分かっている酵素はごく限られている。現在売られているミネラル剤は、働きの分かったミネラルを集めたものに過ぎない。酵素は消化吸収工程のみならず、あらゆる生体内の化学反応に関わっている。例えば我々の体内で、ヒドロキシルラジカルに次ぐ2番目に強力な活性酸素であるスーパーオキサイド（$\cdot O_2^-$）の分解酵素であるＳＯＤが働くには、銅や亜鉛、マンガンなどの微量元素が必要である。また免疫の基である白血球の生成にも、酵素が関係していると推測される。現在がん患者に抗がん剤を投与すると、１μL当たり５０００から７０００個ある白血球が

2000個近くまで減少する。2000個近くなると免疫力が低下するため、患者にとっては体はきつい状態になる。これを元の値にまで戻すのに、今の医療では1か月近く掛かる。戻ったところでまた抗がん剤を投与する。また同じような白血球減少が起こる。ところがロックウォーターなどを飲用すると、数日でバンと元の数値に戻ったりする。また、ロックウォーターを飲用して抗がん剤を投与すると、白血球はあまり減少しない。このことから、白血球の生成工程に関わる酵素に必要な微量ミネラルがロックウォーター中に含まれているためと推測される。

桜はどうして春に咲くのか？

日本列島において毎年桜の開花は、南国から北国へと1か月以上の時間をかけて移動して行く。何故？この現象に対し、これまでどのような説明がなされてきているのだろうか？　筆者はこれまでこのような疑問に対し明確な回答に巡り合っていない。この現象を解明するには桜の樹木中の水を考えないと無理ではないかと考える。外気温16〜17℃前後に、ある時間以上さらされると樹木中の水が構造変化を起こし、それが開花のスイッチになる。気温が南国から北国へと次第に上昇して行く。それに伴い開花が南国から北国へと移動して行く、所謂桜前線、この開花現象に気温以外のものも関係しているかも知れない。もし関係するのが気温のみならず熱エネルギーによる水の構造変化だとすると、この現象を植物工場における野菜や果樹の栽培に応用出来たら興味深い成果が得られるのではないかと考える。

草食動物はどうやって毒草を選り分けているのか？

山羊、牛、馬などの草食動物はかなりのスピードで草を食べていく。しかし彼らは毒草を瞬時に選り分けて食べ進んでいると推測される。この識別能力は以前に毒草を食べてひどい目に遭い学んだものではなく、また親から教わったものでもないと考えられる。ではそのセンサーは一体何なのか？　筆者はそれは水ではないかと推測する。先の第2次世界大戦の終戦前後の数年間、田舎にいながら米のご飯がなく食べれない時代を体験した。その時代に特に秋など、山野に行くと雑草や木々の実などがあった。しかし食べて大丈夫かどうかは、小学生の筆者には分からなかった。今のような植物図鑑などはなく、またそのようなものを見て調べるという知識もなかった。しかしその花や実をじっと見つめていると、何となく食べても大丈夫そうだということが伝わってくるというか感じるというか、分かってくるのであった。これは毒草中の毒物の周りに水がある。人体中にも大量の水がある。毒草中の毒物の周りの水と人体中の水のコミュニケーションが、センサーになっていたのではないか……。

ウォーターデザイン　参考文献リスト

第一章

『全解 絵でよむ古事記』 奈良毅 監修　柿田徹 絵　冨山房インターナショナル
『古事記解義　言霊百神〔新装版〕』 小笠原孝次 著　和器出版
『新装版　言霊精義』 小笠原孝次 著　和器出版
『新装版　言霊開眼』 小笠原孝次 著　和器出版
『言霊設計学』 七沢賢治 著　ヒカルランド
『言霊はこうして実現する』 大野靖志 著　文芸社
『白川学館入門講義集』 一般社団法人白川学館
『講座 日本の古代信仰3 呪ないと祭り』 伊藤幹治 編　學生社
『水の神話』 吉田敦彦 著　青土社
『日本神話の源流』 吉田敦彦 著　講談社学芸文庫
『世界神話学入門』 後藤明 著　講談社現代新書
『神道大辞典』 平凡社 編　平凡社
『延喜式祝詞諺解 下巻』 水野秋彦 著　新居政七
『古事記』 倉野憲司 校註　岩波文庫
『歴史・祝祭・神話』 山口昌男 著　岩波書店
『レヴィ・ストロース《神話論理》の森へ』 渡辺公三・木村秀雄 編　みすず書房
『ピダハン 言語本能を超える文化と世界観』 D・L・エヴェレット 著　みすず書房
『明治天皇（一・四）』 ドナルド・キーン 著　新潮文庫
『大嘗祭と新嘗』 岡田精司 編　學生社
『古代祭祀の史的研究』 岡田精司 著　塙書房
『中世神話』 山本ひろ子 著　岩波新書
『神を読む　神話論集（1～2）』 高橋英夫 著　ちくま学芸文庫
『現代思想 神道を考える』 2017年2月号　青土社
『文字逍遥』 白川静 著　平凡社

『古事記注釈　第一巻』　西郷信綱 著　平凡社
『言霊の思想』　鎌田東二 著　青土社
『天と海からの使信』　北沢方邦 著　朝日出版社
『古事記の宇宙論』　北沢方邦 著　平凡社
『理論神話学〈天と海からの使者〉』　北沢方邦 著　朝日出版社
『水と祭祀の考古学』　奈良県立橿原考古学研究所附属博物館 編　學生社
『黎明（上）（下）』　葦原瑞穂 著　太陽出版

第二章

『宇宙の物質はどのようにできたのか』　日本物理学会 編　日本評論社
『岩波講座 物理の世界 地球と宇宙の物理 ３ 元素はいかにつくられたか』　野本憲一 編　岩波書店
『岩波講座 物理の世界 地球と宇宙の物理 ５ 膨張宇宙とビッグバンの物理』　杉山直 著　岩波書店
『宇宙１３７億年の歴史』　佐藤勝彦 著　角川学芸出版
『宇宙１３８年の謎を楽しむ本』　佐藤勝彦 著　ＰＨＰ研究所
『全解 絵でよむ古事記』　奈良毅 監修　柿田徹 絵　冨山房インターナショナル
『水の惑星』　ライアル・ワトソン 著　河出書房新社
『量子物理学の発見』　レオン・レーダーマン　クリストファー・ヒル 著　文藝春秋
『量子力学で生命の謎を解く』　ジム・アル＝カリーリ　ジョンジョー・マクファデン 著　SB Creative
『宇宙創成はじめの3分間』　スティーブン・ワインバーグ 著　ちくま学芸文庫
『宇宙創生から人類誕生までの自然史』　和田純夫 著　ベレ出版
『自然科学への招待〈宇宙・物質・生命の科学〉』　前田坦 著　培風館
『生命この宇宙なるもの』　フランシス・クリック 著　思索社
『ＤＮＡに魂はあるか〈驚異の仮説〉』　フランシス・クリック 著　講談社
『命は宇宙意志から生まれた』　桜井邦朋 著　致知出版社
『オートポイエーシス』　河本英夫 著　青土社
『地球はなぜ「水の惑星」なのか』　唐戸俊一郎 著　講談社

第三章

『水の不思議パート2』　松井健一 著　日刊工業新聞社
『生命にとって水とは何か』　中村運 著　講談社
『水素と電子の生命』　山野井昇 著　現代書林
『生命の陰陽学 よみがえる生体リズムの謎』　山野井昇 著　ＩＤＰ出版
『水の神秘』　ウェスト・マリン 著　戸田 裕之 翻訳　河出書房新社
『エネルギー療法と潜在能力』　ジェームズ・L・オシュマン 著　帯津良一 翻訳　エンタプライズ
『生命はなぜ生まれたのか―地球生物の起源の謎に迫る』　高井研 著　幻冬舎新書
『生態系の水』　上平恒・逢坂昭 著　講談社
『生命とは何か―物理的に見た生細胞』　シュレーディンガー 著　岩波文庫
『生体とエネルギー』　セント・ジェルジ 著　みすず書房
『生命の本質―筋肉に関する研究』　セント・ジェルジ 著　白水社
『生体の電子論』　セント・ジェルジ 著　広川書店
『生命、エネルギー、進化』　ニック・レーン 著　みすず書房
『生命科学の原点と未来』　山下昭治 著　緑書房
『いのちと健康の科学』　丹羽 靱負 著　ビジネス社

第四章

『水の総合辞典』　水の総合辞典編集委員会 編　丸善株式会社
『水の百科事典』　高橋裕・綿抜邦彦・久保田昌治・和田攻・蟻川芳子・内藤幸穂・門馬晋・平野喬 編　丸善株式会社
『水の再発見―水に対する新しい考え方と実証』　中根滋・久保田昌治 著　光琳テクノブックス
『理化学辞典　第5版』　長倉三郎・井口洋夫・江沢洋・岩村秀・佐藤文隆・久保亮五 編　岩波書店
『これでわかる水の基礎知識』　久保田昌治・西本右子 共著　丸善株式会社
『おもしろい水のはなし』　久保田昌治 著　日刊工業新聞社
『知っておきたい新しい水の基礎知識』　久保田昌治 著　オーム社
『通読できてよくわかる水の科学』　橋本淳司 著　ベレ出版

『水の神秘』 ウェスト・マリン 著　戸田 裕之 翻訳　河出書房新社
『水を科学する』 川瀬義矩 著　東京電機大学出版局
『Newton 5月号増刊（ニュートン別冊）奇跡の物質 水』 ニュートンプレス
『万物理論への道―Tシャツに描ける宇宙の原理』 ダン・フォーク 著　青土社
『目に見えないもの』 湯川秀樹 著　講談社学術文庫
『物理学とは何だろうか（上下）』 朝永振一郎 著　岩波新書
『水ハンドブック』 水ハンドブック編集委員会 著　丸善
『奇跡の水』 オロフ・アレクサンダーソン 著　ヒカルランド
『水の書』 荒田洋治 著　共立出版社
『水がエネルギーになる日。』 深井利春 著　有富正憲 監修　ダイヤモンド社
『CO_2ゼロ計画 自然は脈動する』 アリック・バーソロミュー 著　日本教文社
『水の本質の発見と私たちの未来』 川田薫・中島敏樹 編　文芸社
『化学史事典』 化学史学会 編　化学同人

第五章

"Human basophil degranulation triggered by very dilute antiserum against IgE", E. Davenas, F. Beauvais, J. Amara, M. Oberbaum, B. Robinzon, A. Miadonna, A.Tedeschi, B. Pomeranz, P. Fortner, P. Belon, J. Sainte-Laudy, B. Poitevin and J. Benveniste, Nature, 333: 816-818 (1988)
"High-dilution' experiments a delusion", J. Maddox, J. Randi and W.W. Stewart, Nature, 334: 287-290(1988)
"The Memory of Water", Michel Schiff, Thorsons(1994)
"Ultra High Dilution – Physiology and Physics", Editedby P.C. Endler and J. Schulte, Kluwer Academic Publishers (1994)
"Activation of human neutrophils by electronically transmitted phorbol-myristate acetate", Y. Thomas, M. Schiff, L. Belkadi, P. Jurgens, L. Kahhak and J. Benveniste, Medical Hypotheses, 54: 33-39 (2000)
"Homeopathy Research – An Expedition Report",P.C. Endler, EDITION@INTER-UNI.NET (2003)
『フィールド 響き合う生命・意識・宇宙』 リン・マクタガート 著　野中浩一 訳　河出書房新社

『真実の告白 水の記憶事件』ジャック・ベンベニスト著　フランソワ・コート編　由井寅子日本語版監修　堀一美・小幡すぎ子共訳　ホメオパシー出版
『意思のサイエンス　考えるだけで人生が変わる』リン・マクタガート著　早野依子訳　ＰＨＰ研究所
“Electromagnetic signals are produced by aqueous nanostructures derived from bacterial DNA sequences.” Luc Montagnier, Jamal Aïssa, Stéphane Ferris, Jean-Luc Montagnier, Claude Lavallee. Interdiscip Sci Comput Life Sci1: 81-90 (2009)
“DNA waves and water.” Luc Montagnier, Jamal Aïssa, Emilio Del Giudice, Claude Lavallee, Alberto Tedeschiand Giuseppe Vitiello. Journal of Physics: Conference Series 306: 1-10(2011)
DST Foundation によるIC Project のウェブサイト https://www.bodyfreq.com/
“The Fourth Phase of Water: Beyond Solid, Liquid, and Vapor” by Gerald Pollack, Ebner & Sons Publishers(2013)
IC Medicals 社のウェブサイト https://complexes.icmedicals.org/
“Water as a free electric dipole laser.” Emilio Del Giudice, Giuliano Preparata and Giuseppe Vitiello Phys. Rev. Lett. 61: 1085-1088 (1988)
IC Platform のウェブサイト https://www.infoceuticals.co/
IC Platform による解説ビデオ“What are IC Medicals (Infoceuticals) and how are they produced?”のウェブサイト https://vimeo.com/251710928

第六章

『放射能デトックス』　ゼオライト生命体応用研究会 監修　文芸社
『新 水の常識』　水問題研究会 編著　理学博士 久保田昌治 監修　史輝出版
『マイクロバブルのすべて』　大成博文 著　日本実業出版社
『21世紀 体にいい水 全情報』　久保田昌治 著　コスモトゥーワン
『わかりやすい浄水・整水・活水の基礎知識』　久保田昌治・野原一子 著　オーム社
『水の再発見―水に対する新しい考え方と実証』　中根滋・久保田昌治 編　光琳　テクノブックス
『〝驚異の水〟ロックウォーター―シーマロックスの製法・物性・用途のすべて―』　久保田昌治・ウォーターデザイ

ン研究会 編　技術出版
『新 水の常識』 水問題研究会 編　久保田昌治 監修　史輝出版
『水―いのちと健康の科学（改訂版）』 丹羽靱負 著　ビジネス社
『神道大辞典』 平凡社 編　平凡社
『延喜式祝詞諺解 下巻』 水野秋彦 著　新居政七
『波動と水と生命と―意識革命で未来が見える』 江本勝・MRA総合研究所 著　PHP研究所
『不思議な水の物語―トンネル光子と調律水（上）（下）』 鈴木俊行 著　海鳴社
『マンションビルの水が飲めるようになった』 田丸博文 著　かんき出版
『体を作る水、壊す水 10年後に差がつく「水のみ腸健康法」30の秘訣』 藤田紘一郎 著　ワニブックス
『解き明かされた「不老の水」―長寿王国の秘密は「水」にあった』 パトリック・フラナガン 著　ドリーム書房
『石（ミネラル）の力―微量元素に秘められた治癒力の脅威！』 周東寛・野島尚武 著　知玄社
『難病を癒すミネラル療法―病気の根源は何なのか!? 体質を改善する鍵はここにある』 上部一馬 著　中央アート出版社
『難病を治すミネラル療法』 上部一馬 著　沼田光生 監修　中央アート出版社
『あなたの知らない生体ミネラルの真実―次世代療法とミネラルバランスの重要性』 沼田光 著　生ビオマガジン
『驚異のホルミシス力』 篠浦伸禎 著　太陽出版
『バイブレーショナル・メディスン』 リチャード・ガーバー 著　日本教文社

第七章

『知っておきたい新しい水の基礎知識』 久保田昌治 著　オーム社
『脳のなかの水分子』 中田力 著　紀伊国屋書店
『ガン・アトピー・難病の治療には西洋・東洋・心身医学の統合療法がベスト！』 松山家昌 著　飛鳥新社
『MRETウォーター・サイエンス 物理化学編』 ウラジミール・I・ヴィソツキー、アラ・A・コルニロバ 著　高下一徹 訳　朔明社
『MRETウォーター・サイエンス 生物学編』 ウラジミール・I・ヴィソツキー、アラ・A・コルニロバ 著　高下一徹 訳　朔明社

監修者あとがき

七沢賢治

1　「ウォーターデザイン」とは何か

「ウォーターデザイン」という言葉が立ち現れた。本書のタイトルを見て、読者はどのような感想を持たれただろうか。一見すると字面のよい言葉であるが、水のデザインとは一体何のことか、よくよく考えてみると不思議な感じがしないでもない。

水は、固体、液体、気体という三態を取ることから、この地球上でも稀有な物質の一つに数えられるが、それ自体をある種のデザインと見ることもできる。言うまでもなく、水がなければ植物も人間も生きていくことができず、他に同じようなものがないことから、水には神が宿るとされ、あるいは、神そのものとされ、古《いにしえ》の時代から人々の信仰を集めてきた。

実際、本書を読めばおわかりのように、水の特殊性については枚挙にいとまがない。またその歴史を辿れば、宇宙の起源にまで遡ることができる。つまり、そこには人類の歴史を超えた遥かに壮大な物語が展開されているというわけである。

言い方を変えれば、水は宇宙そのものと言ってもいいだろう。『古事記』の冒頭に「天地初めて發けし時、高天の原に成れる神の名は」とあるが、それを「天之御中主神《あめのみなかぬしのかみ》」と呼んでいる。一見すると見過ごされる行《くだり》であるが、この天之御中主神は、実は「水中主《みなかぬし》」とも表現される水の神なのである。

記録のある初代より現在まで九十代続く菟田家という、かつて高倉下《たかくらじ》の剣を製造していた家がある。神武天皇に霊剣布都御魂《ふつのみたま》をもたらしたあの高倉下である。その家系に代々伝承される古文書にも「水中主」という言葉が出てくる。つまり、そこでも神話における一番の神がそれだとしている。

このように見ていくと、水はまさに宇宙創成の神であり、その水が地球も人間も動植物も、当然のことながら、何の見返りも求めず潤していることがわかる。それほどのものでありながら、未だこの水について知られていることは、あらゆる可能性を秘めた全体像の一部でしかない。あるいは、その最も重要な特質を人類は見逃している可能性すらある。

恐らく、水をテーマに神話を神話知に変え、神話から得られた知の体系を起点に現代の科学までを網羅した書籍は、本書が世界でも初めてであろう。つまり、この時代に本書が世に登場するのには、それなりの理由と意味があるということである。創造の神話から宇宙の成り立ちを見ることで、従前の科学が到達できなかった領域に足を踏み入れようというわけである。

したがって言えることは、水の何たるかを知らずして、宇宙の何たるかはわからないということである。水の本当の姿を知らずして、およそ70％が水でできている人類という種の謎は解けず、したがって人類の未来は描けない。できたとしても、それは極めて限定的、局所的な考察レベルに止まるであろう。実は、そこに「ウォーターデザイン」が立ち現れた理由がある。

私はかつて小笠原孝次先生から古来宮中に伝わる言霊学を学び、高濱浩先生から江戸時代まで天皇祭祀を司ってきた白川神道の行を受け継いできた。また、自らコンピュータソフトの会社を立ち上げ、日本ＩＢＭやマイクロソフト社と競い合いながら、知のモデリングシステムを構築したこともある。

現在は、そうした日本の叡智から最先端のテクノロジーまでを「和学」という形に統合し、それを志ある方々にお伝えする立場にある。かつての師から教えられたこと、それは端的にいうと「水がすべてである」ということである。「水に始まり水に終わる」と言ってもよい。そして、水中主の神は、天皇と皇后だけがお迎えする神であったと。

水の神「水中主」、すなわち古事記百神の一番目の神である天之御中主神は、最初にして最高の神である。よって、水の神性を知り、水に関わるということは、それ自体大切なご神事にもなっているということである。

かつて斉明天皇は、飛鳥の人々のために、川の上流の水に向けて祓いを上げていたとされるが、その後は、白川伯王家が天皇御一人のために日毎の水を献上する役目を引き継いだ。以降、江戸時代末期まで神祇伯として宮中祭祀に関わることになるが、水に纏わる祭祀は、数あるご神事の中でも中心的役割を果たしてきたと言える。

話を「ウォーターデザイン」という言葉に戻すと、読者の中には水面に広がる波紋を思い浮かべる諸氏もおられるだろう。その波紋から曼荼羅が連想されたとすると、それはそれで正解に一歩近づくことになる。

空海が唐の国から日本にもたらした胎蔵界曼荼羅と金剛界曼荼羅をご存知だろうか。とりわけ胎蔵界曼荼羅は、中心から広がる水の波紋を仏の姿で表現したかのようである。中央に鎮座する大日如来をはじめ、四如来、四菩薩、そして明王たち。それぞれが真言密教には欠かせないアイテムとなっている。

しかし、ここで注目いただきたいことがある。それは、この波紋と真言との関係である。真言密教の真言とは何であろうか。そのまま読めば、それはすぐに言葉の意だとわかる。ただし、文字通り解釈すれば、それはただの言葉ではなく、真の言葉でなくてはならない。つまり、真言とは言霊を意味するのである。したがって、曼荼羅に描かれたそれぞれの仏たちは、言霊の一音一音を示しているという見方も成立するだろう。

実際、言霊学では、真言が言霊そのものであるのはもちろんのこと、曼荼羅が実は五十音図であり、更には胎蔵界曼荼羅が天津菅麻音図、金剛界曼荼羅が天津太祝詞音図であると教えている。そして、五十音図の更に元にあるのが、布斗麻邇《ふとまに》図であると。

そろそろ結論を言わねばなるまい。「ウォーターデザイン」、すなわち水のデザインとは、水中主という創造神の在りようを意味し、畢竟《ひっきょう》それは、布斗麻邇図という言霊の淵源を指し示す言葉でもあるということである。そのような観点から、本書はまさに水の神による創造の手引書といっても過言ではない。

白川神道には十種の高等神事があるが、なかでも第一種から第三種は天皇にだけ許されたご神業の中身とされてきた。その第一種に「太占《ふとまに》」の伝が含まれるのは偶然ではない。当然そのことは、布斗麻邇図が天皇に渡ったことを意味し、その図こそ、母音と父韻が結ばれ、言霊が発動される際のデザインだったのである。

2　神話に秘められた古代の叡智

現代の文明と科学は、神話というものをおとぎ話の一種にしか捉えていない節《ふし》がある。もちろん説話に込められた物語にも、後世に伝えたかったであろう一定の理があるため、一概にそれらを悪く言うわけではない。

しかしながら、古神道と最先端のＩＴの世界に身を置く立場としては、古来の叡智とも言える『古事記』という創造の物語を無視しつつ、一方で宇宙の成り立ちを説明しようとするところに、土台無理があるのではないかと感じざるを得ない。

大胆なことを言わせていただくと、２００８年にノーベル物理学賞を受賞した南部陽一郎博士の「自発的対称性の破れ」は、たとえば『古事記』における伊邪那岐神と伊邪那美神の国産み神話を、そのまま理論物理学の世界に当てはめたと言ってよい。

南部博士が幼少期に『古事記』を全て暗唱できたことはご存知だろうか。博士がそれを意図的に利用したのかどうかはわからない。けれども、「国産み」の物語には確かに、「対称性が破られた後、天も地もない漂える世界に初めて島々（国）が生まれた」と読める行が存在する。

もちろん「対称性」とは書かれていない。しかし、伊邪那岐神と伊邪那美神が登場するまで、古事記十七神は見事にその陰と陽のバランスを保っていた。それが崩れることで国が生まれるとは、何を意味するのか。我々の推測とは言え、素粒子理論を専門としていた南部博士が、そこに何らか手掛かりを見出したとしてもおかしくないということになる。

こうした含みは、何も日本神話だけに見られるわけではない。ギリシャ神話、エジプト神話、北欧神話など、世界中のそれぞれの神話に『古事記』との共通点が見られるのは、ある時代に世界が一つであったことの証左かもしれない。つまり、自然の原理を神々のお働きに見立て、それらを人格化し、宇宙が創造されていく様子をわかりやすく物語にしてきたということである。

そのような観点で日本神話を見つめ直すと、そこには様々な発見があることがわかる。古事記百神の九十八番目から百番目までの、「天照大御神、月読命、須佐之男命」という三貴子が、「八咫鏡《やたのかがみ》、八尺瓊《やさかにの》勾玉《まがたま》、草薙剣《くさなぎのつるぎ》」という三種の神器に譬えられるのも、現象界創造の観点から単なる偶然ではないと言えるのである。

それと同じことが古の時代から伝わる祝詞にも存する。水の真なる性質を知るという目的から、私が特に注目しているのが、中臣寿詞《なかとみのよごと》という祝詞である。一般的には、天皇践祚《せんそ》の際、あるいは大嘗祭の日に、中臣氏が天皇の御代を寿《ことほ》ぎ奏上した詞のことを言うが、その中心にあるのはまさに水そのものである。

同祝詞が天神寿詞《あまつかみのよごと》とも呼ばれる由縁は、以下にあるように、神聖なる水を持って天神を寿ぐという意味にある。

「皇御孫尊の御膳都水は宇都志國の水に天都水を加えて奉らむと申せ」（延喜式祝詞）

ここに出てくる「宇都志國《うつしくに》の水《みず》」、「天都水《あまつみず》」とは何であろうか。これらは、それぞれ「現国の水」、「天津水」と読み替えることもできる。つまり、「この世の水」と「高天原の水」という見立て方である。

前段で「白川家の役割は天皇にご神水を献上することにあった」と書いたが、どのようにして「皇御孫尊の御膳都水」を調合したかというと、そこには現代の科学が見落とすような作法が存在した。すなわち、中臣寿詞にあるように、実際に「この世の水」と「高天原の水」を混ぜて作ったのである。概念的には標高差を利用するものである。

たとえば、海洋深層水のような地下何百メートルの水と、山岳地帯の標高一千メートルの水を合わせると、どのような水ができるであろうか。標高差はすなわち重力の差を意味する。この重力の差から何が生まれるのかというのがポイントである。「自発的対称性の破れ」と「国産み」の物語にあるように、重力の差を男神と女神の差と見て取ることもできる。つまり、そこにあるのは創造の原理であり、その差によって新たなものが生まれ出るということである。

では、繰り返し尋ねるが、その新たなものとは何だろうか。重力差のある水を合わせることで何が生まれるのだろうか。実はそれこそが「エーテル」であると我々は考えている。

エーテルは、古代ギリシア時代から20世紀初頭まで全世界を満たすただ一つの物質とされ、アリストテレスは、地水火風に加えてエーテルを第5の元素と見なした。その後は世界中の科学者たちにより、いわゆる光や電磁波の媒質とも考えられもしたが、1905年にアインシュタインが特殊相対性理論を提唱してからエーテルの存在は封印されている。

それがなぜ今になって、このエーテルを取り上げるのかと言うと、これまで触れてきた神話知の研究と現代の科学の擦り合わせから、仮説段階とはいえ、全く新たな切り口でエーテルを解明することができたからである。

再度誤解がないように言うと、それは未だ解明の途上にある。しかし、この時代に新たなものの見方を提示することが人類の益に繋がると確信するからこそ、この場を借りて読者にお知らせする次第なのである。

さもなくば、桎梏化《しっこくか》した現文明の行き詰まりを打破できず、誰も彼もが自分たちの将来に、ひいては人類の未来に、何の希望も持てなくなってしまうであろう。ところが、それを解く鍵はどこか遠いところにあるのではなく、今この瞬間も我々の体内に存する水にあったのである。

3 神話知から紐解く水の世界

淡路島には今も山の麓に「御井の清水」という水汲み場がある。はるか昔にそこから仁徳天皇に朝な夕な大阪湾を経由して御料水が運ばれたという。恐らくそれはなかなかの大仕事であったに違いない。

しかし、なぜにそこまでして淡路の水を難波まで運んだのかというと、山の麓の水に位相の異なる海の水が入るのを期待してのことであったかもしれない。

ここで白川神道に伝わるある重要な言い伝えを紹介したい。これを公の場で発表するのは、今回が初めてである。水の神をして事態をそうさせているのかどうかはわからない。けれども、この教えの公開なくしては、本書の意義が薄れてしまうことも確かである。それだけ大切な伝承が白川の「おみち」には残されている。

その伝承とは、日本に古くからある根源の神の名に関するものである。あらゆる神の元の存在と言ってもいい。白川の祭祀や中臣寿詞の前提となる神でありながら、それは天児屋命《あめのこやねのみこと》や経津主神《ふつぬしのかみ》といった神々よりも更に根の世界に存在する神、まさに原初の神の位置付けにある存在。それが「水霊神《すいれいじん》」と呼ばれる神であったということである。

かつて大中臣は、天皇と神を繋ぐ役割を担っていた。すなわちそれは、天之御中主神を始めとする造化三神を創造の要たる神として、天皇にその存在をお伝えする役目であったことを意味する。その造化三神こそ、実は水の神「水霊神」に象徴された存在でもあったわけである。つまり、水という実体あるものに、幽の世界を重ね合わせたということになる。

この「水霊神」という言葉には、そこにある重要な真理が秘められている。それぞれ分解してみると、「水・霊・神」の「水」はそのまま「水中主」もしくは「水魂」を意味するとわかる。そして「神」は「彌都波能賣神《みつはのめのかみ》」もしくは「水波能売命《みつはのめのみこと》」を意味する。これは、ギリシャ哲学でいう「イデア」に相当すると言えるだろう。

問題は「霊」の捉え方である。「霊魂」という表現があるように、一般的には霊も魂も混同されているのが実情であるが、その本来の中身は全く別物である。では、「霊」とは一体何であろうか。ともすれば、狐の霊や先祖霊といった所謂霊的存在を思い浮かべがちである。が、元にあるのは「産霊《むすひ》」という純粋な結合エネルギーなのである。

したがって、「水霊神」の「霊」は、その前後にある「水」と「神」を結ぶ存在であることがわかる。先ほど「水魂」という表現をしたように、結果的にそれは「魂・霊・神」という三つの階層を同時に含む言い回しであり、四次元界と五次元以上の高次元界を一度に表す包括的表現ともなっている。

そこからわかること、それは、普段我々が慣れ親しんでいる水という存在を、魂の次元で「水中主」といい、神の次元において「彌都波能賣神」と表現するということである。その両者を結ぶのが「霊」であり、それにより物質の次元から神までの次元が一気通貫で繋がることになる。まさに水ならではと言えようか。

前段で「エーテル」という言葉が出てきたのを覚えておいでだろうか。位相の異なる水を合わせることで、全く新たな水が生まれるというあの話である。重力差のある水を混ぜることに、普通は何の疑問も起きないことだろう。どこから採取しようと、同じ水を混ぜることに何の不思議があるのかと。しかし、そこには極めて見落としがちな重要なファクターが潜んでいる。

それこそが「霊」の働きであり、結合エネルギーの存在である。重力差のある水を混ぜるのは勝手だが、そこには標高の異なる両者を結ぶ何かがなければならない。逆に位相の差があればあるほど、結びという概念の必要性はいや増すことだろう。その過程で顕現し、すぐにまた消えてしまうもの、それがエーテルなのである。

これまでエーテルという存在は否定され、あるいは逆に、「宇宙の始めからエーテルは存在し、宇宙全体に充満している」という行き過ぎた評価を受けてきた。結局言えることは、特殊相対性理論にもギリシャ哲学にも正しい答えは見当たらないということである。一方それがわからずして、現代の科学も文明も今より先に進むことはできない。なぜなら、この限局された四次元界を抜け出す叡智なしに、新たな文明の創造は不可能だからである。

そこで、「ウォーターデザイン」という言葉の意味を日本神話や言霊に求めたように、エーテルを解明するための手掛かりを求めたのが『古事記』であった。その冒頭部分を改めて取り上げてみたい。

天地《あめつち》初めて發《ひら》けし時、高天《たかま》の原に成れる神の名は、天之御中主《あめのみなかぬしの》神。次に高御産巣日《たかみむすひの》神。次に神《かみ》産巣日《むすひの》神。この三柱《みはしら》の神は、みな獨神《ひとりがみ》と成りまして、身《み》を隠《かく》したまひき。

次に國稚《くにわか》く浮きし脂《あぶら》の如《ごと》くして、海月《くらげ》なす漂へる時《とき》、葦牙《あしかび》の如く萌《も》え騰《あが》る物によりて成れる神の名は宇摩志阿斯訶備比古遅《うましあしかびひこぢの》神。次に天之常立《あまのとこたちの》神。この二柱《ふたはしら》の神もまた、獨神と成りまして、身を隠したまひき。

上《かみ》の件《くだり》の五柱《いつはしら》の神は、別天《ことあま》つ神。

次に成れる神の名は、國之常立《くにのとこたちの》神。次に豐雲野《とよくもの》神。この二柱の神もまた、獨神と成りまして、身を隠したまひき。次に成れる神の名は、宇比地邇《うひぢこの》神。次に妹須比智邇《いもすひぢこの》神。次に角杙《つのぐひの》神、次に妹《いも》活杙《いくぐひの》神。次に意富斗能地《おほとのぢの》神、次に妹大斗乃辨《いもおほとのべの》神。次に淤母陀流《おもだるの》神、次に妹阿夜訶志古泥《いもあやかしこねの》神。次に伊邪那岐《いざなきの》神、次に妹伊邪那美《いもいざなみの》神。

（『古事記』倉野憲司校注　岩波文庫）

こちらに網羅されているように、『古事記』には天地開闢の際、天之御中主神を筆頭にして、先天十七神という主要な神々が次々に登場する。十六番目の伊邪那岐神と十七番目の伊邪那美神については、南部陽一郎博士が発見した「自発的対称性の破れ」に関する先の考察でも触れた通りである。

しかし、今ここで注目したいのは、文中の「身を隠したまひき」という表現の部分である。天之御中主神から神産巣日神までの三神を造化三神と呼び、天之常立神までの五神を別天津神と呼ぶが、これらは姿を隠してしまうとある。

さらには、國之常立神、豊雲野神も役割を終えると身を隠してしまう。結局、天之御中主神以下、神世七代全ての神々が姿を消してしまうわけである。普通は神だから仕方がないと通り過ぎてしまう箇所であるが、そこに何かとてつもなく重要な意味があると考えられはしないだろうか。

その後、宇比地邇神、妹須比智邇神と続いていくが、以降「身を隠したまひき」という表現は出てこない。つまり、この四次元界が創造された後、それらの神々は創造後の世界に留まるという意味になる。一方、神世七代の神々は自らの役割が終了すると、五次元以上の高次元界に戻り、次なる創造の機会を待つことになる。が、この差は一体何であろうか。

白川神道の高等神事には、第一種に「太占《ふとまに》」、第二種に「布留部《ふるべ》」、第三種に「鎮霊《ちんれい》」と呼ばれる伝がある。これらは単なる儀式ではなく、実際に宇宙創造のための手順を示した作法を意味する。本来天津日継にのみ許された作法であり、したがって従来は白川を継承する一握りの人間にしか伝授されなかった貴重な中身である。

しかし、今回はあえてその具体的な意味を開示したいと思う。「ウォーターデザイン」とは布斗麻邇図であり、白川高等神事第一種「太占」と無関係ではないと冒頭で述べたように、ここでその中身を明らかにしないことには、本書を世に問う意味も薄れようというものである。否、そのために敢えてこの出版に踏み切ったと言っても過言ではない。

誤解を恐れずに言えば、本書を手に取るという機縁に恵まれた読者諸氏には、ある筋のご先祖から何らかの働きかけがあったのかもしれない。今からそうしたレベルの話をしようとしている。白川神道の主要な教えに「慢心するなかれ」というものがあるが、決してそのような気持ちから開示するのではない。ただ一つ「公」のためにそれをするのである。

4　解き明かされたエーテルの謎

先ほど、白川の高等神事として、第一種「太占」、第二種「布留部」、第三種「鎮霊」という話をした。

これから、いよいよその具体的な中身に入るので、ある程度心して聞いていただきたい。

まずは第一種「太占」であるが、これは「布斗麻邇《ふとまに》」でもある。すなわち言霊の源泉であり、意志そのものと言っていい。意志とは言葉であり、言霊である。かつて天皇がご意志を和歌にしたためたように、まずは意志ありきというのが、この世の掟であり「置き手」である。まず始めに手を置いた場所が宇宙の中心であり、そこからあらゆる物事が展開する。

その力強い意志が、およそ137億年をかけて形成された全宇宙に広がる様を想像してほしい。人間の声に振動があるように、意志にもそれぞれの中身により固有の振動がある。その振動こそが、第二種にある「布留部」と呼ばれるものである。振動が起きると何が起こるか。それが「鎮霊」なのである。「鎮霊」とは「産霊」であり、結びである。

つまり、意志を発した後、その振動により、それまでは対称性そのものであった「空《くう》」の状態から、特定の結合が起き、そこから物質が生まれてくるというわけである。それが宇宙の始まりであり、『古事記』における天之御中主神以降の神々の展開に符合する。

一旦まとめてみよう。「太占」とは「布斗麻邇」であり、言霊による意志情報である。それが振動を起こし、結びを起こし、現実というものが立ち現われるということである。現実、すなわち、実が現れるとは、目に見えない幽の世界の結実である。いつの間にか結びが起き、気がつくと今日我々が知るような世界が広がっている。普通はとてもそれ以前の世界には手が届かないかのように思えてしまう。つまり、自らが創造主になれるとは思いもつかないということである。

我々人間は与えられた現実を見て、そこを起点に物事を少しでも自身がよかれと思う方向に舵を取ろうとする。すでに存在する現実こそが、ある意味神の化身であり、それを生み出すことも、変えることもできないと信じている。

ところが、白川の高等神事にはそれがない。現実を変えることもできれば、新たに生み出すこともできる。それが天津日継の業であり、よって、それにふさわしい教えと行が存在するわけである。ここまでお読みの読者は既におわかりかもしれない。言霊により自ら神を生み出し、神々と次元間に結びを起こし、現実を創造するのが、この白川の「おみち」であることを。

一見するとこれは神秘に偏った表現に見えなくもない。これまでの文面から判断するに、そこに科学的根拠はあるのかと疑問を呈されても仕方ないだろう。しかし、逆に言えば、科学的根拠なしにこうしたことは起こり得ない。実際我々はこれまで30年以上の年月をかけて、科学的に実証する方法を編み出してきた。したがって、根拠がないのではなく、そのための説明知がなかったという方が正しい。

そこで最も注力したのが、これまで述べてきた結合エネルギーとは何かというテーマについてである。仮に強力な意志エネルギーが存在したとしても、通常はそれが発動されて終わりであり、そこから現実の世界に直接影響を与えることはない。なぜなら、そうした意志の階層と肉体の階層は、それぞれ全く異なる次元にあり、何らかのきっかけがなければ、それらは始めから没交渉のまま平行状態で進むだけだからである。

となると、そこにはどうしても結びの力が必要になる。それも同じ階層内の結びだけでなく、別次元、別階層のものを繋ぐ何かである。しかし、そうした力が存在するというお話は、現代の科学には見当たらない。何かと何かを合わせれば結果的にこうなる、というデータしかないのである。我々が知りたいのは、その何かと何かを結ぶエネルギーである。それがわからなければ、神々が織りなす創造の世界には入り得ない。

そこであらゆる手段を使って、結合エネルギーの解明を試みた。現代の科学で使用されているあらゆる用語を調べ、あらゆる反応の裏に潜むそのエネルギーを抽出しようとした。だが、出てくるのは、反応前か反応後の状態だけであり、どこをどう調べてもそれ以上のことは出てこなかった。

ところが意外にも、その答えは、科学から一見程遠い神話の世界から出てきたのである。それも「産霊」もしくは「鎮霊」という目に見えないエネルギーとしてである。その様子が『古事記』という創造の神話には、克明に記されていた。それが「身を隠したまひき」という表現である。よもやそんなところからと読者は思うかもしれないが、南部博士の例を思い出していただきたい。

ここで話を『古事記』の「神世七代」に戻すと、そこには別天津神五神と國之常立神、豊雲野神の名が出てくる。いずれ身を隠す存在であるが、仮に隠身となったとしても、それはそれで在ると言える。すると、エーテルはこの七神を意味するのだろうか。それとも違うのか。

それを看破るには、徹底的な祓いにより文字通りゼロの世界に身も心も置かねばならないだろう。あらゆる情動や先入観、固定概念を一枚一枚剥がさないと、何重にも畳み込まれたその元の世界はわからない。もちろんそのための祓いでもあるが、自らの祓いがどのレベルまでの祓いになっているのか、今一度冷静に分析してみる必要があるだろう。

ともあれ、日々のお清め行の中で、エーテルの正体が見えてきたことは確かである。復習も兼ねて再度説明すると、エーテルとは結合エネルギーであり、「霊」の働きをなすものである。結びなくしてこの世は存在しないため、どこもかしこもエーテルだらけということは言える。が、その元が結局どこにあるのかという疑問は残る。つまり、エーテルを生み出しているのは畢竟何なのかという問いである。

これを、「エーテルは宇宙が始まる前からあった」と捉えると、大きな間違いを犯すことだろう。なぜなら、「ではその前には何があったのか」という疑問の堂々巡りになるからである。エーテルが創造神話の前にあってはならないのである。そうでなければ、それは神話でも何でもなく、そこに創造＝クリエイションの意味を持たせることはできない。

さて、ここでもう一度、姿を消してしまう神々を見てみよう。まずは、「天之御中主神、高御産巣日神、神産巣日神」の造化三神、そして、「宇摩志阿斯訶備比古遅神《うましあしかびひこじのかみ》、天之常立神」までの別天津神、次に「國之常立神、豊雲野神」までの神世七代。これら七神が「身を隠したまひき」に該当する神々である。当初はこれら全てが結びの神、すなわちエーテルという存在に合致するかに思われた。

誤解がないように説明すると、「神」の階層を一つ下った「霊」の階層でいうと、八神殿に祀られている「神皇産神、高皇産神、魂留産霊、生産霊神、足産霊神」は「五霊」と呼ばれており、宇宙創造の始めからあるものではない。その元の雛形が必要である。

それを「エーテルの器」と見なすこともできるだろう。エーテルの元であり、結びの源とも言える存在である。それが実は「國之常立神、豊雲野神」にあると知ったらどうだろうか。読者には馴染みがないかもしれないが、言霊学から捉えるとそれも自然である。なぜなら、「國之常立神」は言霊「エ」、「豊雲野神」は言霊「ヱ」という、そもそもが「結び」の階層を示す神だからである。

つまり、「國之常立神、豊雲野神」二神がエーテルとして別天津神五神という隠身の世界と「宇比地邇神、妹須比智邇神」以降の世界を、まるでメビウスのように繋いでいるということになる。神の世界はいずれも幽の世界であるが、その中にも幽と顕の区別があり、それを結ぶ存在が「國之常立神、豊雲野神」二神だということである。

さらにいえば、古事記百神の十六番目、十七番目の神である「伊邪那岐神、伊邪那美神」であるが、ここまでを広い意味での幽と考え、それ以降を顕、すなわち「邪」の世界と捉える方法もある。そこにもまたメビウスが存在する。

参考までにいうと、メビウスは通常「∞」の形で表現されるが、これはゼロポイントを起点に、瞬間に広がり、瞬間に戻る様を表している。実際に紙を使って中央部を捻って繋げるとわかりやすいが、あるところまで表だったものが、途中で裏に転じることがわかる。

つまり、メビウスとは表と裏の両方を含むものであり、発散と収束を同時に孕んだものであると理解できる。重力と反重力の関係もそれに当たるだろう。このことから、結びとはメビウスであり、「∞」

の形状で表から裏に繋がっていることがわかる。では、その裏表を繋げているのは何かというと、それがエーテルだということである。

それにしても、なぜ今まで、この結び＝エーテルの世界がわからなかったのかというと、事象があまりにも複雑に畳み込まれており、さらにはそこに情動などあらゆる要素が張り付いているために、それらを綺麗に剥がすのが極めて困難な作業であったことが考えられる。

日本は元々縄文時代から膠《にかわ》の文化と言われ、日本語が膠着語の代表選手でもあるように、何事もくっ付けてしまうのが日本流である。だからこそ、にわかにわかりにくいとも言えるが、それだからこそ、エーテルはあらゆるものを結ぶことができる。日本が結びの国であるとは、すなわち「和」の国であるということにもつながる。

5　エーテルとしての水の可能性

ここまでお読みいただき、どのような感想を持たれたであろうか。あらゆるものを結ぶのがエーテルであり、それを「水霊神」という言葉に表現した古代人の叡智には驚かされる。なぜなら、水こそがエーテルであり、宇宙は水でできているといっても過言ではないからである。

世界の神話にも、地球に水と火の神の両方が降りてくるというストーリーがある。より正確には、織り成して降りてくるという意味だろうが、実際、火と水の両方を孕んで落ちてくるのが隕石の特徴である。地球に落ちてくる時には、見た目に炎の塊となって降ってくるわけだが、その内側には水を湛えている。そして、それにより原子の並びにも変化が起きる。

地球ができたのは今からおよそ46億年前とされるが、元の成分は隕石と同じであったに違いない。つまり、火と水とが織り成されながら、現在の形を作ってきたということである。また、そうした隕石が隕鉄として、何十億年という途方もない歳月をかけ、今も地球に降ってきている。

三種の神器の一つ、神剣は元は隕鉄から作られたものであった。ただし、その製作は簡単なものではない。何度も叩いて精錬し、不純物を取り除いて鉄の純度を高める必要があるからである。それでもニッケルやクロムは、わずかながらも残ってしまうため、融点の異なるこれらを含めながら剣の形に持っていくのは至難の業である。普通はその状態で叩くとバラバラになってしまい、全く剣としての姿にまとまらない。

それでも私は刀工伊藤重光氏にお願いして、これまで30本以上も隕鉄の剣を作っていただいている。ある意味、実験的なものでもあったが、冶金工学の知恵も拝借しながら、20年以上もかけてようやくそのための方法を会得した、と氏は言っておられた。

現在製作を依頼している剣にも隕鉄を使用している。ただし、今回はいつもと様子が違った。私も初打ちに立ち会ったが、その最中にどんどん割れていったのである。叩きながら精錬していくと、次々に割れていくため、これはさすがに手の施しようがないなと感じた。今度ばかりは本当にまとまらないのではないかと不安がよぎったのである。

しかし、果たせるかな、奇跡的にそれはできた。しかも完成した剣の表面には、きれいな鳳凰と龍、そして麒麟の模様が浮かび上がっていたのである。これはまさに、神武天皇が最初に高倉下から降ろされた剣と同じことが起こったかのようであった。

そのような冶金工学と神話、あるいは神話知を現代の科学に合わせるという技が、これまで話してきた結びの業に繋がっている。八神殿は神の結びの象徴であり、その元にあるのは神世七代の力である。これは実験祭祀学とも言えるもので、最後の決め手は、ずばり水にある。そのために、伊藤氏には我々が製造した「別天水《べってんすい》」という水を製作過程における焼刃、土の練りと焼き入れで使っていただいた。この水はいわば祓詞を封入した情報水であり、端的に表現すれば「言霊水」とも言える。

余談であるが、水の神、天之御中主神、あるいは、水中主、水霊神。それが古事記百神の最初の神であるとすると、最後は百番目の神、須佐男之命に終わる。これは、最初の水が最後は剣に変わることを示唆している。三種の神器である草薙剣は須佐男之命の象徴だからである。地球ができるのも、火と水によって織り成され、地球に落ちて隕鉄として顕現する過程を考えれば、全ては一気通貫で成立しているように感じられるであろう。

伊藤重光氏は、この水がなければ到底今回の剣は完成を見なかっただろうと述懐する。しかし、見方を変えればそれは当然とも言える。なぜならば、水こそが結びの中心にあるからである。より正確には「水霊神」と言った方がいいかもしれない。エーテルであり、結びの神そのものである水という存在が、あらゆるものを溶かし、あらゆるものを繫ぐのである。

地球は水の惑星と呼ばれるが、同様にそれは宇宙の果てまで水で繫がっていることを意味する。つまりエーテルである。それがメビウスとなって地球と宇宙の果てを繫いでいる。仮に宇宙の果てが無限だとしても、そこに時間は存在しない。瞬時にその両端をメビウスで結んでいるのである。神道的に表現すれば、中今のうちに正が負となり、負が正となる世界を表していると言えよう。

水の惑星ということで言えば、日本には大も小も含め実に滝が多い。滝から発せられるマイナスイオンを求めて、滝を巡るツアーも人気があるようである。滝によっては、その裏側に回って見られる場所もある。すると、その表側と裏側で表情が異なることがわかる。そこではイオンの右旋左旋により重力が発生しているのである。この右旋左旋を正負とすると、瞬時にその正と負を発生させる速さを持つものがタキオンである。

タキオンは元々光の速度を超える粒子として想定されたものであるが、未だ実験的証拠は見つかっていない。しかし、概念実験の中ではむしろ否定する方がおかしなことになる。なぜなら、先ほど述べたように、右旋左旋が起こるのも、正と負に別れるのも瞬時の出来事であり、そこに時間の存在する余地はないからである。言い方を変えれば、光が発生する以前の世界で働くのがタキオンだとも言える。

話は横道に逸れるかもしれないが、このタキオンこそ、時空の切断と結合を可能とする概念であり、通常は八神殿における五霊の役割となっている。その五霊を直霊《なおひ》とも言い、直霊にはしたがって正と負の2種類あることが想定される。その上位概念に、伊邪那岐神と伊邪那美神の右旋左旋があることは言うまでもない。こうして我々は水の研究から、メビウスとタキオンを割り出し、新たな概念装置を作ることにも成功している。

一方、現代における最先端のテクノロジーも、実は水の力を借りている。キリスト教に聖水があり、超純水といわれる全き水が悪魔を祓うとされるが、それは何も悪魔だけではない。たとえば、その超純水により、シリコンといった物質における不純物も、１００％近く除去することができるのである。

また、禊にもお清めにも通常は水を使うが、水の中の水ともいえる超純水を使った場合には、その方面での力が強すぎ、肌が荒れてしまうことがある。また、それを飲んだ場合に命の保証はない。つまり、純度の高い水にはそれだけの力があるということである。それもこれも、結び、あるいはエーテルの力によるものであることは、十分おわかりいただけることと思う。

ここまで長くなってしまったが、本書『ウォーターデザイン』にご縁のあった読者には、是非この水の可能性について目覚めていただきたいと考えている。なぜなら、水がわかれば人間がわかり、宇宙がわかり、そして人間には手の届かない存在と思われた神に、少しでも近づくことができるからである。実際、白川のご修行においては、水の神である彌都波能賣神の行がその中心にある。それこそ神を掴む手段であり、そこからあらゆる神々が人間の身体を使ってその姿を、そして動きを展開していくのである。興味のある方は「和学」を学び、白川の門を叩かれるとよいだろう。

最後に「水霊神」という言葉をもう一度贈らせていただく。なぜなら、それは我々人類の本質であり、我々そのものでもあるからである。来たるべき未来に向けて、一人でも多くの方にこの言葉に目覚めていただきたい。それがヒトを超える道であり、この文明を新たなステージに持ち上げてくれるがゆえに。

本書の執筆にご協力いただいた真摯なる水の研究者たちに、改めて感謝申し上げる次第である。

謝辞

「隗より始めよ」という故事には、凡庸な者でも一生懸命に取り組んでいれば、賢人が助けにきてくれるだろうという意味があると聞いております。悪戦苦闘した本書の制作がようやく区切りのときを迎えるにあたって、当初素朴に抱いていた「古代から現代に至る水の文化や研究の歴史を総覧して本にしてみたい」という望みがいかに遠大で、身に余るテーマであったかを痛感しながら、「隗より始めよ」の故事が意味することの真実も深く噛み締めております。

本書の制作にあたっては、本当にさまざまな方々に、まさに賢人と呼ぶにふさわしい方々の知見と助言に助けていただきました。中でも、本書の構想に明確な輪郭と方向性を与えていただきながら、その端緒から完成に至るまでを温かく見守ってくださった久保田昌治博士へ、心より御礼申し上げます。日本における水の研究の分野では第一人者といわれる久保田博士に、執筆のみならず、当研究所の七沢賢治とともに監修役を務めていただいたことは、本書にとって何よりの幸運ではなかったかと振り返って感じております。

久保田昌治博士の軌跡と業績はすでにご存知の方も多いかとは思いますが、一口に水の研究といっても、特定の活性水や浄水器の支持ありきの研究ではなく、世にある多くの機能水、活性水を網羅・分類し、それぞれを公平かつ科学的な視点で扱うというスタンスで水に関する多くの書籍を世に送り出されています。

1989年に活性水の解明・開発・普及を目的とした「ウォーターデザイン研究会」を設立され現在にまで継続されていることは、水の研究に携わっている方々には周知の事柄ですが、本書のタイトルである「ウォーターデザイン」も実は久保田博士の研究会の名前からインスピレーションを得たことがきっかけとなって、久保田博士へご提案をし、快諾いただいたという経緯があります。

多くの研究者が敬遠しがちな「微細エネルギーと水の情報記憶」に対しても「非科学ではなく、未科学の範疇である」というスタンスで研究を続けてこられた久保田博士らしい、想像力にあふれた刺激的なタイトルをいただけたことに改めて感謝を申し上げる次第です。

ところで、いまも触れた「水が情報を記憶する」というテーマは、久保田博士のいう〝未科学〟の範疇と言えることから、本書に登場する故ジャック・ベンベニスト博士をはじめとする関連分野の研究者は、率直に申し上げて、〝不当な扱い〟を受けてきたのではないかという印象が長くあったことも事実です。

しかし、2017年ブルガリアのソフィアで開催された「第12回国際水会議」では、ジェラルド・ポラック博士（本書においてもその研究成果を取り上げています）を中心に、リュック・モンタニエ博士、ジェームズ・L・オシュマン博士、ヴィソツキー博士など錚々たるメンバーによって水に関する新しい科学的な理論が発表されるなど、志ある最先端の科学者達によって、状況は少しずつ好転する兆しを見せています。

その国際水会議に日本から参加し、長年、上記の博士達と交流を持ち、研究をフォローしてきた根本泰行博士からは今回、ご寄稿をいただきました。最新の水の科学の話をできる限り一般の方にも分かりやすく伝える活動を日頃からされている根本博士の熱い想いを、読者の皆様へお伝えできることを私たちも大きな喜びに感じております。深く御礼申し上げます。

冒頭にも記しましたが、「人類と水の関係を太古の昔から未来をも見据えて総覧したい」というテーマは想像以上に奥行きのあるものでした。構想と調査の段階を経て、本をつくる段階を迎えたとき、そのことの意味を改めて教えてくれたのは、本書の編集にあたって、連日労をとってくださり、多岐にわたって的確な助言をくださった編集主幹の松林寛子さま、ならびに和器出版株式会社の皆様であったことを特に記して御礼とさせていただきたいと思います。一冊の本をつくるということの大変さと素晴らしさを、身をもって体験させていただいたことを本当にありがたく感じております。

内容を精査する段階においては、多くの優れた出版物からも多大な示唆をいただきました。引用先の明記等、失礼のないよう細心の確認を心がけましたが、行き届かぬ点はやはりあろうかと思います。

何卒ご容赦いただけましたら幸いです。

水研究の末席から俯瞰できる景色は限られてはおりますが、科学技術の発達による生活の利便性が増す一方で、豊かな水をもたらす環境が失われてしまう危惧も感じないわけにはいかないのが現代社会のむずかしさです。そのような意味では、水の研究の進展とは、水に対する社会意識の向上を促す社会貢献活動の一つといえるのかもしれません。本書の出版が、そのための小さな寄与となり、ひいては、生きとし生けるものが、豊かさを分かち合い、共に生きていく社会を創造していくための一助となることを願って、拙い謝辞の締めくくりとさせていただきたいと思います。

末尾になりましたが、微力な私たちに陰に日向に力を貸してくださった皆様へ、そして、本書を手にとってくださった皆様に、改めて心より感謝申し上げます。

２０１８年10月吉日

株式会社七沢研究所『ウォーターデザイン』制作チーム

杉山彰

阿蘇安彦

著者・監修者プロフィール

著者

久保田昌治（くぼた しょうじ）

1936年生まれ。新潟県出身。理学博士。1960年東北大学理学部卒、1962年同大大学院理学研究科修士課程修了。東北大学助手、静岡大学工学部講師を経て1970年（株）日立製作所日立研究所入社、主任研究員。1983年から5年間、経済産業省外郭団体（財）造水促進センターにて国の水関連プロジェクトの開発に従事。1994年農林水産省「水資源再評価委員会」委員。現在はウォーターデザイン研究会理事長、㈱ウォーターデザイン研究所所長、久保田情報資源研究所所長の他、医療・環境科学分野の各種団体において要職を務める。主な研究テーマは水の活性化と活性化メカニズムの解明、活性水・機能水の評価と評価法及び利用法の開発。

『〝驚異の水〟ロックウォーター』（編著／技術出版1997年）、『水の総合辞典』（編集委員長・編集・執筆／丸善2009年）など、編著、監修書多数。

七沢研究所（ななさわけんきゅうじょ）

古来から日本文化の深層を形成してきた実践的な知の体系である「和学」と、最新の科学・人文諸分野との統合を目指して2000年に設立。意識・情報・エネルギーなど、従来の科学の枠組を超えた視座を研究の基点に置き、古代の神道の行法における意識状態の変容から、次世代の水（別天水3.0・4.0）の研究開発まで幅広い研究テーマに取り組んでいる。

所在地：400-0822　山梨県甲府市里吉四丁目八番三五号　055-236-0030

http://nanasawa.com

寄稿

根本泰行（ねもと やすゆき）

1959年生まれ。神奈川県出身。1982年東京大学理学部卒業、1988年東京大学理学系大学院修了（理学博士）。合同会社オフィス・マサル・エモト顧問。IHM総合研究所・顧問。水が情報を記憶することを「結晶写真」という目に見える形で示した故・江本勝会長の著書『水からの伝言』と、故ジャック・ベンベニスト博士、ジェラルド・ポラック博士、リュック・モンタニエ博士、ジェームス・オシュマン博士等の提案する水の新しい科学的な理論との関係について、一般の人にも分かり易い形での講演を行う。新しく発見された「水」の働き、「情報を記憶し、伝達する」「エネルギーを貯蔵し、変換する」がもっとも伝えたいメッセージ。

監修

七沢賢治（ななさわ けんじ）

1947年山梨県甲府市生まれ。早稲田大学卒業。大正大学大学院文学研究科博士課程修了。伝統医療研究、哲学研究、知識の模式化を土台とした情報処理システムの開発者、宗教学研究者。文明の転換期に向け、言語エネルギーのデジタル化による次世代システムの開発に携わる。また、平安中期より幕末までの800年間、京都の公家である白川伯王家によって執り行われた宮中祭祀や神祇文化継承のための研究機関である一般社団法人白川学館を再建。現在、同学館代表理事、株式会社七沢研究所 代表取締役などを務めている。『なぜ、日本人はうまくいくのか？ 日本語と日本文化に内在された知識模式化技術』（文芸社）、『神道から観たヘブライ研究三部書』小笠原孝次著（監修）、『龍宮の乙姫と浦島太郎』小笠原孝次・七沢賢治（共著）など、監修書・著書多数。

〔編集部注記〕

本書は、前掲の執筆者と七沢研究所の研究員の協働によって執筆と編集作業が進められました。内容の取捨、検証、表記（人名等）の統一等については、できる限り他の章との整合をはかりつつ、異同については各章の担当者が最終判断を行いました。どうぞご了承ください。

【著者】

久保田昌治 Kubota Shoji

1936年生まれ。新潟県出身。理学博士。1960年東北大学理学部卒、1962年同大大学院理学研究科修士課程修了。現在ウォーターデザイン研究会理事長、㈱ウォーターデザイン研究所所長、久保田情報資源研究所所長、他を務めている。

七沢研究所 Nanasawakenkyujyo

古来から日本文化の深層を形成してきた実践的な知の体系である「和学」と、最新の科学・人文諸分野との統合を目指して2000年に設立。

【監修】

七沢賢治 Nanasawa Kenji

1947年山梨県甲府市生まれ。早稲田大学卒業。大正大学大学院文学研究科博士課程修了。現在、白川学館代表理事、株式会社七沢研究所 代表取締役などを務めている。

水に秘められた「和」の叡智

ウォーターデザイン

2018年10月5日 初版第1刷発行

著　者　久保田昌治　七沢研究所
監　修　七沢賢治
発行者　佐藤大成
発行所　和器出版株式会社
住　所　〒104-0061 東京都中央区銀座1-14-5 銀座ウイングビル5階
電　話　03-5213-4766
ホームページ　http://wakishp.com/
メール　info@wakishp.com

デザイン　松沢浩治（ダグハウス）
イラスト　八重樫彩蔵
印刷・製本　シナノ書籍印刷株式会社

ISBN コード 978-4-908830-13-6
※定価は裏表紙に表示してあります。